遺伝子発現制御機構

クロマチン，転写制御，エピジェネティクス

田村隆明・浦　聖恵　編著

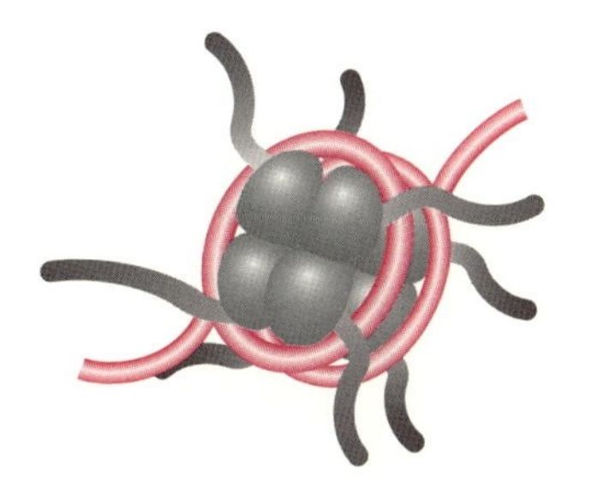

東京化学同人

はじめに

分子生物学の中心的課題の筆頭である遺伝子発現の制御機構に興味をもち，それを基礎から学んでみたいと思っているすべての方々に本書“遺伝子発現制御機構――クロマチン，転写制御，エピジェネティクス”を贈る．対象とする読者はおもに大学で生命科学を学ぶ学部学生であり，さらに分子生物学を一通り身につけた読者層を想定している．そのため，分子生物学未修得の諸氏においては，姉妹書である初学者のための分子生物学の教科書“基礎分子生物学”（田村隆明・村松正實 著，東京化学同人 刊）を是非前もってご一読いただきたい．

生命活動が見られる時には，最初のステップとして生命の設計図ともいうべきDNAからの遺伝子発現がまず見られる．事実，増殖や細胞死が見られる時や細胞が分化あるいはがん化する時，あるいは細胞が何らかの要因に対して応答する時には必ず遺伝子発現の変化が見られ，そこには特異的制御機構が存在する．遺伝子発現制御は生命活動にとってそれほど重要なイベントなのである．遺伝子発現制御研究は裸のDNAを対象にした転写機構や転写制御因子の研究からスタートし，現在その理解は一定の水準に達した．しかし，裸のDNAを対象にしていたのでは細胞内で起こっている遺伝子発現制御機構を完全には理解できず，現在，転写制御機構研究はクロマチンを基盤としたものにその重心がシフトしつつある．本書は，そのような遺伝子発現制御研究の現状を踏まえ，これまでの知見に加え，今日の研究の現場で扱われている情報を一体にまとめたものである．

本書は遺伝子発現制御における四つの柱，すなわち“クロマチン”，“転写制御機構”，“生命現象の中の転写制御”，そして“エピジェネティクス（後成的遺伝）”から構成されている．第Ⅰ部ではクロマチンの構造やヒストンの構造と種類，そしてクロマチンのリモデリングやヒストンの修飾について扱う．第Ⅱ部では転写の素過程やエンハンサー，転写制御因子について述べる．第Ⅱ部を受け，第Ⅲ部では発生・分化，細胞増殖とがん化，生体防御や高次生体制御，さらにはウイルス増殖などについて，それぞれの生命現象の中で見られる転写制御機構を紹介する．第 Ⅳ 部では，クロマチンレベルの遺伝子発現制御としてエピジェネティクスに焦点を絞り，位置効果やゲノムインプリンティング，そしてX染色体不活性化や核機能が遺伝子発現に及ぼす影響などについて解説する．

本書は転写機構・転写制御を研究領域とする私と，クロマチン・エピジェネティクスを研究領域とする浦 聖恵博士の両名で編集を担当し，個々の項目はそれぞれの分野の先生方に書いていただいて一冊の本に仕上げたオムニバス形式の書籍である．このような形式の書籍は記述が研究者目線に傾いてしまい，レベルが往々にして学部のそれを超えてしまうことがあるが，今回はそのようなことにならないよう，普遍的な教科書としても使えるようなつくりをめざした．もっと詳細な記述，より多くの項目建てが必要なのではという意見もあったが，ページ数の制限もあり，現在のような形になったことをどうかご容赦いただきたい．本書がきっかけとなって，遺伝子発現制御機構に興味をもつ読者が一人でも増えることが作り手の願いである．

最後になりましたが，本企画に賛同いただき，原稿執筆を快くお受けくださった諸先生方および，困難な書籍の制作を粘り強く進めていただいた東京化学同人の住田六連，竹田 恵の両氏に，この場を借りて改めて御礼申し上げます．

2017 年 1 月

冬晴れのある一日，研究室にて

編者を代表して　田　村　隆　明

編　　集

田村隆明　千葉大学大学院理学研究科 教授, 医学博士

浦　聖恵　千葉大学大学院理学研究科 教授, 博士(理学)

執　　筆

相原　仁　長崎大学大学院医歯薬学総合研究科 助教, 博士(医学) [第4章]

秋光信佳　東京大学アイソトープ総合センター 教授, 博士(薬学) [§9・5]

朝光かおり　名古屋市立大学大学院医学研究科 講師, 博士(医学) [第19章]

有吉眞理子　京都大学大学院工学研究科 特任研究員, 博士(薬学) [第6章]

池田和博　埼玉医科大学ゲノム医学研究センター 講師, 博士(農学) [第17章]

伊藤　敬　長崎大学大学院医歯薬学総合研究科 教授, 博士(医学) [第4章]

伊藤光宏　神戸大学大学院保健学研究科 教授, 博士(医学) [第11章]

稲木美紀子　大阪大学大学院理学研究科 助教, 博士(理学) [§13・2, §13・3]

井上　聡　埼玉医科大学ゲノム医学研究センター遺伝子情報制御部門 部門長, 博士(医学) [第17章]

浦　聖恵　千葉大学大学院理学研究科 教授, 博士(理学) [第2章]

大庭伸介　東京大学大学院工学系研究科 准教授, 博士(医学) [§15・3]

岡田由紀　東京大学分子細胞生物学研究所 准教授, 博士(獣医学) [第2章]

岡本　尚　名古屋市立大学大学院医学研究科 教授, 医学博士 [第19章]

影山龍一郎　京都大学ウイルス・再生医科学研究所 教授, 医学博士 [§13・4, §18・2]

金児-石野知子　東海大学健康科学部 教授, 理学博士 [第21章]

黒柳秀人　東京医科歯科大学難治疾患研究所 准教授, 博士(理学) [§9・4]

斉藤典子　熊本大学発生医学研究所 准教授, Ph.D. [第23章]

齊藤　実　東京都医学総合研究所 参事研究員, 博士(医学) [§18・1]

笹村剛司　大阪大学大学院理学研究科 助教, 博士(理学) [§13・2, §13・3]

佐渡　敬　近畿大学農学部 教授, 博士(理学) [第22章]

鈴木秀文　東京工業大学生命理工学院 研究員, 博士(理学) [第8章, 第10章, §15・1]

鈴木未来子　東北大学大学院医学系研究科 講師, 博士(医学) [§15・2, 第16章]

鈴 木 美 穂　自然科学研究機構基礎生物学研究所 研究員，博士(理学)［第 6 章］
高木雄一郎　インディアナ大学医学部 准教授，Ph.D.［第 7 章］
田 村 隆 明　千葉大学大学院理学研究科 教授，医学博士
［第 8 章，第 10 章，第 12 章，第 14 章，§15・1］
千 木 雄 太　近畿大学大学院農学研究科バイオサイエンス専攻博士後期課程，
修士(医科学)［第 22 章］
東 田 裕 一　九州大学稲盛フロンティア研究センター 教授，博士(理学)
［第 5 章］
築 山 俊 夫　フレッド・ハッチンソンがん研究センター メンバー，医学博士
［第 3 章］
中 尾 光 善　熊本大学発生医学研究所 教授，医学博士［第 23 章］
平 野 恭 敬　京都大学大学院医学研究科 特定准教授，博士(理学)［§18・1］
広　瀬　進　国立遺伝学研究所名誉教授，理学博士［第 20 章］
前 島 一 博　国立遺伝学研究所 教授，博士(医学)［第 1 章］
前　田　亮　千葉大学大学院理学研究科分子細胞生物学講座博士後期課程，
修士(理学)［第 14 章］
松 野 健 治　大阪大学大学院理学研究科 教授，理学博士［§13・2，§13・3］
山 川 智 子　大阪大学大学院理学研究科 助教，博士(工学)［§13・2，§13・3］
山 口 雄 輝　東京工業大学生命理工学院 教授，博士(工学)［§9・1〜§9・3］
山 本 拓 也　京都大学iPS細胞研究所 特定拠点講師，博士(生命科学)［§13・1］
山 本 達 郎　熊本大学発生医学研究所発生制御部門博士後期課程，修士(歯学)
［第 23 章］
山 本 雅 之　東北大学大学院医学系研究科 教授，医学博士［§15・2，第 16 章］

(五十音順，［ ］内は担当箇所)

目　　次

第Ⅱ部　転写制御の素過程

第Ⅲ部　生命現象と転写制御

第Ⅳ部 エピジェネティックな転写制御

序

基礎生物学における遺伝子発現制御研究の状況とその展望

1. 生命活動発揮における遺伝子発現の重要性

生物は細胞内外から受ける物理的刺激や化学物質によって，増殖，死，分化，運動といった挙動を示し，多細胞生物であればさらに形態形成，成長といった変化も見られ，時としてがん化に向かう場合もある．加えて高等動物では，内分泌系や神経系を介した恒常性維持や刺激応答，病原体侵入に対する免疫応答といった反応なども見られる．このような生体反応は，すべてゲノムDNAに内包される遺伝子の発現パターンの変化，言いかえれば，個々の遺伝子の発現がそれぞれどのレベルに設定されるかによって決められる．ヒトの場合，約22,500個ある遺伝子のうち常に発現しているものは，細胞維持に必要なハウスキーピング遺伝子を中心とした約60%程度であるが，それらの遺伝子にしても，細胞の置かれた環境（例：栄養や刺激因子の有無）によって関連する遺伝子の発現レベルはプラスやマイナスの方向に振れる．分化した細胞であればこのほか，分化特異的な遺伝子の発現の変化も起こる．

生命活動とは，一群の遺伝子発現が起こった結果として特異的生命現象が発現されることにほかならないが，このような，今では一般的になった理解が，分子生物学の長い研究の成果として得られたものであることは論を待たない．**遺伝子発現**（gene expression）という用語は，通常の遺伝子であれば転写−翻訳を経てタンパク質ができることを意味するのであろうが，**転写**（transcription）されるということが，発現が無から有に変わるという遺伝子の状態の本質的変化であることに加え，一般には転写が起これば翻訳も転写の後を追うように起こる．一部の例外はあるものの，生物は転写を常時オンにしながら翻訳量で遺伝子産物量を調節するという方法はとらない．一般的に遺伝子発現は転写とおおよそ同義であり，非コード（ノンコーディング）遺伝子であれば，転写は厳密に遺伝子発現そのものといえる．

基礎生物学における遺伝子発現の重要性を踏まえ，本書では遺伝子発現調節について幅広く述べる．遺伝子発現調節の基本は，RNAポリメラーゼと転写制御関連因子がDNAと相互作用することによって起こる事象，つまり転写であることに疑問の余地はないが，遺伝子発現を細胞レベルで見た場合，もう一つ考えなければならないことがある．それは，真核生物では転写は**クロマチン**（chromatin）という舞台で繰り広げられるため，転写関連因子とクロマチンとの関係やそれに基づくクロマチンからの転写を説明せずして遺伝子発現を正しく理解したことにはならないということである．必要とされる転写制御因子を試験管内のクロマチンに加えても，細胞で見られる転写がいまだ完全には再現できないという事実が，われわれの理解がまだ不十分であることを如実に表している．遺伝子発現の真の姿を捉えるためにはまず，“クロマチン構造とはどのようなものか”，“クロマチンはどのような機構で機能を発現するのか”などをおさえておく必要があり，さらにそこに転写制御関連因子や転写制御機構で得られた知識を融合させて，クロマチンからの遺伝子発現，すなわちクロマチンからの転写を見ていく必要がある．この中には，DNA塩基配列によらない遺伝現象，すなわち**エピジェネティクス**（epigenetics，後成的遺伝）を駆動させる制御機構の理解も含まれよう．細胞からの遺伝子発現制御の理解は，転写制御機構や転写制御関連因子とエピジェネティックな制御を含むクロマチンからの転写，そしてそれら両者のクロストークや全体のネットワークの理解を通して得られるものであり，それゆえ，本書ではクロマチンやエピジェネティクスに関連するトピックスを主題の一つに据えている．

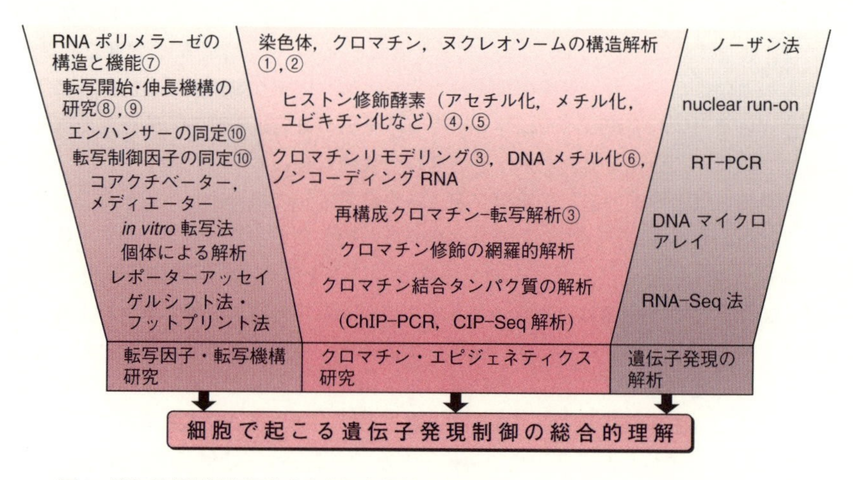

図1　遺伝子発現制御研究を支える各領域での取組み　各項の後の丸数字は関連の章

2. 遺伝子発現研究の道程，活用，そして今後

転写の場となるクロマチンの研究の歴史は古く，19世紀後半に遡るが，構造の複雑さや実験系の欠如ゆえ，遺伝子発現研究を牽引するものとはならず，転写研究はまず裸のDNAを対象にしたものから始まった．転写研究スタートのきっかけとなったのは，RNAポリメラーゼの発見と大腸菌の系による転写開始/制御機構の研究であった．このことは大腸菌の転写が細胞内でも裸のDNAで起こることに起因しており，

これにより転写制御に対する理解は比較的早く一定のレベルに達した．ほどなく真核生物のRNAポリメラーゼも発見されたが，真核生物の転写機構の全容が明らかになるまでには約15年の歳月を要した．それというのも，真核生物の転写には複数の基本転写因子が必要であったからである．ただ基本転写因子が同定・クローニングされる間にも，遺伝子特異的転写に関わる膨大な数の転写制御因子が同定され，それらが転写活性化配列であるエンハンサーに結合して転写が活性化されることがおもに細胞を使った転写研究によって明らかにされてきた．1990年代の半ばまでには，おおよその遺伝子の転写系に関しての制御機構が理解されてはいたが，既知の転写制御因子のみでは転写の制御が不十分であることが次第に明らかになり，この空白を埋めるように，転写コファクターや転写メディエーターといったDNA非結合性の転写制御関連因子も少し遅れて発見され，2006年のR. Kornbergによるノーベル賞受賞を区切りに，転写因子/転写制御研究は一つのステージに達することになった．

転写因子研究や転写制御研究で得られた研究の成果は，遺伝子発現制御機構の理解のためだけに貢献してきたわけではなく，基礎生物学全般にとっても広く貢献をしてきたことを見逃してはならない．目的遺伝子の発現を希望するタイミングでオン・オフさせるためにはTetシステムが応用され，プロモーターにレポーターとなる酵素遺伝子を連結してプロモーター活性を酵素活性量でモニターするレポーターアッセイは，タンパク質–タンパク質相互作用を細胞内で測定する2–ハイブリッドアッセイなど，多くの応用的技術をもたらした．クローン化タンパク質を大腸菌で大量に発現

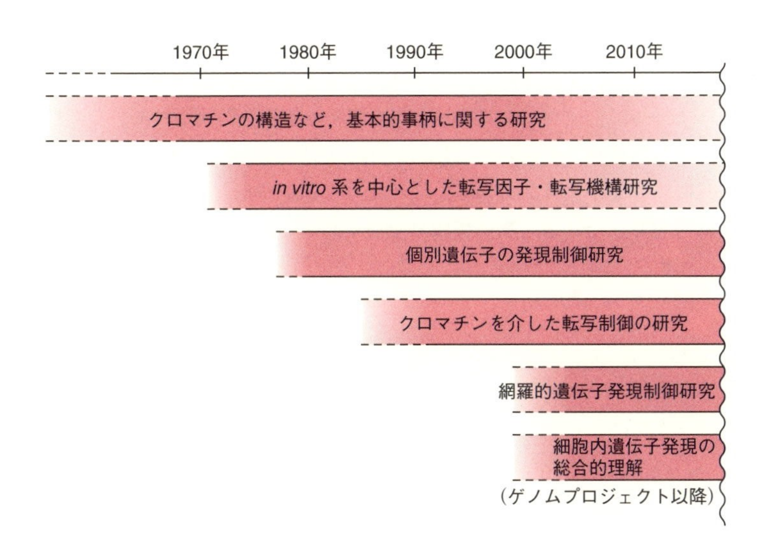

図2　遺伝子発現制御研究の道程と今後

誘導させるT7発現系も転写研究の過程で生みだされたものであり，またクロマチン結合タンパク質を検出するクロマチン免疫沈降法は，DNAと相互作用するタンパク質を検出する普遍的方法になっている．希望するゲノム遺伝子の活性を特定の組織やタイミングで修飾するCre-*loxP*システムは，遺伝子ターゲッティングなどの重要な実験法として確立しており，さらに，転写制御因子遺伝子を発現させてiPS細胞を樹立できるようになるというトピックスは，転写制御因子研究が決定的な役割を果たした成功例として，まだ記憶に新しい．

転写研究に少し遅れ，クロマチン研究も1990年代に入ると動き出した．転写因子の研究が進むにつれて，転写活性化に伴って核内のヌクレオソーム構造が変化する現象が見いだされ，クロマチン構造変化の意義とその担い手を明らかにしようとする気運が高まった．精製ヒストンを用いて試験管内で再構成されたヌクレオソームを用いて，ヒストンタンパク質の多種多様性が生み出すクロマチンダイナミクスと，それを担うクロマチン修飾酵素が20世紀末から次々に見いだされた．その結果，DNAの塩基配列情報によらず，遺伝子発現の変化が細胞世代を超えて継承されるエピジェネティクスの主要な原因が，ヒストンの化学修飾をはじめとするクロマチン構造変化であることが明らかになった．さらに近年，クロマチンの機能発現にノンコーディングRNAや核内構造体が深く関わることが見いだされ，転写制御の研究は21世紀になり，クロマチン構造を土台にして新たな展開を見せている．

これまでの研究によって転写の主役となる因子群はおよそ抽出された．一方，クロマチンの修飾に関する研究や，それが転写に及ぼす機構の研究はまだ進行中である．転写因子群とそれらが働く土台となるクロマチンは，互いにクロストーク（相互に情報をやりとり）しあいながら転写制御を駆動するように働くものであり，今はまだクロストークの具体例を一つずつ記載しながら個々の事例を関連づけていく時期である．細胞本来の転写制御機構を理解するには，核構造体を反映した状態で活性を保持した再構成転写系の構築が不可欠である．このような系で細胞がつかさどる遺伝子発現制御を完璧に再現できたとき，制御機構の全貌が見えてくるに違いない．

第 I 部
クロマチンの構造とその変換

1

クロマチンの構造と染色体

1・1　DNA の構造

私たちの体は約 40 兆個もの細胞が集まってできている．その 1 個 1 個の細胞の中に，タンパク質や RNA の設計図である DNA（デオキシリボ核酸）がおさめられている．DNA は幅約 2 nm（1 nm = 10^{-9} m）の細いひもであるが，ヒトの場合，1 個の細胞の DNA を全部つなぎ合わせると長さ約 2 m にもなる．それがわずか直径約 10〜20 μm の大きさの細胞におさめられているのである．

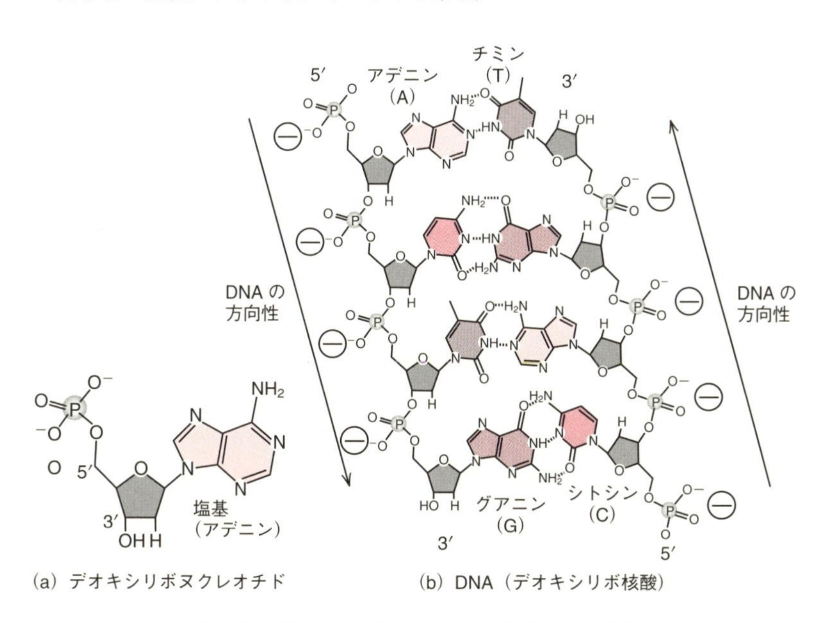

図 1・1　デオキシリボヌクレオチドと DNA の構造

DNA の構造は，DNA の複製や本書のメインテーマである RNA 転写過程を理解するためにも必要なので少し詳しく見ていこう．DNA は細長い二本の鎖による“はしご”のような形をしており（図 1・1b, 1・2a），デオキシリボース（五炭糖）とリン酸，塩基から構成される．塩基はプリン塩基であるアデニン(A)とグアニン(G)，ピリミジン塩基であるシトシン(C)とチミン(T)の 4 種類ある．デオキシリボースの 5′ 位炭素にリン酸が結合したものを**デオキシリボヌクレオチド**とよぶ（図1・1a）．DNAは，デオキシリボヌクレオチドのリン酸のOH基が隣のデオキシリボースの3′位のOH基と連結したポリマーである．このためDNAには方向性があり，DNA複製の際，DNAポリメラーゼは5′→3′末端の向きでDNAを合成する．RNA転写もこの方向性で起こる（第Ⅱ部参照）．

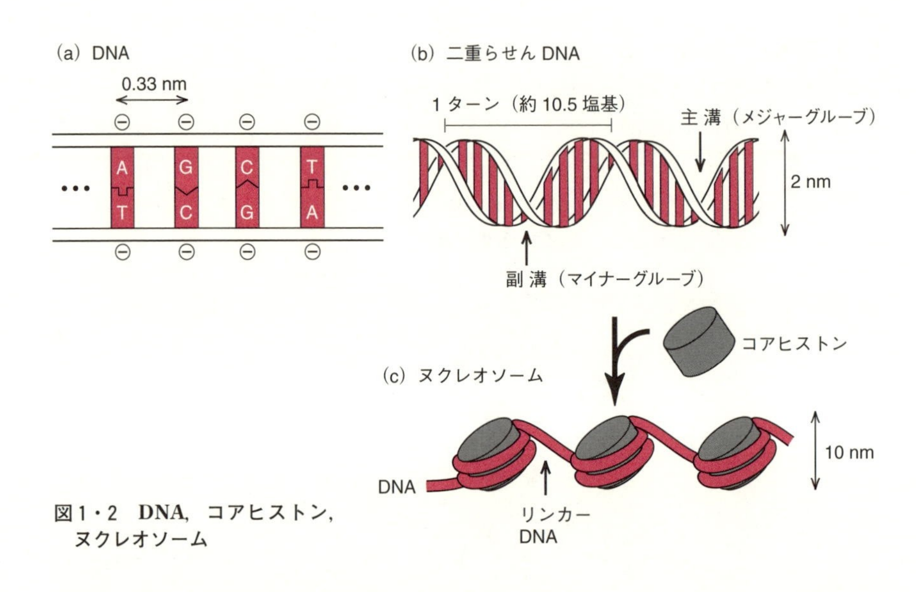

図1・2　DNA，コアヒストン，ヌクレオソーム

DNAは，2本の鎖が平行で逆向きに並び，右巻きのらせん構造をとる（**二重らせん構造**）（図1・2a, b）．2本の鎖は，**相補的**な塩基（AとT, GとC）で水素結合している．塩基が相補的とは，A, T, G, Cの4種の塩基うち，一つを決めれば，それと水素結合で結ばれるもう1種も決まる性質である．AとT間の水素結合は2個，CとG間は3個であり（図1・1b），C–G結合の方がA–Tより安定である．ATが多ければ二本鎖はほどけやすく，CGが多ければその逆である．DNAの二本鎖のほどきやすさはDNA複製やRNA転写の開始制御にも関係するので重要な性質である．この相補的な二本鎖構造は，片方をセンス鎖とよび，もう片方は必要な遺伝情報をRNAに伝達するための**鋳型**，アンチセンス鎖（鋳型鎖）とよぶ．また，この相補的な二本鎖構造は，二本鎖の片方を鋳型としてそのまま継承し，正確なDNA複製を容易に行うことができるため，遺伝情報を伝えていくうえできわめて重要である．また片方の鎖が損傷した際の**修復**にも役立つと思われる．塩基対のセンス鎖に注目すると4種類の塩基が並んでいることになり，その並び方が，私たちの体のもとになる“タンパク質”やRNAをつくるための情報となる．

DNAの二重らせんには**主溝**と**副溝**とよばれる二つの溝がある（図1・2b）．RNA転写の制御をつかさどるタンパク質である転写因子はDNAの主溝に結合し，特異的な塩基配列を認識していることが知られている（第8～12章参照）．

1・2　ヒストンとヌクレオソーム

DNAは一種の酸である．このため，リン酸基からプロトンH^+を出して，負電荷を帯びている（図1・1b）．このため，長いDNAは電気的な反発が起こり，小さく折りたたむことが難しいだろう．実際，長いDNAは水のなかでゆらゆら広がっていることが知られている．それでは，DNAは細胞の小さな空間に収納するためには，一体どのようにすればよいのだろうか？　この問題を解決するための一つの手段はDNAの負電荷を打消すことである．DNAは，強く正に帯電した塩基性タンパク質である**ヒストン**（histone）に巻かれている（図1・2b，図1・3）．**コアヒストン**（core histone）は，ヒストンH2A, H2B, H3, H4タンパク質の4種類が2セット集まって，八量体（オクタマー）をつくり，その周りをDNAが約2周している．この構造を**ヌクレオソーム**（nucleosome）とよぶ（図1・2b，図1・3）．

ヌクレオソーム間のDNA部分は**リンカーDNA**（linker DNA）とよばれ（図1・2b），ヌクレオソームを束ねるリンカーヒストンが結合する．リンカーヒストンの代表的なものはヒストンH1である（第2章参照）．ヌクレオソームの形成は一般的に

コラム1・1

DNAの長さと情報量

図1・2のように，DNAにおける塩基と塩基の間隔は約0.33 nmであり，約10.5塩基で一回転する．ヒトゲノムDNAは全部で約30億塩基対あるので，ゲノム1セット分で0.33×10^{-9} (m) $\times 3 \times 10^9$となり約1 mである．1細胞には2セット存在するので，全長約2 mのDNAとなる．

またDNAを情報のメモリという観点から考えてみよう．DNAの塩基はGATCの4種類で，ヒトの場合，30億個連結されているので，ヒトゲノムDNAには4の30億乗通りの情報が入れられる計算になる．これは2の60億乗であり，情報学のbit(ビット)数で表すと60億bit．8 bitで1 byte(バイト)なので，7億5000万byteとなり，これは750 Mbyte（1 M(メガ)$= 10^6$ = 100万）である．これはCD1枚(700 Mbyte）とちょっとに相当する．このメモリ量を少ないと思った読者も多いかもしれない．しかし，ヒストン修飾やDNAのメチル化など，情報に印を付けることができるので，実際の情報量はこれよりもずっと多くできるだろう．

また，脳の中の細胞は約140億個以上，からだ全体で40兆個である．トータルで考えると途方もない情報量になる．

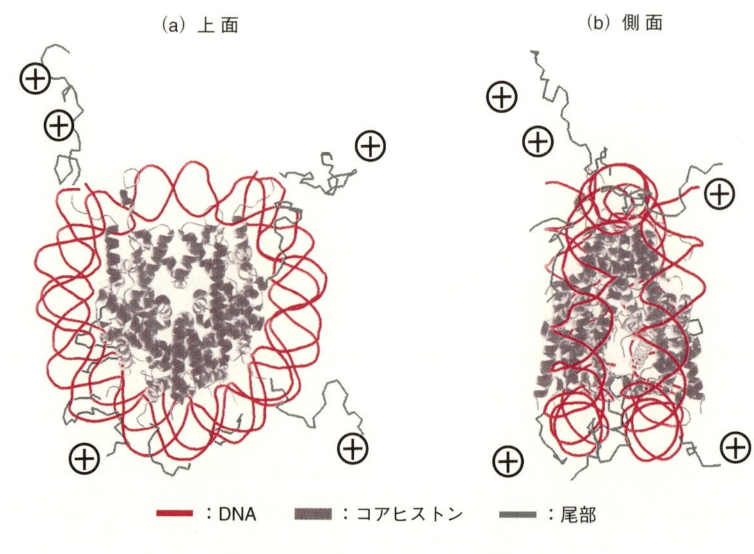

図1・3 ヌクレオソーム構造

転写に対して阻害的であると考えられている．反対に，転写が活発な部分では，ヌクレオソームが緩んだり，ヒストンが外れていることが知られている．このような領域はDNAに対して接近しやすくなっているため，DNA分解酵素（デオキシリボヌクレアーゼ，DNアーゼ）によって切断されやすいことが知られている（“感受性が高くなっている”とよぶ）．

先に述べたように，ヒストンは強い正電荷をもつ塩基性タンパク質である．各ヒストンを構成するアミノ酸のうち，20%以上が塩基性の残基（リシンまたはアルギニン）である．コアヒストンは球形のカルボキシ末端と，直鎖状のアミノ末端（**ヒストン尾部，ヒストンテール**）からなっている（図1・3）．このヒストン尾部は，**アセチル化・リン酸化・メチル化・ユビキチン化**といった化学修飾を受けることが知られている．これらの化学修飾は，遺伝子発現など，数々のクロマチン機能の制御に関わっていることがわかっている（第4章，第5章参照）．

また，ヒストンには**ヒストンバリアント**（histone variant）と称されるサブタイプが存在する．たとえばヒトでは，H2AとH3において多数のバリアントの存在が報告されている．転写やDNA修復に特異的な機能をもつH2A.ZやH2A.X，組織特異的に発現しているもの，さらにCENP-Aなどセントロメア形成に関わるものがあり，それぞれのクロマチンの機能をユニークなものにしていると考えられている（第2章参照）．

1・3 クロマチン

“クロマチン（chromatin）” という言葉は，19 世紀末，特異的な染料によって染められる細胞核内の構成要素として提案されたのがはじまりである．現在の定義では核内に存在するDNA，ヒストン，非ヒストンタンパク質からなる複合体のことである（日本語では “染色質” と訳されている）．ヌクレオソームはクロマチンの最小単位である．

歴史的にクロマチンは，電子顕微鏡像での凝集度（電子密度）の違いにより，**ヘテロクロマチン**（heterochromatin）と**ユークロマチン**（euchromatin）に分けられてきた．ユークロマチン領域の凝縮度は低い．GC 配列が豊富で遺伝子の密度が高く，転写が盛んである．一方，ヘテロクロマチンの領域は，AT 配列が豊富で遺伝子の密度がもともと低い．繰返し配列が多数を占めていて，転写が抑制されているとされてきた．ヘテロクロマチンは細胞の核膜付近（第 23 章参照）や核小体の周り，後述するセントロメア領域周辺（第 20 章参照），不活性化された X 染色体（第 22 章参照）などに顕著である．ヘテロクロマチンには，HP1 などの特異的なタンパク質やヒストン H3 メチル化，DNA メチル化などの修飾が付加されていることが知られている．

クロマチン構造が解析されはじめた 1970 年代，電子顕微鏡のグリット上に広げられたクロマチンの線維が，糸に通されたビーズのように見えたので “Beads on a

コラム 1・2

教科書に掲載されてきたクロマチン線維

なぜ教科書には規則正しい 30 nm クロマチン線維が掲載されてきたのだろうか？　この疑問に対する重要な鍵となるのが，そのクロマチンの環境である．

DNA はその名のとおり酸であり，多量の負電荷をもつ．これに正電荷をもった塩基性のコアヒストンが結合して，ヌクレオソームをつくっているが，半分しか中和されていない．塩のない水の中だとヌクレオソーム同士が反発して線維は伸びている．そこに正電荷をもった塩をほんの少し加えると，ヌクレオソームの負電荷は中和されて減少し，隣同士のヌクレオソームが結合し，規則的な 30 nm 線維をつくるようになる．しかし，さらに塩を加え，生細胞の条件にすると，反発が完全に抑えられ，ヌクレオソームはどのヌクレオソームとも結合し，30 nm 線維をつくれなくなる．その結果，不規則な折りたたみ構造をとることがわかった．この大きな構造が細胞内の染色体を反映していると考えられる．規則的なクロマチン線維は，ある特別な条件下（低塩）でのみつくられるもので，その写真が長年にわたって教科書に掲載されてきたのである．

string"とよばれていた．1976年にはクロマチンの高次な構造として，ヌクレオソームがリンカーヒストンであるH1を伴いらせん状に折りたたまれて直径約30nmのクロマチン線維になるというモデルが提唱された（14ページ図1・4左）．そして，このクロマチン線維がさらに規則正しいらせん状の階層構造（積み木構造）を形成するとされ，多くの教科書に掲載されてきた．しかしながら，最近の研究結果では，細胞のなかでは規則正しいクロマチン線維がほとんど存在せず，ヌクレオソームが不規則に折りたたまれているという証拠が提出されている（図1・4右，コラム1・2参照）．

さらに，クロマチンは細胞のなかで多数のかたまり，**クロマチンドメイン**(topologically associating domains, TAD）をつくっていることが明らかになっている（15ページ図1・5a）．転写やその制御は，このクロマチンドメイン単位でなさ

コラム1・3

生きた細胞の中での クロマチンの動きを調べる

クロマチンの動きを測定する手段として，**LacO/LacI-GFPシステム**が米国Belmontグループによって考案され，世界中で使われている（図1）．この方法は，まずLacOアレイとよばれる繰返し配列を調べたい細胞のゲノム中に挿入する．次にこの配列に結合できるLacI-GFP（大腸菌のLacIリプレッサーに緑色蛍光タンパク質GFPを融合させたもの）を細胞内で別途発現させて，ゲノム中のLacO配列に安定的に結合したLacI-GFPの動きを測定する．この方法を用いて，スイスのGasserらによって多くの先駆的知見が得られてきた．

また，クロマチンのヌクレオソームに取込まれたヒストンGFPをレーザーを用いて退色させ，GFPのシグナルの回復を調べることで，ヌクレオソームのヒストンの置換わりを検出するFRAP(fluorescence recovery after photobleaching)という方法も多用されてきた．この解析は"ヌクレオソームが動きやすい⇔ヒストンが置き換わりやすい"という前提のもと，間接的にヌクレオソームの動きを知ることができる大変優れた方法論であるが，ヌクレオソームそのものの動きを観察することはできない．

最近，細胞の核全体のクロマチンの動きを調べる手段として，**1分子ヌクレオソームイメージング**が開発されている．ヌクレオソームを構成しているヒストンをPA-GFPという蛍光タンパク質で標識し，細胞の中で発現させる．その細胞を超解像顕微鏡で高解像度イメージングすると，1個1個のヌクレオソームの動きを1個1個の輝点の動きとして観察できる（図2a）．その結果，ヌクレオソームは生きた細胞のなかで，30ms（ミリ秒，10^{-3}秒）という短い時間でも約50nm動いていることが観察された．今後，1個1個の転写因子の動きを同時に観察することによって，転写因子がクロマチンの中をどのように動き回り，標的配列に結合するのか解明できるだろう（図2b）．

れていると考えられている．また，核の中で，この多数のドメインは染色体単位で存在し，**染色体テリトリー**を形成していることがわかっている（図1・5b）．

1・4　クロマチンのダイナミックな動き

この章の最後に，クロマチンの動きがゲノムの機能にどのように貢献するか，考えてみよう．不規則な折りたたみ構造は，古くから提唱されていた規則正しい階層構造と比べて物理的束縛が少ないため，局所的によりダイナミックであることが予想される．近年，さまざまな方法で生きた細胞の中で，クロマチンが“揺らぐ”ように動く様子が観察されるようになった．このようなクロマチンの性質はゲノム情報検索においてきわめて有利である．たとえば，転写因子や転写複合体がある標的遺伝子に接近

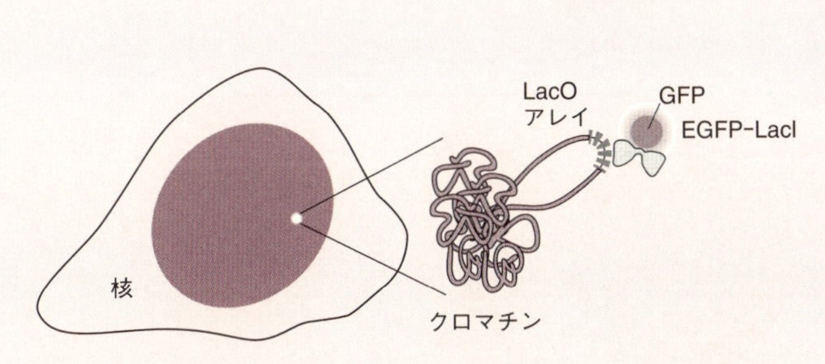

図1　LacO/LacI-GFP システムによるクロマチンの動きを捉えるイメージング

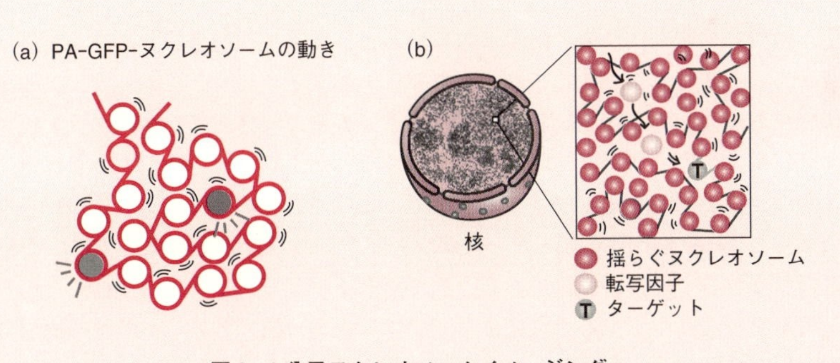

図2　1分子ヌクレオソームイメージング

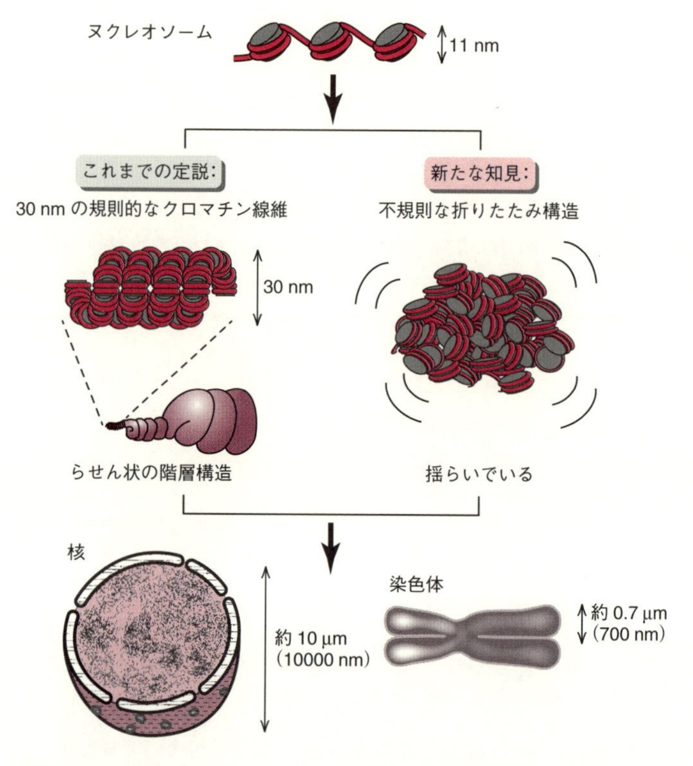

図1・4　ヌクレオソーム，クロマチン線維と階層構造（古いモデル）と不規則な折りたたみ（新しいモデル）

する際，階層状に規則的に折りたたまれていると，多くの領域が隠されてしまう．しかしながら，不規則に折りたたまれ，クロマチンがダイナミックに動くと，標的配列の露出頻度も増え，転写因子はスムーズに接近できるだろう．またクロマチンがダイナミックに動くことで（図1・4右），転写因子などがクロマチンの中をより自由に動くことができ，DNAに接近しやすくなることも示唆されている（コラム1・3図参照）．このことは，“満員電車内でも一人一人が少しずつ動けば，電車の奥の方にいた乗客が駅に降りられる”のによく似ている．また，ダイナミックで不規則な折りたたみはループ構造をつくりやすく，それによってプロモーター配列とエンハンサー配列の相互作用が促進される．

転写，DNA修復，複製，組換えなどといった多くの生物学的プロセスは，“ゲノムDNAを検索するステップ”が必須である．クロマチンのダイナミックな性質は，こ

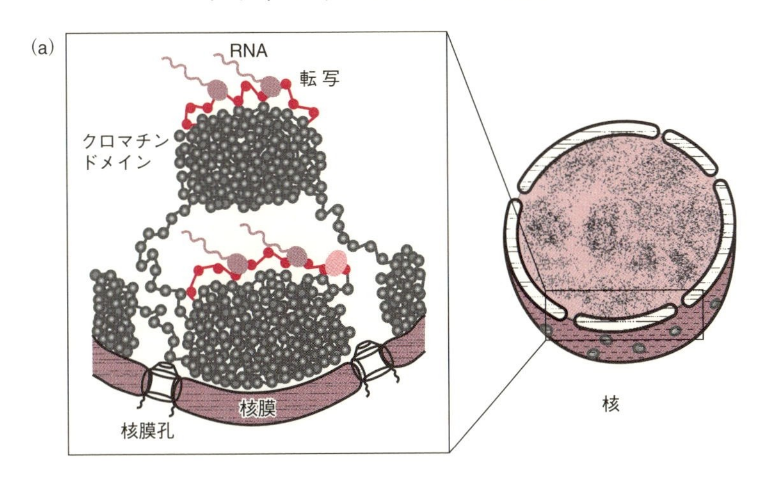

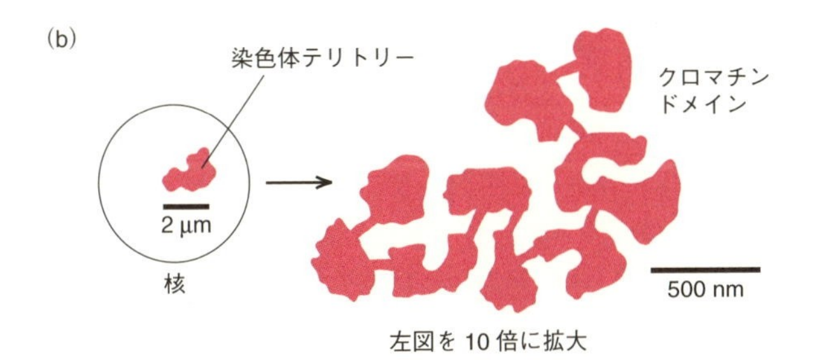

図1・5 クロマチンドメイン(a)と染色体テリトリー(b)

のようなプロセスの原動力になっていると思われる．本書の主題である遺伝子発現制御機構も，クロマチンの構造とダイナミクスという観点から，今後理解がさらに深まるだろう．

2

ヒストンバリアント

2・1 ヒストンタンパク質とバリアント

今から100年以上も昔（1884年），ドイツのA. Kosselはトリの赤血球細胞核から塩基性タンパク質を酸抽出して，これを**ヒストン**（histone）と名付けた．ヒストンはクロマチンの主要な構成タンパク質であり，分子生物学の研究対象として古くから盛んに研究がなされ，1960年代には，4種類のコアヒストン（H2A, H2B, H3, H4）とリンカーヒストンH1の5種類のヒストンに分類されるようになった．図2・1に示すようにコアヒストンは，三つのα-ヘリックスからなる**ヒストンフォールドドメイン**（histone fold domain）と**尾部**（tail，テール）領域，そしてリンカーヒストンH1はウィングドヘリックスドメインと尾部からなる．各ヒストンをコードする遺伝子は，多くの真核生物で複数コピー存在しており，その中にはドメイン構造は同じでも，アミノ酸配列が異なるバリアントが存在する．最初に**ヒストンバリアント**（histone variant）の存在が明らかにされたのは今から半世紀も前で，ウシ胸腺のリンカーヒストンが，一般のヒストンH1に含まれないヒスチジンを含んでいることからヒストンH1バリアントとしてヒストン$H1^0$が同定された．その後，遺伝子解析技術の進歩に伴って次々にヒストンバリアントが同定され，ヒストンH4を除いた各種ヒストンに，数アミノ酸だけ配列が異なるものから，特殊なドメインが付加されているものな

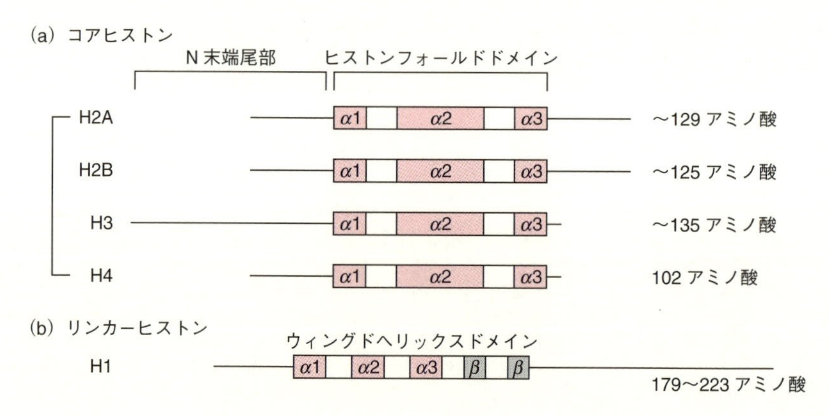

図2・1 ヒストンタンパク質のドメイン構造

どさまざまなヒストンバリアントが見いだされた．ゲノム配列解析技術の発展によって，その数は現在も増え続けている．ヒストンタンパク質には，ほとんどすべての細胞で普遍的に発現しているものもあれば，個体発生・分化において特定の時期や特定の細胞に限って存在するもの，あるいはセントロメアなど染色体の特定の領域に局在するバリアントなど存在様式がさまざまである．そのため染色体の構造と機能制御へのヒストンバリアントの関与が古くから注目されてきた．

2・2 細胞周期とヒストンバリアント

ヒストンタンパク質は，塩基性アミノ酸残基（リシンやアルギニン）に富んでいてDNAときわめて高い親和性を示す．その発現量は厳密に制御されて細胞内に過剰なヒストンはほとんど存在しない．コアヒストンもリンカーヒストンも，1）細胞周期に依存して発現してDNA複製に伴ってクロマチンに取込まれる**カノニカル**（標準的な）**ヒストンタンパク質**（replication-dependent canonical histone）と，2）細胞周期にかかわらず発現して，DNA複製に依存せずにクロマチンに取込まれる**複製非依存的ヒストンバリアント**（replication-independent histone variant）に大きく2分される．前者は，DNA複製に続いてクロマチンが複製されるため，細胞周期のS期をピークに発現し，**複製依存的ヒストンバリアント**（replication-dependent histone variant）ともよばれる．DNA複製に依存して発現するヒストン遺伝子には，共通してイントロンがなく，さらに後生動物では，一般のmRNAと異なって3′末端にはポリA配列の代わりにステム-ループ構造をもった特殊な構造をとっており，通常の遺伝子とは異なる転写制御を受けている．このような特徴は複製非依存的ヒストンバリアントには認められない．DNA複製との関与から大きく2分されるヒストンバリアントは，遺伝子発現からRNAプロセシング，さらにクロマチンへの取込まれ方まで異なっており，それらの機能を考えるうえで非常に興味深い．

2・3 リンカーヒストン H1 バリアント

リンカーヒストンH1は，トリプシンによって容易に消化されるリシン残基に富んだ**N末端尾部**および**C末端尾部**領域と，中央にある**球状ドメイン**（globular domain）の三つの部分からなる（図2・2a）．球状ドメインは，三つのα-ヘリックスとそれに続く二つのβ-シートが翼を形成したウイングドｰヘリックスｰターンｰヘリックスモチーフ構造（図2・2b）をとって，ヌクレオソームの中央近くの主溝でDNAに結合し，両端の長い尾部がDNAとの結合をさらに安定化している．ヒストンH1はリンカーDNA領域（8ページ図1・2）にヌクレオソームの外側から結合してヌクレオソームの連なりを折りたたみ，クロマチン構造を安定化する．生体内で蛍光標識したヒストンH1の動きをFRAP（fluorescence recovery after photobleaching）法で観察する（12ページコラム1・3参照）とコアヒストンよりクロマチンに動的に結合していることが観察される．

後生動物には全体のドメイン構造は保存されているが，アミノ酸配列はかなり異なるヒストンH1バリアントが複数存在し，たとえばマウスやヒトではこれまでに11

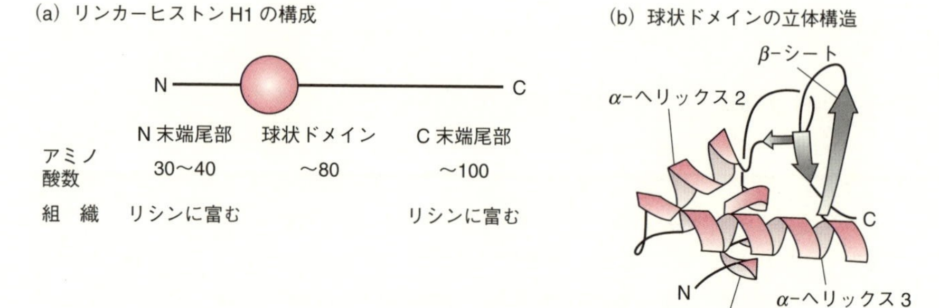

図2・2 リンカーヒストンH1の構造

表2・1 リンカーヒストンH1バリアント

バリアント		発現およびクロマチンへの取込み	ヒト	マウス	特徴・他の生物種
体細胞	カノニカルH1	・細胞周期のS期をピークに発現 ・DNA複製に依存して取込み	H1.1 H1.2 H1.3 H1.4 H1.5	H1a H1c H1d H1e H1b	H1c, H1d, H1eトリプル欠損マウスは致死．
	置換型H1	・細胞周期を通して発現 ・DNA複製に依存せずに取込み	$H1^0$ H1x		分化した細胞で発現が高い． H5（ニワトリ有核赤血球） H1x（脊椎動物全般）
生殖細胞	卵母細胞特異的H1	・細胞周期を通して発現 ・DNA複製に依存せずに取込み	H1oo		卵母細胞から受精後の転写開始まで発現． B4（アフリカツメガエル），dBigH1（ショウジョウバエ）
	精巣特異的H1	・細胞周期を通して発現 ・DNA複製に依存せずに取込み	H1t H1t2 HILS1		パキテン期の精母細胞から発現．生殖に不必要． 精子細胞の伸長期に発現．欠損で精子変態異常． 精子細胞の伸長型凝集期に発現．

コラム 2・1

卵母細胞特異的なヒストン H1 と核のリプログラミング

動物の発生過程で，受精直後は卵に貯蔵された mRNA やタンパク質で発生が進み，しばらくしてからゲノム DNA からの転写が開始される．ちょうどこの受精後の転写開始時期にさまざまな動物で卵母細胞特異的ヒストン H1 から一般の体細胞 H1 に切り替わる（図および表 2・1）．卵母細胞特異的なヒストン H1 は，いずれも体細胞 H1 に比べて負に帯電した酸性アミノ酸の含有率が高い．試験管の中で精製したヒストンタンパク質と DNA からヌクレオソームを再構成し，アフリカツメガエルの卵母細胞特異的な B4 と体細胞 H1 をそれぞれ結合させて ATP に依存したクロマチンリモデリング活性（第 3 章）を比較した．すると一般の体細胞 H1 がクロマチンリモデリングを阻害するのに対して，B4 はまったく抑制せず，ヒストンバリアントの違いがクロマチンの物性に違いを生み出すことが示された．この B4 の特性は，卵母細胞特異的なヒストン H1 が細胞の未分化性維持に関与することを示唆する（下図）．細胞核をカエルの未受精卵に移植した際に体細胞 H1 が速やかに B4 に置換されることから，ヒストン H1 バリアントは核のリプログラミングに繋がるのかもしれない．残念ながら脊椎動物では個体レベルでの検証はいまだになされていないが，ショウジョウバエでは卵母細胞特異的な *dBigH1* 遺伝子の欠損は，受精後の遺伝子活性化を早めて初期胚で死に至ることから，卵母細胞特異的なヒストン H1 バリアントが正常な個体発生に必須であるといえる．

初期胚

● 卵母細胞特異的 H1

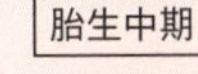

● 体細胞 H1

未分化性消失

特定遺伝子の活性化

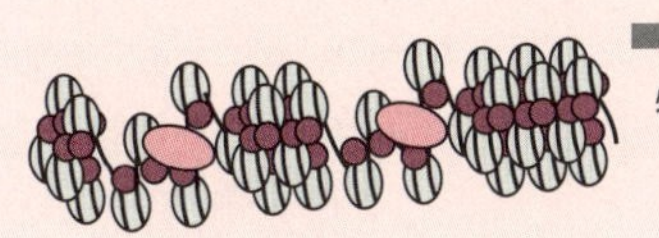

ゲノムワイドなクロマチンリモデリング

リン酸化
転写因子
ヒストンシャペロン

特定領域でのクロマチンリモデリング
受精後の遺伝子発現制御

ヒストン H1 バリアント置換による
クロマチンダイナミクスの変化

種類のヒストンH1バリアントが同定されている（表2・1）．それらは体細胞で発現している**体細胞H1**（somatic H1）と生殖細胞で発現している**生殖細胞H1**（germ cell H1）に大きく2分される．体細胞H1には，DNA複製に依存して細胞周期のS期をピークに発現する標準的なカノニカルヒストンH1と，細胞周期にかかわらず発現して最終分化した体細胞などでカノニカルH1から置き換わる**置換型ヒストンH1**（replacement H1，ヒストンH1^{0}，H1xや有核赤血球のヒストンH5）が含まれる．一方，生殖細胞H1には卵母細胞から受精後の転写開始までの初期胚で発現する**卵母細胞特異的H1**（oocyte specific H1）と精子形成過程で発現する**精巣特異的H1**（testis specific H1）に分類される．表2・1に示すように，ヒトも含めた後生動物では発生・分化に伴って発現するヒストンH1バリアントの種類が変化する．そのため古くからヒストンH1バリアントの違いが発生段階特異的なクロマチンの構造と機能を生み出すのではないかと考えられてきた．これまでにその仮説を支持する研究が複数なされているが，いまだにヒストンH1バリアントの生物学的意義は謎に包まれている（コラム2・1）．また，生物進化の視点から興味深いことに，コアヒストンがあらゆる真核生物で構造が保存されているのに対して，出芽酵母やテトラヒメナなどの単細胞生物には三つのドメイン構造をもったリンカーヒストンH1は存在しない．

2・4　コアヒストンバリアント

4種類のコアヒストンは，中央にあるヒストンフォールドドメイン同士が相互作用して，H2A−H2BおよびH3−H4のヘテロ二量体を形成し，H3−H4はさらに四量体

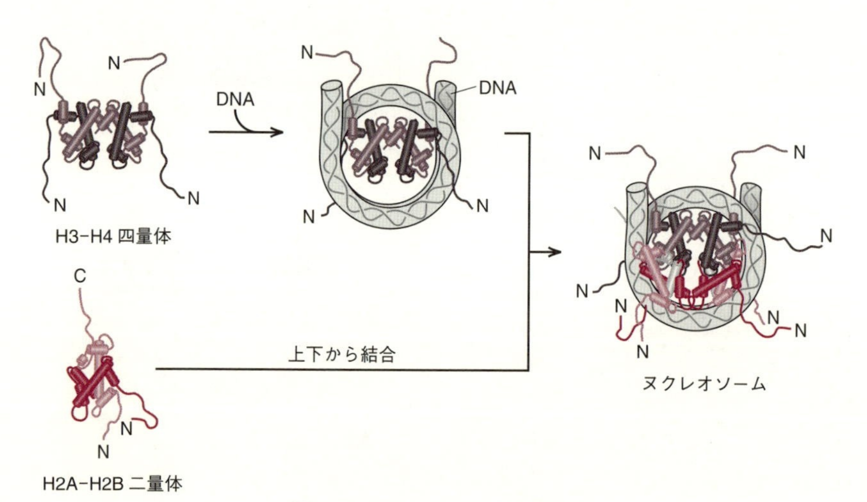

図2・3　ヌクレオソームの形成

を形成してDNAと結合する．さらにH3–H4四量体の上下からH2A–H2B二量体が結合してヌクレオソームが形成される（図2・3）．体細胞では特にヌクレオソームの中央でホモに接触しているヒストンH2AとH3の2種類のコアヒストンに多様なヒストンバリアントが見つかっている．

2・4・1 ヒストン H2A・H2B バリアント

リンカーヒストンに続いてバリアントの存在が見つかったのはヒストンH2A（表2・2）である．単細胞生物テトラヒメナの転写活性の高い大核からhv1（のちにヒストンH2A.Z）が，そして哺乳類の細胞からヒストンバリアントH2A.XとH2A.Zが同定された．両者は種を超えて保存されたバリアントであるのに対して，哺乳類特異的なヒストンH2AバリアントとしてC末端側にヒストンとは関係のない大きなドメインを付加された**マクロH2A**（macro H2A）や，逆にC末端側を欠いたH2A–Bbd（Barr-body deficient, H2A.B）が知られている．これら4種類の複製非依存的ヒストンバリアントは体細胞において全体のヒストンH2Aのおよそ2割を占め，8割以上は複製依存的カノニカルH2Aである．ヒトやマウスではカノニカルH2A遺伝子は10遺伝子以上も存在し，三つのヒストン遺伝子クラスターに分散して存在する．いずれも

表2・2 さまざまな生物種におけるヒストン H2A バリアント

バリアント	テトラヒメナ	出芽酵母	ショウジョウバエ	ヒト・マウス	機能・備考
カノニカルH2A	H2A	—	H2A	H2A	ヒトやマウスでは10種類以上の遺伝子が存在してアミノ酸配列が少し異なる．
H2A.X	—	H2A1 H2A2	H2Av	H2A.X	DNA損傷修復，リン酸化されるとγH2AX
H2A.Z	hv1	Htz1		H2A.Z	転写制御，転写開始領域やエンハンサーに多い．
マクロH2A	—	—	—	マクロH2A	転写抑制，不活性X染色体に集積
H2A.B	—	—	—	H2A.B	転写活性化，不活性X染色体で排除

—：該当するバリアントなし．

S期をピークに発現して，それぞれのアミノ酸配列は完全には一致しないが，これまでのところ機能的には同一とみなされている．同様に複製依存的 H2B バリアントも 10 遺伝子以上存在するが機能の違いは見いだされていない．

ヒストン H2A バリアント中で特殊な機能が示されている代表的なものがヒストン H2A.X である．N 末端側の大部分の配列はカノニカルヒストン H2A と類似しており，C 末端領域 10 数アミノ酸の配列が特徴的である（図 2・4）．この保存された領域に含まれるセリン残基（ヒトでは S139）が DNA 傷害時にリン酸化されて細胞核内に顕微鏡で観察可能なドット状構造体を形成し，DNA 修復が完了すると速やかに脱リン酸化される．リン酸化された H2A.X は γH2A.X とよばれ，DNA 修復に必要な因子を損傷部位に集積させるために重要な役割を果たす．したがって H2A.X 欠損マウスはヘテロ接合体でも染色体不安定化を示し，ホモ接合体は放射線感受性の上昇，免疫不全，減数分裂異常による雄性不妊などの表現型を示す．さらにがん抑制遺伝子 *p53* とのダブル変異体にするとリンパ腫を好発する．実際ヒトにおいても多様な種類のがんで H2A.X の異常（変異・欠失など）が認められる．以上より H2A.X はがん抑制遺

コラム 2・2

生殖細胞特異的なヒストンバリアント

ヒストンバリアントが最も活躍する場面のひとつに生殖細胞の分化過程があげられる．実際，生殖細胞の分化過程，特に体細胞型分裂から減数分裂に切り替わる際にはさまざまなヒストンバリアントが秩序立って発現・機能する．生後の精子形成を例にあげると，最も未分化な生殖細胞である精原細胞は体細胞型分裂を繰返して増殖する．このときはカノニカルヒストンを主とする DNA 複製依存的ヒストンが発現し，クロマチンに組込まれる．その後減数分裂に入ると，γH2A.X が性染色体上に局在するほか，マクロ H2A と H3.3 も性染色体上に凝集する．これらの一部は減数分裂後も性染色体局在を維持し続け，性染色体からの転写を抑制していると考えられる．一方，H2A.Z は性染色体を避けて局在する．

これらの体細胞共通のコアヒストンバリアントのほかに，生殖細胞特異的ヒストンバリアントの存在が知られている．特にヒストン H2A と H2B，さらにリンカーヒストン H1 は精巣特異的バリアントが多く，減数分裂のほか，精子の核凝集にも積極的に関与する．卵子や受精卵にも豊富に存在するものは“胎生ヒストン”ともよばれるが，興味深いことに胎生ヒストンである TH2A と TH2B は受精卵の転写活性化に寄与すること，さらにこれらを体細胞に人工的に発現させると iPS 細胞の作製効率が上昇することが報告されたことから，核のリプログラミングにおいても重要な役割を果たしていると考えられる．

伝子としての性格をもつと考えられる.

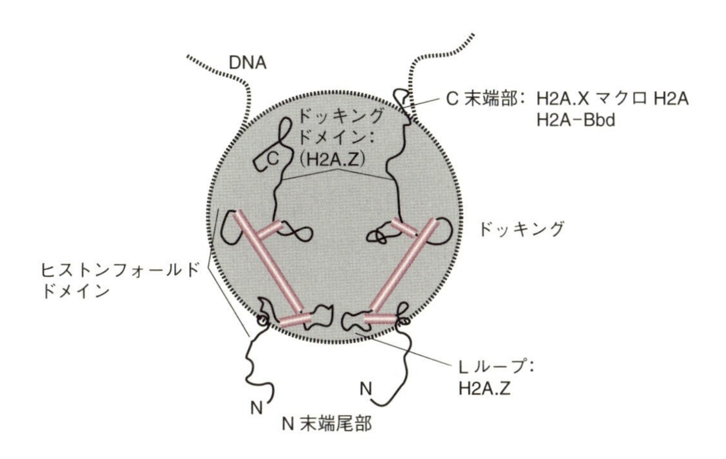

図 2・4 ヒストン **H2A** の構造とバリアント

哺乳類特異的なマクロ H2A と H2A−Bbd に関しては, 前者が雌の不活性 X 染色体（第 22 章）に集積して転写の抑制やヘテロクロマチンの形成に働くのに対して, 後者の H2A−Bbd は不活性 X 染色体を排除した局在を示し, 転写や DNA 修復の活性化に働くことが実験的に示されている.

2・4・2 ヒストン H3 バリアント

ヒストン H3 バリアントは体細胞では 3 種類に分類されて, ヒトでは表 2・3 に示す 4 種類が同定されている. このうち H3.1 と H3.2 が複製に依存したカノニカル H3 で, 哺乳細胞内クロマチンの大部分を占めてゲノム全体に分布している. 1 アミノ酸だけ異なる両者に機能的な違いは見いだされていない. 一方, カノニカル H3 と数アミノ酸だけ異なる H3.3 は細胞周期を通して発現する複製非依存的 H3 バリアントである. H3.3 は, 転写活性が高い遺伝子上やプロモーターやエンハンサーなどユークロマチン領域の転写活性に関与する領域に集積するほか, 逆に転写活性の低いセントロメア周辺のヘテロクロマチンやテロメア領域など特異的なゲノム領域に集積している. この機能的に相反するゲノム局在は, 2 種類の H3.3 特異的シャペロンタンパク質の使い分けに起因すると考えられ, 前者の転写活性化領域への H3.3 の取込みは HIRA が, 後者の転写抑制領域への取込みは DAXX−ATRX が担う（図 2・5）.

CENP−A（cenH3）は染色体の中央に存在し細胞分裂に必須の役割を果たす“セントロメア”を規定する複製非依存的 H3 バリアントである. CENP−A は H3 バリア

表2・3　ヒストン H3 バリアント

バリアント	発現およびクロマチンへの取込み	シャペロン	ゲノム上での局在
カノニカル H3* (H3.1，H3.2)	・S 期をピークに発現 ・DNA 複製に依存して取込み	CAF-1 ASF1	ゲノム全体
H3.3	・細胞周期を通して常に発現 ・DNA 複製に依存せずに取込み	HIRA ASF1 DAXX	・転写活性遺伝子・転写制御領域（プロモーター／エンハンサー） ・セントロメア周辺のヘテロクロマチン ・テロメア
CENP-A (cenH3)	複製非依存的に G_1 期に取込み	HJURP	セントロメア

*酵母には複製依存的 H3 が存在せず，複製非依存的 H3.3 が主要なヒストン H3 である．

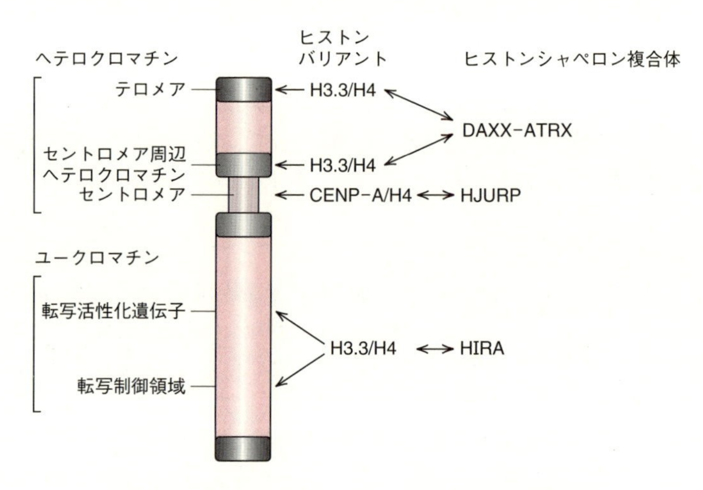

図2・5　ヒストン H3 バリアントのゲノムへの取込み

ントの中で最も相同性の低く，それと合致して構造的にも機能的にも特異なヌクレオソームを形成する．そのため CENP-A 欠損は細胞分裂に重篤な支障をきたす．実際 CENP-A 欠損マウスは着床前から胎生中期にかけて，細胞分裂異常により致死となる．さらに酵母染色体で人工的にセントロメアを破壊すると，本来のセントロメアとは違う位置に新たなセントロメア（＝ネオセントロメア）を形成する現象が起こるが，ネオセントロメアにも必ずCENP–Aが組込まれている．したがって，CENP–Aはセンロトメア形成に必須のヒストンである．CENP–Aがセントロメアに特異的に取込まれる詳細な機構はいまだ明らかではないが，CENP–A特異的シャペロンとしてHJURPが同定されている（図2・5）．

進化的には，H3.3とCENP–Aは酵母からヒトまで保存されているが，複製依存的カノニカルH3は酵母には存在せず，H3.3タイプが酵母の主要なヒストンH3である．

3

クロマチンリモデリング:
クロマチン形成と破壊

3・1　クロマチンリモデリングとは

クロマチンリモデリングという言葉は時としてヒストンの修飾やヒストンシャペロンによるクロマチン構造の制御を含むクロマチン構造に対する制御一般をさして使われることがあるが，狭義ではATP依存性のクロマチン制御をさす．この章では後者の定義に沿う．したがってここで扱うクロマチンリモデリングはすべて**ATP依存性クロマチンリモデリング因子**（ATP-dependent chromatin remodeling factor）によるものとする．

3・2　クロマチンリモデリングの発見

ATP依存性クロマチンリモデリング因子は，遺伝学的スクリーンにより初めて発見された．まず1980年代半ばに出芽酵母でグルコースの代わりにスクロースを使った培地で生育できない変異体が同定され変異遺伝子が*SNF*（Sucrose Non Fermenting）遺伝子と名付けられた．それとほぼ同時に接合型の変化ができない変異体が見つかり変異遺伝子が*SWI*（Switch）遺伝子と名付けられた．後になって遺伝子の同定に伴い*SNF*と*SWI*遺伝子の多くが同じものであることがわかった．また*SNF*と*SWI*遺伝子産物の精製によりこれらの多くが同じ複合体を形成していることがわかりSWI/SNF複合体と名付けられた（コラム3・1参照）．ショウジョウバエでは90年代初頭に多数のホメオティック遺伝子の発現に必要なbrahma遺伝子が同定

コラム3・1

SWI/SNF？それとも SNF/SWI？

1990年代前半の論文では*SWI/SNF*遺伝子と書かれてあるものと*SNF/SWI*遺伝子と書かれてあるものが混在する．これはI. Herskowitz, K. Nasmythをはじめとする*SWI*遺伝子を同定したグループとM. Carlson, F. Winstonをはじめとする*SNF*遺伝子を同定したグループがそれぞれ自分たちの遺伝子名を先にしたために起こった．その後SNF/SWIグループがSWI/SNFに変更することに同意したため命名争いは平和裡に終結した．それでも昔の論文を読むとどの研究者がどちらのグループに近かったのかわかって興味深い．

され，後にこれが出芽酵母の*SWI2/SNF2*遺伝子の相同遺伝子（オルソログ）であることがわかった．この発見が契機となり，また真核生物ゲノムの塩基配列が決められるにつれATP依存性クロマチン因子のサブユニットが次々に同定された．それと並行して試験管内でクロマチンの再構成をする実験からATP依存性にクロマチンの構造が変化することが90年代半ばに見つかり，その直後に精製したヒトと出芽酵母のSWI/SNF複合体がATP依存性にクロマチンの構造を変える活性をもつことが報告され，クロマチンリモデリング研究の幕開けとなった．

3・3　クロマチンリモデリング因子

現在同定されているクロマチンリモデリング因子のすべてが高度に保存されたATPアーゼサブユニットをもつ．そのためクロマチンリモデリング因子はATPアーゼサブユニットのアミノ酸配列によってクラス分けされる．クラス分けは研究者によって多少異なることがあるが，多くの場合SWI/SNF，ISWI，CHD（またはMi2），INO80の4クラスとされる（図3・1）．ほとんどの真核生物ですべてのクラスのATPアーゼサブユニットが保存されているが，興味深いことに生物によって各クラスに保存されているATPアーゼサブユニットの数が大きく異なる（表3・1）．

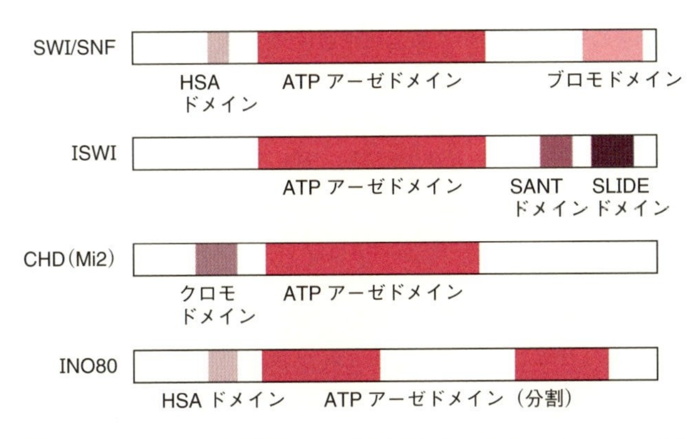

図3・1　クロマチンリモデリング因子の各クラスのATPアーゼサブユニットのドメイン構造

たとえばISWIクラスATPアーゼサブユニットの数は，マウス（7），ラット（3），ヒト（3），チンパンジー（2）で大きく違う．一方SWI/SNFクラスではマウス（2），ラット（3），ヒト（5），チンパンジー（4）となる．これがなぜなのかわかっていないが，異なる生物でどのクラスのクロマチンリモデリング因子がより必要なのかが違う可能性がある．

表3・1 おもな真核生物がもつ各クラスのATPアーゼサブユニットの数 [Flaus *et al.*, *Nucleic Acid Research*, **34**, 2887～2905 (2006) より改変]

生 物 種	SWI/SNF	ISWI	CHD(Mi2)	INO80
出芽酵母	2	2	1	2
分裂酵母	2	0	3	2
シロイヌナズナ	6	3	4	2
線 虫	3	1	4	1
ショウジョウバエ	4	3	5	4
ゼブラフィッシュ	6	5	36	7
アフリカツメガエル	14	11	39	6
ニワトリ	2	4	24	2
ラット	3	3	8	3
マウス	2	7	11	2
チンパンジー	4	2	11	4
ヒ ト	5	3	12	5

クロマチンリモデリング因子のほとんどは大きな複合体を形成する．唯一ISWIクラスの因子の多くが2～4サブユニットの比較的小さい（300 kDa以下）複合体だが，他のクラスの因子の多くは10サブユニット以上の大きな複合体（2 MDa前後）を形成し，このことが一つ一つのサブユニットが果たす役割を解明することの障害となっている．DNAとヒストンを合わせたヌクレオソームの大きさが約250 kDaであることを考えると，クロマチンリモデリング因子のほとんどがヌクレオソームよりはるかに大きいことがわかる．このことはクロマチンリモデリング因子の細胞内機能と作用機序を考えるうえで重要である．

3・4 クロマチンリモデリング因子の作用機序

3・4・1 クロマチンリモデリング因子の生化学活性

現在知られているクロマチンリモデリング因子の作用はすべてATP依存性である．古い文献に時折クロマチンリモデリング因子をDNAヘリカーゼとよぶ記述が見られるが，これまでヘリカーゼ活性の検出されたリモデリング因子はない．現在クロマチンリモデリング因子はATP依存性DNAトランスロカーゼと考えられている．DNAヘリカーゼとDNAトランスロカーゼの違いは，前者にDNAの二本鎖を解く活性があるのに比べ，後者にはそれがなくDNAの二本鎖上を回転しながら移動することである（図3・2）．この違いは前者にはウェッジとよばれる構造があり，これがDNAの二本鎖の間にくさびを入れて二本鎖を解くのに比べ，後者にはウェッジがないことから起こる．したがってクロマチンリモデリング因子はDNA上を回転することによってクロマチン構造を変えると考えられている．

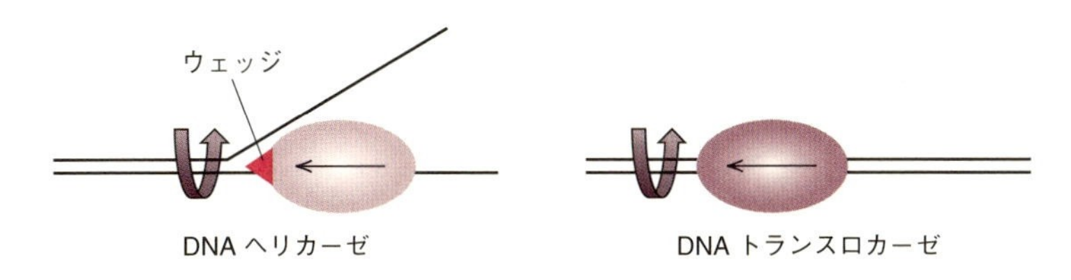

図 3・2 DNA トランスロカーゼと DNA ヘリカーゼの違い

3・4・2 SWI/SNF クラスクロマチンリモデリング因子の生化学活性

このクラスの因子は試験管内ではさまざまな活性を示すが，細胞内での機能とよく合致するものとしてヌクレオソーム構造の破壊があげられる．試験管内では条件によってはヒストンを DNA から完全に除いてしまう（エビクション）こともできるが，ヒストンが存在するまま転写因子やヌクレアーゼがあたかもヒストンが存在しないかのように自由に DNA を認識できる構造にすることもできる（図 3・3）．

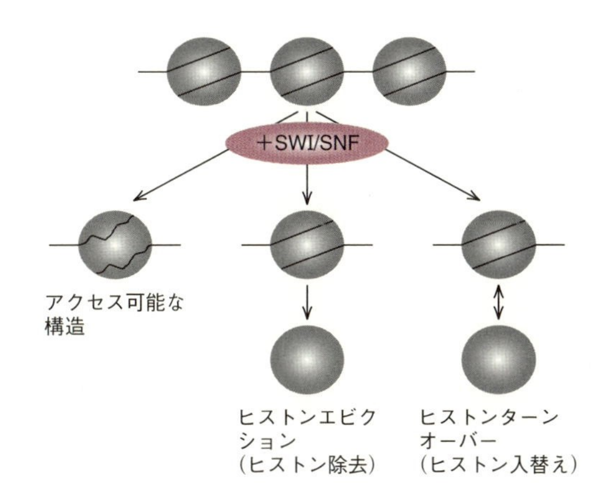

図 3・3 SWI/SNF クラスクロマチンリモデリング因子の生化学活性

後者の場合どのような構造ができているのかわかっていない．さらに，このクラスの因子はヌクレオソームの中のヒストンを入替える（ターンオーバー）活性があることも知られている．これらの活性は一般にヒストン以外のタンパク質がクロマチンに結合するのを促進する．

3・4・3　ISWI クラスクロマチンリモデリング因子の生化学活性

このクラスの因子はヌクレオソームをスライドする活性があることが知られている(図3・4)．これに似た活性としてDNA上でヌクレオソームの間隔を不規則から規則的に変えるものがある（スペーシング)．この活性のためには複合体の中のATPアーゼ以外のサブユニットが定規のような役割を果たしてヌクレオソーム間の距離を測るというモデルが提唱されている．また，少なくとも一部のISWIリモデリング因子の中にはヌクレオソームを形成（アッセンブリー）する活性があることが報告されている．これらの活性は一般にヒストン以外のタンパク質のクロマチンへの結合を抑制する．

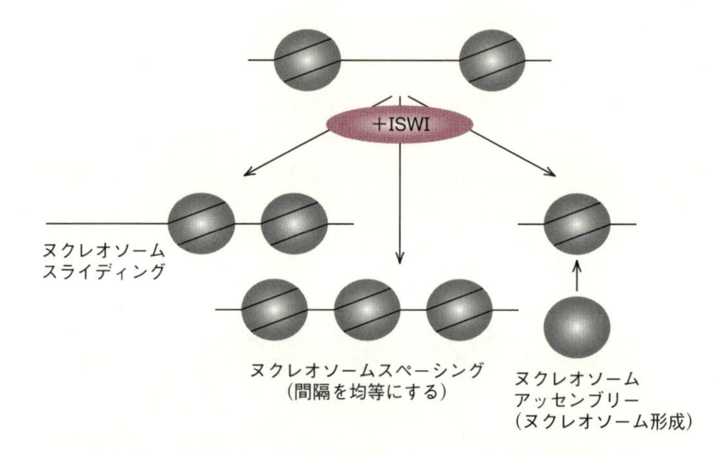

図3・4　ISWI クラスクロマチンリモデリング因子の生化学活性

3・4・4　CHD（または Mi2）クラスクロマチンリモデリング因子の生化学活性

このクラスの因子はISWIクラスとよく似た生化学活性をもち，そのためにISWIクラスに入れられることがある．ただし，多くの因子はISWIクラスよりサブユニットの数が多く，より大きな複合体として存在する．特に後生動物にはヒストンデアセチラーゼを含む巨大な複合体が存在し，それらの因子は複数の生化学活性でクロマチンを制御する．

3・4・5　INO80 クラスクロマチンリモデリング因子の生化学活性

このクラスの因子にはヌクレオソームをスライドする活性とヌクレオソーム内のヒストンを入替える活性がある．出芽酵母のSWR1複合体はヒストンH2AをヒストンバリアントHtz1（後生動物ではH2A.Z）に置き換える活性がある．逆にINO80複合体はHtz1をH2Aに置き換えると提唱されている（図3・5)．ヒストンが入替わることはヒストンタンパク質の修飾やヒストン以外のタンパク質のクロマチンへの結合に影響を与える．このクラスの因子も後生動物ではヒストン修飾酵素などと巨大な複合体を形成するものがある．

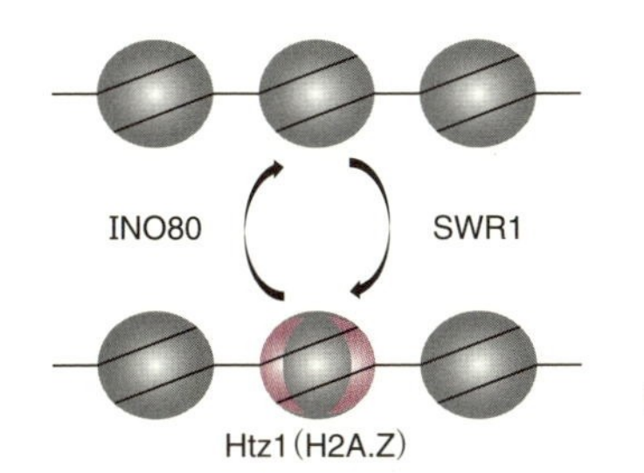

図3・5 INO80 クラスクロマチンリモデリング因子の生化学活性

3・5 クロマチンリモデリング因子の細胞内機能

上記のようにクロマチンリモデリング因子はクロマチン構造をさまざまな形で変化させる活性をもつ．それに加え多くの因子は細胞内に多量に存在する．出芽酵母でも哺乳類でもすべてのリモデリング因子をあわせると概算で二つか三つのヌクレオソームに対し一つのリモデリング因子が存在するといわれている．このためリモデリング因子は細胞内の広範囲のプロセスに強い影響を及ぼす．

3・5・1 SWI/SNF クラスクロマチンリモデリング因子の細胞内機能

出芽酵母の *swi*, *snf* 変異体とショウジョウバエの *brahma* 変異体の表現形はいず

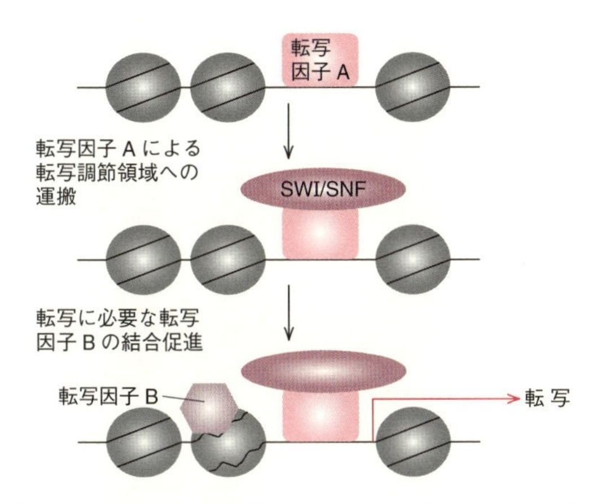

図3・6 SWI/SNF クラスクロマチンリモデリング因子の細胞内機能

れも遺伝子転写の活性化が正常に起こらないことによって生ずる．その後の研究とあわせてこのクラスの因子のおもな細胞内機能は転写の活性化であると考えられている．多くの場合このクラスの因子は転写因子によって転写調節領域に運ばれ，転写に必要な他の因子がクロマチンに結合するのを促進する（図3・6）．哺乳類では組織によって異なるサブユニットがSWI/SNFクラスの複合体を形成していることが最近わかった．したがって，組織ごとに少しずつ異なる複合体がその組織で必要な遺伝子の発現を促進して細胞分化に寄与していると考えられている．

3・5・2　ISWIクラスクロマチンリモデリング因子の細胞内機能

出芽酵母ではこのクラスとCHDクラスの因子がゲノム上でのヌクレオソームの位置と形成に大きな役割を果たすことが最近わかった．真核生物全般で遺伝子の転写開始点と終結点付近にヌクレオソームの存在しない領域NDR（nucleosome depleted region）が存在するが，このクラスの因子のあるものはヌクレオソームをスライドす

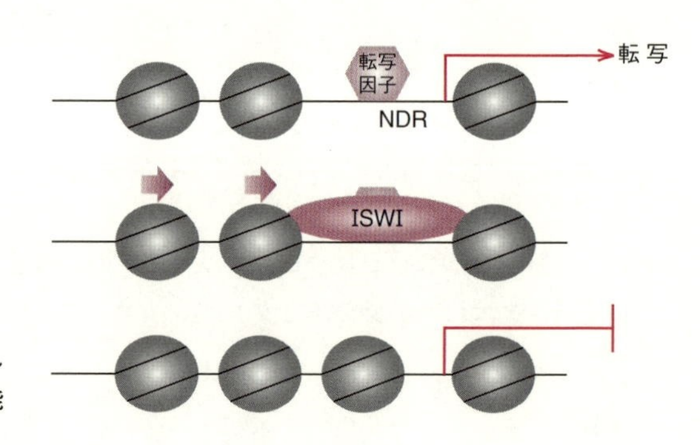

図3・7　ISWIクラスクロマチンリモデリング因子の細胞内機能

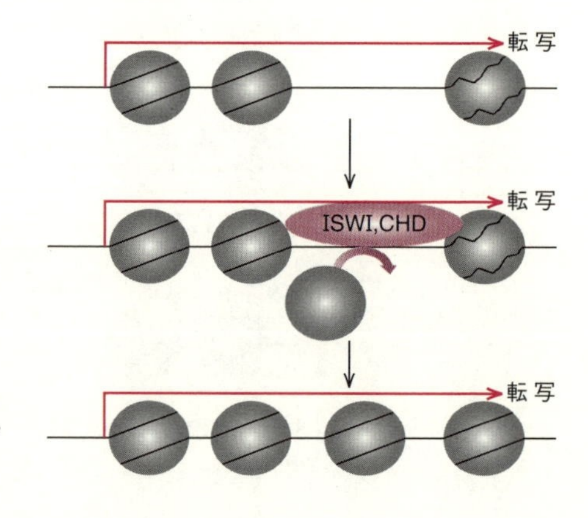

図3・8　ISWI，CHDクラスクロマチンリモデリング因子の細胞内機能

ることによってNDRの幅を狭めて転写を抑制する（図3・7）．また，あるものは転写の行われている遺伝子上で転写によって破壊されたヌクレオソームを修繕する働きがある（図3・8）．哺乳動物では，このクラスの因子がDNA二本鎖の切断後の修復に必要なことが最近相次いで報告された．

3・5・3　CHD（またはMi2）クラスクロマチンリモデリング因子の細胞内機能

上記の通り出芽酵母でこのクラスの因子は細胞内でのヌクレオソームの位置と形成に大きな役割を果たす．これはおもに転写の行われている遺伝子上で転写によって破壊されたヌクレオソームを修繕することによると考えられている（図3・8）．後生動物ではこのクラスの因子はDNAの修復に必要なことが報告されている．現在注目されているのは，哺乳類の胚性幹細胞（ES細胞）の多分化能の維持にこのクラスの因子が必要なことで，そのメカニズムの解明を多くの研究者が競っている．

3・5・4　INO80クラスクロマチンリモデリング因子の細胞内機能

このクラスの因子の細胞内機能の解明は他のクラスに比べて遅れている．出芽酵母ではこのクラスの因子がDNAの修復と複製，特に細胞周期チェックポイントに関わっていることが報告されている．このことからこのクラスの因子はゲノムの保全に大事な役割を果たすと考えられる．出芽酵母ではこのクラスの因子が数多くの長鎖ノンコーディングRNA（long non-coding RNA: lncRNA，コラム3・2参照）を抑制することが報告されたがその機能はまだわかっていない．

コラム3・2

長鎖ノンコーディングRNAとクロマチンリモデリング

近年RNAを検出する技術が非常に進歩した結果，さまざまな真核細胞内にlncRNA（long non-coding RNA）が多数存在することがわかってきた．たとえばヒトのゲノム上でタンパク質をコードするのは2%前後と考えられているのに対し，70～80%のゲノムが転写されていると考えられており，そのほとんどがlncRNAによるものである．lncRNAの転写レベルは一般的にmRNAに比べて低いものの，種類の多さとゲノムのカバー領域という点でlncRNAはmRNAをはるかに上回る．最近出芽酵母と哺乳動物の細胞でクロマチンリモデリング因子の多くがlncRNAの転写に影響を与えることがわかったが，その細胞内機能はほとんどわかっていない．クロマチンリモデリング因子がlncRNAの転写制御を通してどのような細胞内のプロセスをコントロールしているのか解明が待たれる．

3・6　クロマチンリモデリング因子と疾病

上記のようにクロマチンリモデリング因子はDNA上で起こるさまざまなプロセスに強い影響を与える．そのためクロマチンリモデリング因子の変異がヒトの疾病を起こす例が多く発見されている．B. Vogelstein が2013年に発表した，がんの増殖を促すいわゆる**がんドライバー変異**（cancer driver mutation）の一覧には12のクラスがあり，そのうちの一つがクロマチンリモデリング因子を含むクロマチン制御因子であった（表3・2）．その中でも特に注目されているのはSWI/SNFクラス因子で，最近の報告ではすべてのがんのおよそ20％にこのクラスの因子（通常複合体のサブユニットの一つ）に変異が見られるという．これは多くのがん遺伝子やがん抑制遺伝子と比べてもかなり高い割合である．したがって，クロマチンリモデリング因子の作用機序と細胞内機能を研究することは転写，DNAの修復と複製，細胞周期チェックポイントなどの重要なプロセスのメカニズムだけでなくヒトの疾病，特にがんのメカニズムの解明に役立つことが期待される．

表3・2　がんドライバー変異の12のクラス
［B. Vogelstein *et al.*, *Science,* **339**, 1546～1558 (2013) より改変］

変異遺伝子のクラス	変異遺伝子の機能	変異遺伝子のクラス	変異遺伝子の機能
TGF-β	細胞の生き残り	Notch	細胞の運命決定
MAP キナーゼ		Hedgehog	
STAT		APC	
PI3 キナーゼ		クロマチン制御	
RAS		転写制御	
細胞周期，アポトーシス		DNA 損傷修復	ゲノムの保全

4

ヒストンアセチル化・ユビキチン化

4・1　ヒストン修飾およびヒストンコード仮説

ヒストンの特定のアミノ酸残基は，アセチル化，リン酸化，メチル化，ユビキチン化などのさまざまな化学修飾を受ける（図4・1）．これらヒストン修飾の複数の組合わせが，おのおの特異的なクロマチン機能（遺伝子発現，DNA修復，DNA複製，染色体分配）を規定する暗号（コード）として働くという**ヒストンコード仮説**が提唱されている．

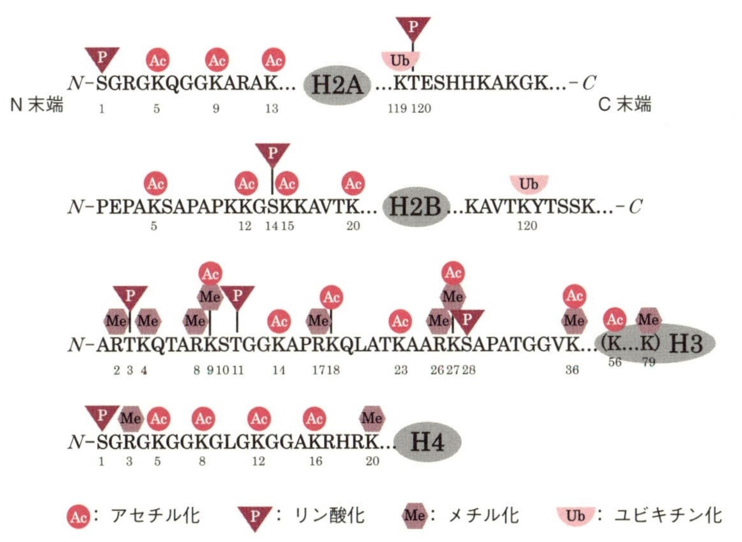

図4・1　ヒストン修飾　ヒストンのN末端，C末端はヒストン尾部とよばれ，ヌクレオソームから突出しているため，ヒストン修飾を受けやすい．K: リシン，S: セリン，T: トレオニン，R: アルギニン

図4・2に示すように，ヒストンコードをつかさどる因子として，ヒストンを修飾する酵素は**ライター**（writer），ヒストン修飾を認識してクロマチンの機能を調節するタンパク質は**リーダー**（reader），修飾を消去する酵素は**イレイサー**（eraser）と概念的によばれる．本章では，ヒストンのアセチル化およびユビキチン化の分子機構，クロマチン機能における役割・生物学的意義について概説する．

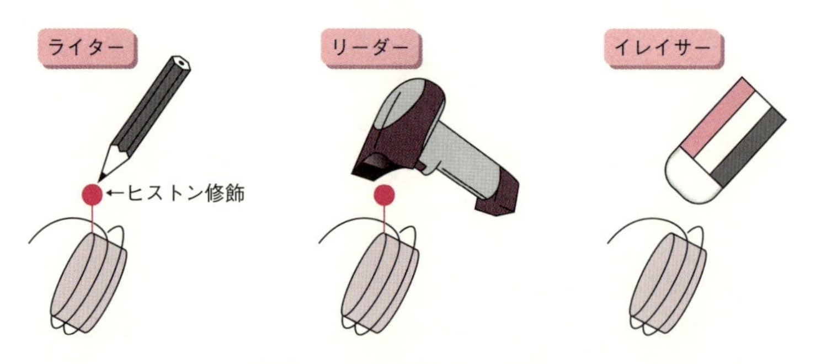

図4・2 ヒストンコード因子

4・2 ヒストンアセチル化・脱アセチル化

4・2・1 ヒストンアセチル化酵素および脱アセチル化酵素

ヒストンのアセチル化は，ライターである**ヒストンアセチルトランスフェラーゼ**(histone acetyltransferase, HAT) が，アセチル CoA のアセチル基を標的ヒストンのリシン残基の ε-アミノ基に転移する反応である．一方，ヒストンの脱アセチル化

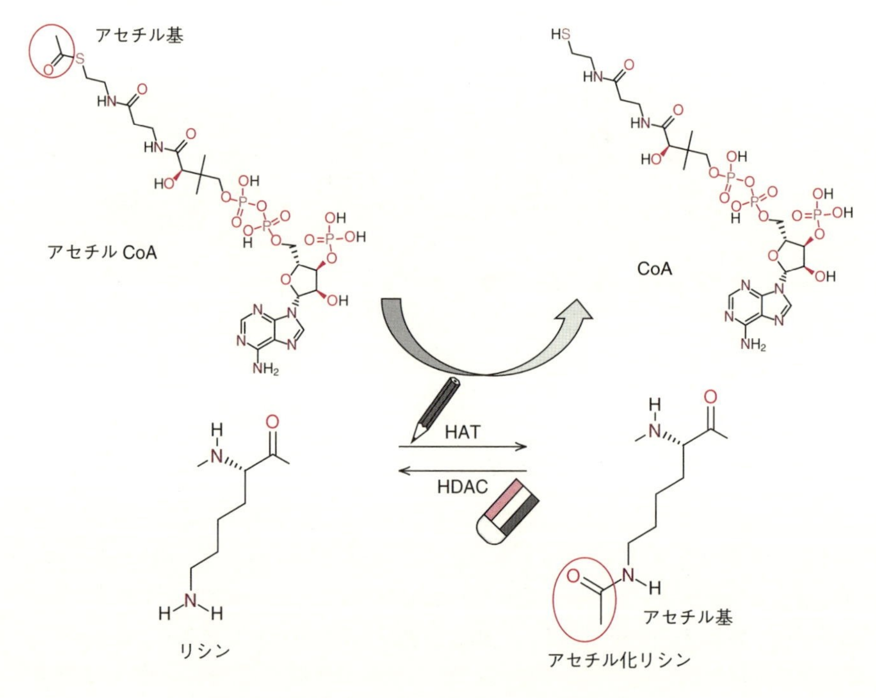

図4・3 ヒストンアセチル化（右）・脱アセチル化（左）

は，イレイサーである**ヒストンデアセチラーゼ**（histone deacetylase, HDAC）によって，標的ヒストンのアセチル基を加水分解により除去する反応である（図4・3）．

HATは，1996年に繊毛虫類テトラヒメナの大核の抽出液から生化学的にはじめて精製された．このHATは，酵母を用いた遺伝学的解析により，転写活性化共役因子（コアクチベーター）として単離されていたGcn5pとアミノ酸配列がよく似ていた．後に酵母のGcn5pにもHAT活性が確認され，転写制御にヒストンのアセチル化が直接関わっていることを示す発見として注目を浴びた．Gcn5pとアミノ酸配列が類似するHATの探索が行われ，これらはGcn5-関連*N*-アセチルトランスフェラーゼ（GNAT）ファミリーとよばれる．もう一つのファミリーは，GNATとは異なった転写研究から同定され，四つのHAT（MOZ, YBF2/SAS3, SAS2, TIP60）の頭文字をとって，MYSTファミリーとよばれている．また，これら二つのファミリーに属さないHATとして，コアクチベーターCBP/p300，基本転写因子TFⅡDに含まれる$\mathrm{TAF_{II}}$250，核内受容体などがあり，ヒストンのアセチル化は転写制御全般に関わっていることがうかがえる（表4・1）．現在HATは，ヒトでは約30種類が同定されている．

表4・1 HATとHDACファミリー

HAT	GNATファミリー	GCN5, PCAF, HAT1, ELP3, HPA2, HPA3, ATF-2
	MYSTファミリー	MOZ, YBF2/SAS3, SAS2, TIP60
	その他	CBP/p300, $\mathrm{TAF_{II}}$250, ACTR/SRC-1（核内受容体）
HDAC	クラスⅠ	HDAC1, HDAC2, HDAC3, HDAC8
	クラスⅡ	HDAC4, HDAC5, HDAC6, HDAC7, HDAC9, HDAC10
	クラスⅢ	SIRT1, SIRT2, SIRT3, SIRT4, SIRT5, SIRT6, SIRT7
	クラスⅣ	HDAC11

HDACは，ヒストンの脱アセチル化を阻害する低分子化合物に結合するタンパク質としてヒトの培養細胞から1996年にはじめて単離された．興味深いことに，このHDACも酵母でコリプレッサーとして知られていたRpd3pとアミノ酸配列の高い相同性があり，Rpd3pもHDAC活性をもつことが証明された．HATおよびHDACに関する一連の発見は，ヒストンのアセチル化・脱アセチル化の調節によって転写が制御されていることを示す直接的な証拠となり，ヒストン修飾とクロマチン機能制御の研究進展の一大転機となった．現在，ヒトでは18種類のHDACが存在し，配列の相同性などにより四つのクラスに分類される（表4・1）．HATやHDACは単体として働くわけではなく，転写因子や転写共役因子などと複合体を形成し，クロマチン上で機能し，多くのさまざまな複合体の存在が報告されている．これらの複合体の中には，ユビキチン化やメチル化などの他のヒストン修飾酵素が含まれている場合も確認され

ており，転写を制御するためにアセチル化と他のヒストン修飾のクロストークが重要であることも考えられている．

4・2・2 転写活性化におけるヒストンアセチル化

高頻度でヒストンがアセチル化されているクロマチン領域と遺伝子発現が活発な領域が相関するという観察結果から，ヒストンアセチル化は遺伝子発現を活性化させ，脱アセチル化は逆に抑制すると考えられてきた．ヒストンアセチル化が遺伝子転写を活性化する分子メカニズムについては，以下の二つの仕組みが考えられている．

一つ目は，アセチル化によってクロマチンの構造がダイナミックに変化することである．ヒストンはリシンやアルギニンなど正電荷をもつ塩基性アミノ酸に富み，リン酸基により負に帯電したDNAと安定的に相互作用してヌクレオソームを形成している．ヒストンのアセチル化は，リシンのアミノ基（$-NH_3^+$）の正電荷を相殺するため，ヒストンとDNAの親和性を低下させる．結果的にヌクレオソーム間の連結が脱凝縮し，流動性が高まり，容易にDNAを露出する．そのため転写因子やクロマチンリモデリング因子のクロマチンへのアクセスが容易になり，クロマチン構造の変化や転写活性化が促進すると考えられる（図4・4）．

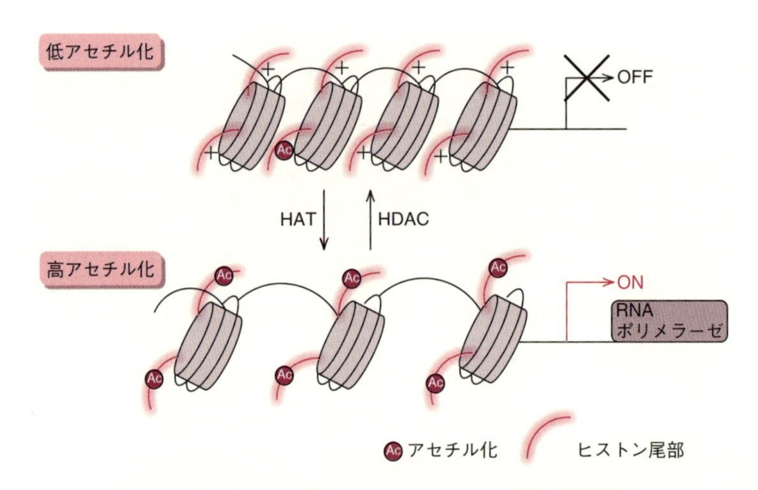

図4・4 ヒストンアセチル化によるクロマチンの流動化

二つ目は，アセチル化がヒストンコードとして転写活性化に働くタンパク質をクロマチンへ呼び込む（リクルート）場合である．ブロモドメインとよばれる機能モジュールをもつタンパク質は，ヒストンコード因子のリーダーであり（図4・2），アセチル化されたリシンに特異的に結合する．ブロモドメインは，ヒトでは60種類以上同定されており，基本転写因子であるTFⅡD複合体のTAF1，クロマチンリモデリング複合体などに存在し，HAT自身がブロモドメインをもつ場合もある．アセチル化されたヒストンをブロモドメインが認識し，これらの転写活性化に必要なタンパク質複合体がクロマチンへ呼び込まれることにより転写活性化が促される（図4・5）．

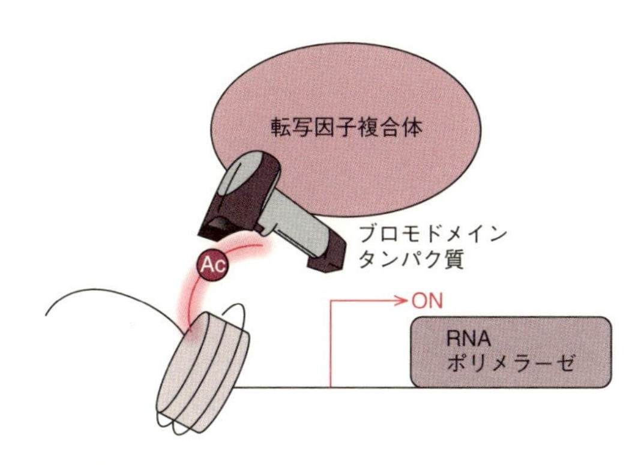

図4・5 ヒストンコードとしてのアセチル化

4・2・3 DNA修復とヒストンアセチル化

細胞のDNAは，放射線や化学物質によって，絶えず損傷・修復を繰返している．ヒストンのアセチル化は，その修復反応の初期過程で起こる．DNA損傷の初期に，損傷部位にヒストンH2AのバリアントH2A.Xがリン酸化され，修復の目印となる．その部位に，MYSTファミリーHATであるTIP60の複合体や，クロマチンリモデリング因子であるINO80複合体が呼び込まれ，ヒストンをアセチル化し，クロマチン構造が弛緩・流動化し，ヒストンの除去・交換が行われ，ひき続きDNA修復が行われる．HATを破壊した細胞では，修復の異常が観察されることから，ヒストンアセチル化の重要性が示唆される．

4・2・4 ヒストンアセチル化と生体調節

ヒストンのアセチル化は，転写制御およびDNA修復のヒストンコードとして機能することにより，わたしたちの生体調節に密接に関わっている．たとえば，約24時間周期で変動する生理現象である概日リズムを制御する中心タンパク質はHAT活性をもっており，HAT活性が失われると概日リズムに異常をきたす（コラム4・1）．また，特定のHDAC酵素は生物の老化や寿命に深く関わっている（コラム4・2）．このようなヒストンアセチル化と高次生命現象のつながりが明らかになる一方で，臨床面ではがんなどの治療薬の開発に新しい道を開きつつある．イレイサー因子HDAC

阻害剤として最初に発見されたトリコスタチンA（TSA）は，遺伝子発現を変化させるとともに，細胞周期を阻害するため，抗がん剤の候補になり，HDAC阻害剤の創薬開発が盛んに行われてきた．実際に多くの化合物がHDAC阻害剤としてスクリーニングされ，抗がん剤としてすでに承認されているものもあり，最新ではリーダー因子であるブロモドメインタンパク質を標的とした阻害剤が開発され，がん治療の治験段階に入っている．

4・3 ヒストンユビキチン化

4・3・1 ユビキチン化および脱ユビキチン化の分子機構

タンパク質のユビキチン化修飾とは，標的タンパク質内のリシン側鎖のε-アミノ

コラム4・1

概日リズムとヒストンアセチル化・脱アセチル化

概日リズム（circadian rhythm）は，細菌，ショウジョウバエ，マウス，ヒトなどあらゆる生物種に存在し，哺乳類においては，睡眠・覚醒リズム，血圧や体温の調節，ホルモン分泌などの生理機能に影響を与える．この概日リズムを構成する分子実態は，多くの遺伝子が約24時間の周期で転写のオン・オフが繰返される複雑な遺伝子ネットワークである．この概日時計遺伝子の転写制御にヒストンのアセチル化・脱アセチル化が関与している．概日時計遺伝子として同定されてきたCLOCKはHAT活性をもっており，BMAL1と複合体を形成し，時計遺伝子である*Per*, *Cry*遺伝子の転写制御領域の特定配列に結合し，ヌクレオソームのヒストンをアセチル化し，転写を活性化する．一定時間後，タンパク質に翻訳されたPERおよびCRYは，複合体を形成し，核に移行して，CLOCK/BMAL複合体を抑制する．この抑制には，クラスⅢ HDACであるSIRT1も協調的に働き，ヒストンを脱アセチル化することによって転写を抑える．このような遺伝子のネガティブフィードバックループが概日リズムを刻む基本メカニズムと考えられている（下図）．

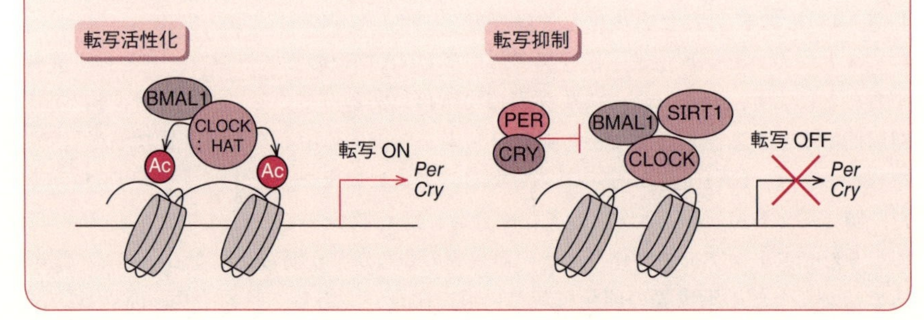

コラム 4・2

細胞老化とサーチュイン

近年，さまざまな生物において，カロリーを制限すると寿命延長効果があることが報告されており，その鍵は**サーチュイン** (sirtuin, SIRT) とよばれるクラスⅢに属するHDACを活性化させることにあることがわかってきた．サーチュインは，他のクラスのHDACと異なり，酵素活性を発揮するためにニコチンアミドアデニンジヌクレオチド (NAD^+) を必要とし，NAD^+ を加水分解する際に，アセチル化されたヒストンからアセチル基を除去する反応を触媒する（下図）．糖質を制限すると，細胞内のミトコンドリアにおいて，酸化的リン酸化が亢進し，NAD^+/NADH比が増加する．NAD^+ の増加によって活性化されたサーチュインは，ヒストンのみならず他のタンパク質の脱アセチル化を行うことによって，細胞内のさまざまな生理的作用を示して老化を防ぎ，寿命のコントロールに関わっていると考えられている．サーチュインの働きは多岐にわたり，染色体末端のテロメア領域やrDNA領域などのゲノムの安定保持，DNA修復に関わるタンパク質の活性化，膵臓β細胞からのインスリン分泌の亢進，動脈硬化の抑制，脂肪細胞から分泌されるアディポネクチンの増加を促進してメタボリックシンドロームを防ぐなどのさまざまな報告がある．サーチュインを活性化させれば，寿命延長が可能になるという期待のもと，サーチュイン活性化化合物の探索が行われ，赤ワインに含まれるポリフェノールの一種であるレスベラトロールがサーチュインを活性化し，酵母，線虫などを用いた実験で寿命が延長することが証明されてきたが，マウスやサルを用いた実験では寿命延長が認められる結果とそうでない結果があり現在論争になっている．

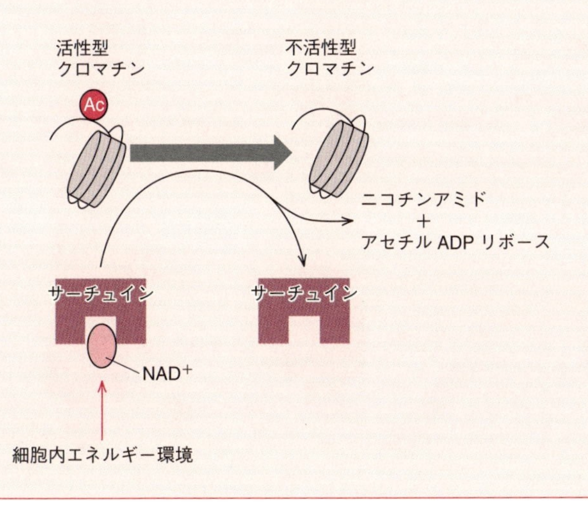

基（$-NH_2$）とユビキチンのC末端のグリシンがアミド結合することである．ユビキチンは，進化的に保存性の高い76アミノ酸からなるタンパク質であり，あらゆる細胞で存在する（ubiquitous）ことが名前の由来である．したがってヒストンのユビキチン化は，アセチル化，リン酸化，メチル化などの比較的小さい官能基による他のヒストン修飾とは大きく異なる．一般的には，最初のユビキチンが付加され，さらにそのユビキチン中のリシンの側鎖に次のユビキチンが連続的に付加されていくポリユビキチン化が起こる．このポリユビキチン化されたタンパク質は，タンパク質分解酵素（プロテアーゼ）の巨大複合体によって分解される．ポリユビキチン化がタンパク質分解の目印であるのと異なり，ヒストンはモノユビキチン化され，遺伝子転写のオン・オフのヒストンコードとしての役割を担っている．

標的タンパク質のユビキチン化修飾は，三つの酵素，ユビキチン活性化酵素（E1），ユビキチン結合酵素（E2），およびユビキチン転移酵素（ユビキチンリガーゼ，E3）によって行われる（図4・6）．E1は，ATPの加水分解エネルギーを利用して，E1の活性中心のシステイン残基とユビキチンのC末端のグリシン残基のカルボキシ基との間に高エネルギーチオエステル結合を形成する．この活性化されたユビキチンは，E1からE2の活性中心のシステイン残基に転移され，同様にチオエステル結合を形成する．ユビキチン結合型E2はE3の活性中心と相互作用し，ユビキチンC末端のグリシンのカルボキシ基が，E3に結合している標的タンパク質のリシン残基のε-アミノ基とイソペプチド結合を形成する．

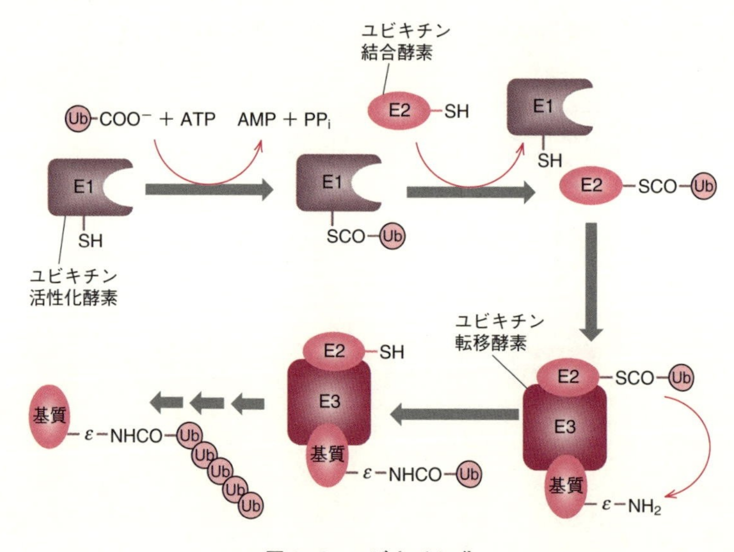

図4・6　ユビキチン化

E1は，すべての真核生物において1種類のみ存在し，約110 kDaの単量体である．E2はヒトでは約30種存在し，その大きさは約15～35 kDaである．E3は，ヒトでは約1000ほどの非常に多くの種類が存在し，またE2とE3の組合わせによってユビキチン化できる標的タンパク質の基質特異性が生じ，E3がユビキチンの多様な役割を保証すると考えられている．

一方，E1，E2，E3によるユビキチン化反応に拮抗し，逆反応を触媒する脱ユビキチン化酵素が存在する．脱ユビキチン化酵素はシステインプロテアーゼであり，ヒトでは80種類以上存在し，**ユビキチンC末端ヒドロラーゼ**（ubiquitin C-terminal hydrolase，UCH），および**ユビキチン特異的プロテアーゼ**（ubiquitin specific protease，USP）の二つのグループに大別される．ユビキチンは，複数のユビキチンがタンデムにつながったポリユビキチン鎖として翻訳されるため，ユビキチン間のペプチド結合をUCHによって切断することによって，遊離したユビキチンが生成する．一方，USPはUCHと同じ活性をもつだけでなく，ユビキチン化タンパク質からユビキチンを外す活性をもつ．ヒストンの脱ユビキチン化はUSPファミリーが行う．

4・3・2 ヒストンH2Aユビキチン化と脱ユビキチン化

ヒストンH2AのC末端側119番目リシンのモノユビキチン化（図4・1）は，転写抑制に関与しており，モノユビキチン化に関わるE2は，UbcH5b，UbcH5c，Ubc6が知られており，E3についてはこれまでに7種類報告されている．そのうちゲノム上の広範囲に機能していると考えられているのが，E3を含む**ポリコーム転写抑制複合体**（polycomb repressive complex，PRC）である．次に，PRCによるH2Aのモノユビキチン化が**胚性幹細胞**（embryonic stem cell，ES細胞）において転写を抑制している例を次に示す．

ES細胞は，未分化な状態を維持したまま，自己複製できると同時に，さまざまな組織の細胞に分化する多能性をもつ．この多能性維持には，Oct3/4，Sox2，Nanogなどの多能性転写因子が働くだけでなく，PRCがGATA6（内胚葉）やCDX2（外胚葉）などの分化誘導に関わる転写因子の遺伝子転写を抑制していることが重要である．PRCには，PRC1およびPRC2の二つの複合体がある．図4・7に示すように，PRC1の構成要素にユビキチンリガーゼE3であるRING1Bがある．PRC1はクロマチン上に呼び込まれ，ヒストンH2Aの119番目のリシンをモノユビキチン化する．PRC2は，ヒストンH3の27番目リシン（H3K27）をトリメチル化するメチルトランスフェラーゼEZHを構成要素の一つとする．PRC1は，PRC2によってトリメチル化されたH3K27に結合し，ATP依存的なクロマチンリモデリングを阻害することによって，ヌクレオソームを密に凝集させる．また，PRC1が結合する遺伝子座で三次元的なループ構造が形成される．凝集やループなどの複雑なクロマチン構造を形成することによって，転写因子やRNAポリメラーゼのクロマチンへのアクセスや結合を阻害されて転写が抑制されるというモデルが考案されている．しかしながら，PRC1とトリメチル化H3K27のクロマチン分布は必ずしも一致せず，PRC2に依存しないH2Aユビキチン化による転写抑制のメカニズムも存在すると考えられる．

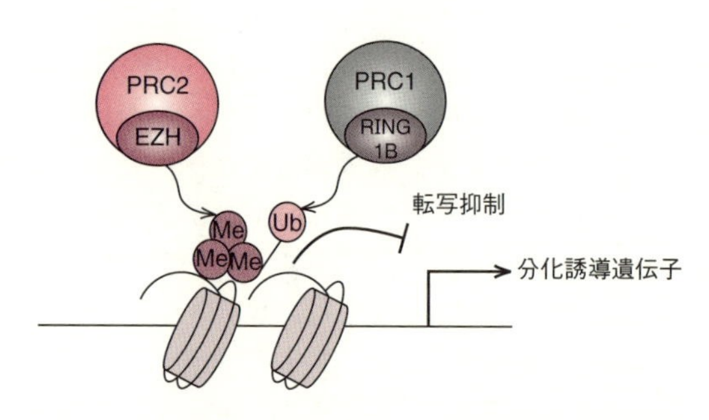

図4・7　ES細胞におけるポリコーム複合体およびH2Aユビキチン化による転写抑制

ヒストンH2Aのユビキチン・脱ユビキチン化は，肝臓で最初に発見されており，細胞分裂をしていない肝臓の細胞ではH2Aのユビキチン化状態は高いが，肝切除後に肝再生つまり細胞の分裂が開始するとユビキチン化が減少する．この際に脱ユビキチン化酵素として働いているのがUSP21である．脱ユビキチン化とともに転写活性化の指標であるヒストンH3の4番目リシンのメチル化が上昇することからも，H2Aのユビキチン化は転写を抑制し，脱ユビキチン化によって抑制が解除されることが示唆される．H2Aの脱ユビキチン化酵素はほかにもUSP3，USP16，USP22，2A-DUBなどが知られており，転写制御やゲノムの安定性に関わっている．

4・3・3　ヒストンH2Bユビキチン化・脱ユビキチン化

ヒストンH2BのC末端側120番目リシンのモノユビキチン化（図4・1）は，ヒストンH2Aのユビキチン化とは反対に，転写を正に制御することがわかっているが，そのメカニズムは複雑である．酵母を用いた解析では，転写伸長の初期段階において，E2であるRad6およびE3であるBre1によってH2Bがモノユビキチン化される．このユビキチン化は転写伸長の次段階のコアクチベーターであるCOMPASS複合体のクロマチンへの呼び込みや，メチルトランスフェラーゼSet1によるヒストンH3の4番目リシンのメチル化（転写活性化の指標）に必要であることがわかっている．次に転写伸長の後期段階では，SAGA複合体に含まれるUbp8によってヒストンH2Bが脱ユビキチン化されることによって，RNAポリメラーゼⅡのC末端ドメイン（CTD carboxyl-terminal domain；7アミノ酸　Tyr-Ser-Pro-Thr-Ser-Pro-Serの反復配列）

の2番目セリンをリン酸化するキナーゼが呼び込まれる．以上のことからH2Bのユビキチン化・脱ユビキチン化の一連の反応によって転写伸長が促進されると考えられている（7章）．

ヒストンのアセチル化やユビキチン化が，転写の活性化・抑制制御の仕組みに深く関わっていることを述べたが，厳密には，これらの修飾の必要性や因果関係は証明されてはいない．それは，ライター，リーダー，イレイサーなどのクロマチン因子の，siRNAによるノックダウンや過剰発現がもたらす影響を調べることによって，これらのファクターによるヒストン修飾の役割が推定されているが，直接ヒストン修飾の役割を証明する研究がほとんどなされていないためである．今後，ヒストンの修飾部位のアミノ酸変異体と，正常なヒストンの転写などに与える影響を比較することによって，ヒストン修飾の役割がさらに明らかになることが予想される．最近では，ヒストン変異が細胞のがん化に関与することも明らかになりつつある．

5

ヒストンメチル化

5・1　遺伝子発現制御機構とヒストンメチル化

真核生物ゲノムの遺伝情報発現は，塩基配列と転写装置に加え，DNA やヒストンなどのタンパク質から構成されるクロマチンの化学的・構造的な修飾による制御も受けている．ヒストンの翻訳後修飾は 10 種類以上存在するが，なかでもメチル化修飾はクロマチン構造変換・転写調節を介して遺伝子発現変化を伴う多様な生物学的プロセスに関与している．

5・2　ヒストンのメチル化

タンパク質のアミノ酸残基に存在する窒素原子，酸素原子，あるいは硫黄原子にメチル基が共有結合することを，それぞれタンパク質の *N*–メチル化，*O*–メチル化，*S*–メチル化という．タンパク質へのメチル基の付加は，翻訳後に**メチルトランスフェラーゼ**（メチル化酵素）により触媒される．ヒストンのメチル化はリシン残基とアルギニン残基の側鎖に存在する窒素原子にメチル基が共有結合する *N*–メチル化である．

5・2・1　リシン残基のメチル化

タンパク質のリシン残基に存在する ε–アミノ基の窒素原子にメチル基が共有結合することをリシン残基のメチル化という（図 5・1）．タンパク質リシン残基へのメチル基の付加は，翻訳後に**リシンメチルトランスフェラーゼ**により触媒される．ヒストンでは，メチル化価数（共有結合するメチル基の数）が異なるモノ・ジ・トリメチル化リシン残基が存在する（図 5・1）．コアヒストンは球状ドメインと特定の二次構造をもたないアミノ末端尾部（ヒストン尾部）から構成されており（第 1 章），ヒストンのリシン残基のメチル化はその多くがヌクレオソームの表面から伸びるヒストン尾部に起こる．メチル化の作用はヒストンのアミノ酸配列中のどのリシン残基がメチル化されるかに依存し，さらに同じリシン残基のメチル化でもモノ・ジ・トリメチル化といったメチル化価数の違いによりその作用が異なる．

5・2・2　アルギニン残基のメチル化

タンパク質のアルギニン残基に存在する δ–グアニジノ基の ω–窒素原子にメチル基が共有結合することをアルギニン残基のメチル化という（図 5・1）．タンパク質ア

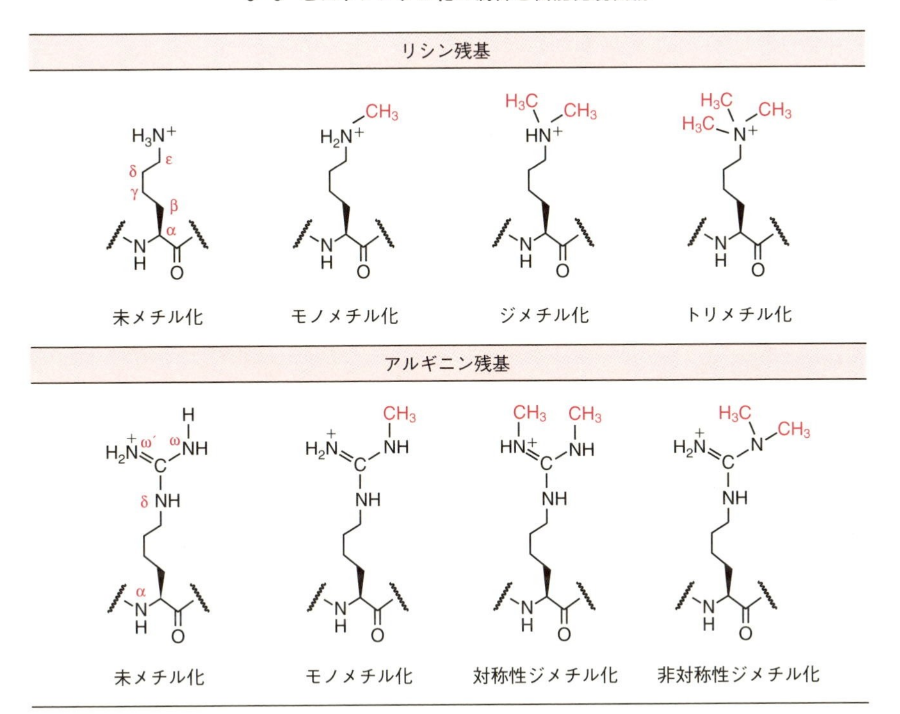

図5・1 リシン残基とアルギニン残基のメチル化 ω–窒素原子と ω'–窒素原子は等価.

ルギニン残基へのメチル基の付加は，翻訳後に**タンパク質アルギニンメチルトランスフェラーゼ**により触媒される．ヒストンにはメチル化価数の異なるモノ・ジメチルアルギニン残基が存在し，ジメチルアルギニン残基は δ–グアニジノ基の二つの ω–窒素原子のうち，両方に一つずつメチル基が共有結合した対称性（symmetric）ジメチルアルギニン残基と片方に二つのメチル基が共有結合した非対称性（asymmetric）ジメチルアルギニン残基が存在する（図5・1)．ヒストンのアルギニン残基のメチル化は，リシン残基のメチル化と同様にその多くがヒストン尾部に起こり，メチル化の作用はヒストンのアミノ酸配列中のどのアルギニン残基がメチル化されるかに依存し，同じアルギニン残基のジメチル化でも対称性，非対称性というメチル化状態の違いにより異なる.

5・3 ヒストンメチル化の制御と機能発現機構

ヒストンメチル化の状態およびその機能発現機構は，メチル基の付加によりヒストンのメチル化を触媒するメチルトランスフェラーゼ，メチル化されたヒストンと特異的に結合し修飾のシグナルを下流に伝えるメチル化ヒストン結合タンパク質，メチル基の除去によりヒストンからの脱メチル化を触媒する**デメチラーゼ**により制御されている（図5・2）．

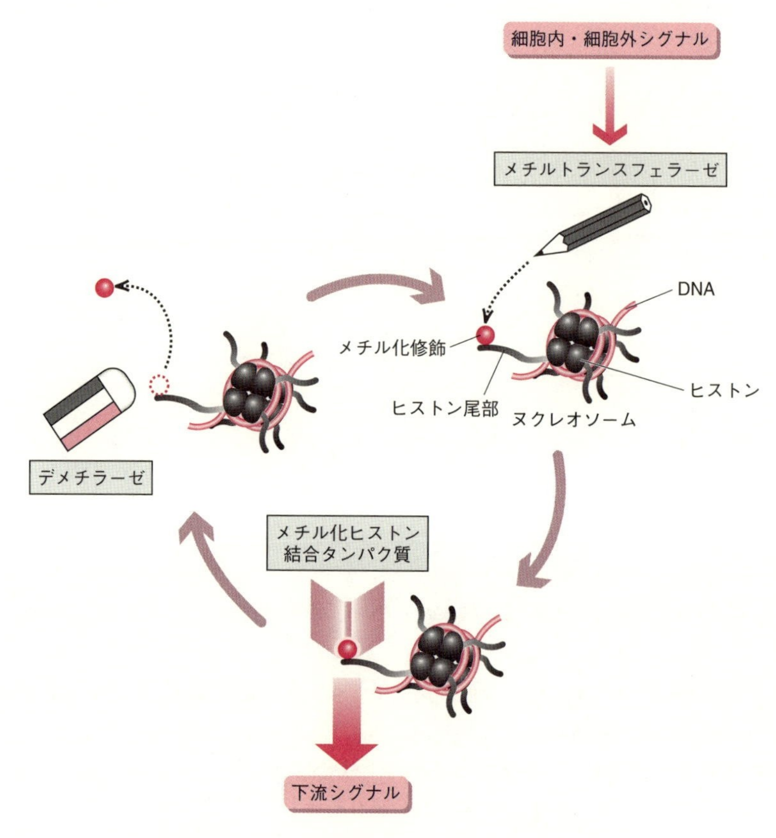

図5・2 ヒストンメチル化の制御と機能発現機構

5・4 メチルトランスフェラーゼ

ヒストンのメチル化は，タンパク質の翻訳後に*S*–アデノシル–L–メチオニン（SAM）をメチル基供与体とする**SAM依存性メチルトランスフェラーゼ**が触媒する．SAM依存性メチルトランスフェラーゼはその構造から3タイプに分類される．クラスⅠは7本のβストランドからなる特徴的なβシート構造をもつメチルトランスフェラーゼ，クラスⅡはSET(Su(var)3–9/E(z)/Trx) ドメインをもつメチルトランスフェラーゼ，クラスⅢは膜結合性のメチルトランスフェラーゼである．

5・4・1 リシンメチルトランスフェラーゼ

リシンメチルトランスフェラーゼ（KMT, lysine methyltransferase）はメチル基供与体SAMからリシン残基のε-アミノ基の窒素原子へのメチル基転移を触媒し，メチルリシン残基とS-アデノシル-L-ホモシステイン（SAH）を生成する（図5・3）．

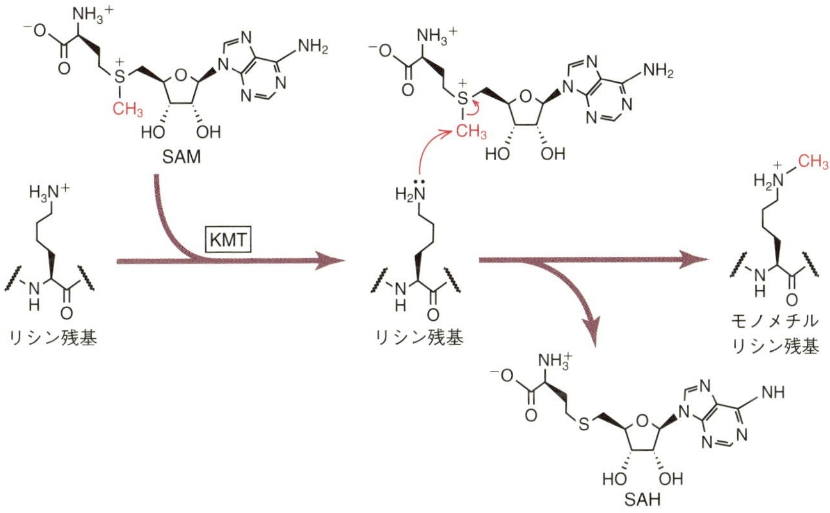

図5・3 メチルトランスフェラーゼによるメチル化の機序

KMTはSETドメイン型KMTと非SETドメイン型KMTの2種類に分類され，SETドメイン型KMTはクラスⅡのSAM依存性メチルトランスフェラーゼである．ショウジョウバエの三つのタンパク質Su(var)3-9，E(z)，Trxに保存された配列として最初に見いだされた約130アミノ酸残基からなるSETドメインを共通の触媒ドメインとしてもち，哺乳類ではこれまでに約30種のKMTが同定されている（表5・1）．一方，非SETドメイン型KMTは，SETドメインをもたないKMTであり，クラスⅠのSAM依存性メチルトランスフェラーゼに分類されるDot1（disruptor of telomeric silencing 1）/DOT1L（DOT1-like）のみが存在する．SETドメイン型KMTは，メチル基受容基質（ヒストンのアミノ酸配列中でメチル化されるリシン残基）と付加するメチル化価数に特異性があり，おもにヒストン尾部にあるリシン残基のメチル化を触媒する（表5・1）．一方，Dot1/DOT1Lのメチル基受容基質はヒストンH3の球状ドメインにあるK79（79番目のリシン）であり，2種類の酵素の構造の違いはメチル基受容基質の違いを反映していると考えられる．

表5・1 代表的なヒストンのリシン残基メチル化修飾とその機能および哺乳類 KMT

メチルリシン残基[†1]	機能	KMT
H3K4	転写活性化	KMT2A/MLL1, KMT2F/SET1A, KMT2H/ASH1, SMYD3, PRDM9/MEISETZ など
H3K9	構成的ヘテロクロマチン形成/転写抑制	KMT1A/SUV39H1, KMT1C/G9a, KMT1E/SETDB1 など
H3K27	ホメオティック遺伝子発現抑制/X 染色体不活性化/条件的ヘテロクロマチン形成	KMT6A/EZH2, KMT6B/EZH1
H3K36	転写伸長/不適切な転写開始の抑制	KMT3A/SET2, KMT3B/NSD1, KMT3C/SMYD2, NSD3/WHSC1L, NSD2/WHSC1
H3K79[†2]	転写伸長/DNA 修復	KMT4/DOT1L
H4K20	転写抑制/DNA 修復	KMT5A/SET8, KMT5B/SUV4-20H1, KMT5C/SUV4-20H2

†1 H3K4 は，ヒストン 3 の 4 番目のリシン（一文字略号 K）を表す．
†2 H3K79 は球状ドメインに存在し，これをメチル化する KMT4/DOT1L のみ SET ドメインをもたない．その他はヒストン尾部のリシン残基で，これらをメチル化する KMT は SET ドメインをもつ．

5・4・2 タンパク質アルギニンメチルトランスフェラーゼ

タンパク質アルギニンメチルトランスフェラーゼ（PRMT, protein arginine methyltransferase；R はアルギニンの一文字表記）はメチル基供与体 SAM からアルギニン残基の δ-グアニジノ基の ω-窒素原子へのメチル基転移を触媒し，メチルアルギニン残基と SAH を生成する．PRMT は 7 本の β ストランドからなる特徴的な β シート構造をもつクラス I の SAM 依存性メチルトランスフェラーゼであり，これまでに PRMT1-9 が同定されている．PRMT1-9 は，そのメチル基転移の様式の違いからさらに二つのサブクラス，タイプⅠとタイプⅡに分けられる．タイプⅠ，Ⅱの PRMT はともにアルギニン残基のモノメチル化を触媒するが，タイプⅠが非対称性ジメチル化を触媒するのに対し，タイプⅡは対称性ジメチル化を触媒する（図 5・1）．

5・5 メチル化ヒストン特異的結合タンパク質

ヒストンメチル化はアミノ酸残基の電荷特性を変化させない．そのためアセチル化・リン酸化と異なり，修飾されたヒストンを特異的に認識・結合するタンパク質（メチル化ヒストン結合タンパク質）を介する間接的な機構により機能を発現する（図

コラム 5・1

ヒストンメチル化研究の夜明け

ヒストンメチル化研究の歴史を紐解くと，哺乳類の数種類の臓器に由来するヒストンからメチルリシン残基が初めて同定された1964年にまで遡る．その後，ヒストンにはモノ・ジ・トリメチルリシン残基が存在することが1968年までに明らかになり，メチルアルギニン残基は1970年に同定された．しかしながら，その後しばらくの間ヒストンメチル化の研究はその存在の報告に留まることとなる．この沈黙を打ち破ったのが，2000年の**ヒストンリシンメチルトランスフェラーゼ**の同定である．オーストリアのJenuweinらのグループは，ショウジョウバエSu(var)3-9の出芽酵母からヒトまでの相同タンパク質に存在する**SETドメイン**が，植物光合成のCO_2固定に重要なRubisco（リブロースビスリン酸カルボキシラーゼ）をメチル化するメチルトランスフェラーゼと類似性をもつことを見いだし，ショウジョウバエSu(var)3-9のヒト・マウス・分裂酵母の相同タンパク質SUV39H1，SUV39H，Clr4が，ヒストンH3K9をメチル化するヒストンリシンメチルトランスフェラーゼであることを報告したのである．この報告を契機にSETドメインをもつタンパク質からさらに多くのヒストンリシンメチルトランスフェラーゼが同定され，それまで観察されてきたエピジェネティックな現象や転写制御にその分子実体・分子メカニズムとしてヒストンメチル化が結びつくなどヒストンメチル化の生物学的重要性が急激に解き明かされ，ヒストンメチル化の研究は飛躍的に進展していったのである．

5・2)．間接的な機能発現機構では，修飾がタンパク質との結合により修飾シグナルを下流に伝える正の制御機構だけでなく，タンパク質とクロマチンの相互作用を阻害することで下流に作用する負の制御機構もある．

メチル化ヒストン特異的結合タンパク質とメチル化ヒストンとの結合には，メチルリシン残基またはメチルアルギニン残基に特異的に結合する進化的に保存されたモジュールが用いられる．これらはクロモ（chromatin organization modifier），Tudor，MBT（malignant brain tumor），PWWP（conserved proline and tryptophan）ドメイン，PHD（plant homeo domain）フィンガー，WD40リピート，アンキリンリピートであり，クロマチンと相互作用するさまざまなタンパク質に存在する（表5・2）．TudorドメインおよびTudorドメインとアミノ酸配列が非常に高い相同性をもつクロモ，MBT，PWWPドメインは，逆平行βシートが変形したβバレル構造または不完全なβバレル構造から形成され，メチルリシン残基の認識にはβバレル構造の先端に保存された2〜4の芳香族残基からなるかご型構造（aromatic cage）

を用いる（図5・4）. Tudor，クロモ，MBT，PWWPドメインをもつタンパク質は，英国王室（royal family）のTudor家にちなんで，Royalスーパーファミリーとよばれる（表5・2）.

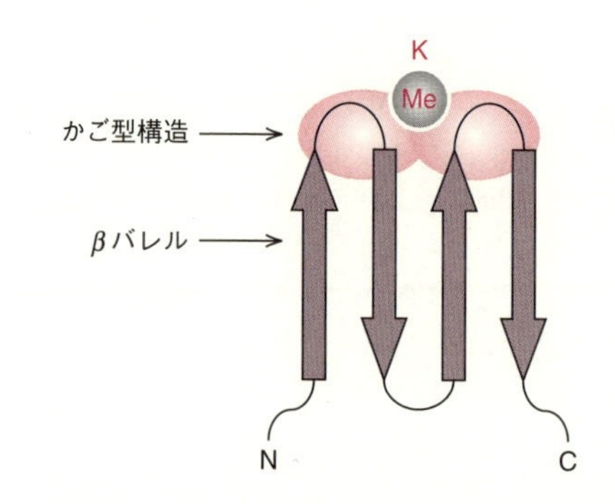

図5・4　結合モジュールのトポロジー　Royalスーパーファミリーのトポロジーを示した．矢印で表したβストランドは変形または不完全なβバレルを形成し，上部の長円体で表した領域とループはメチルリシンの認識に用いる2〜4の芳香族残基からなるかご型構造を形成する［S.D. Taverna, *et al., Nat. Struct. Mol. Biol.*, **14**, 1025（2007）より改変］.

表5・2　メチル化ヒストン結合タンパク質

ファミリー	結合モジュール	結合タンパク質	メチル化部位
Royalスーパーファミリー	クロモドメイン	HP1（α, β, γ） Pc	H3K9 H3K27
	（ダブルクロモドメイン）	CHD1	H3K4
	（クロモバレル）	MRG15	H3K36
	Tudor	TDRD3 TDRD7	H3R17/H4R3 H3K9
	（ダブルTudor）	KDM4A/C	H3K4
	（タンデムTudor）	53BP1	H3K79/H4K20
	MBT	L3MBTL1/2，MBTD1	H4K20
	PWWP	DNMT3A，BRPF1	H3K36
その他	PHDフィンガー	BPTF，ING1−5，MLL1，KDM5A，KDM7A/B/C，PYGO1/2，RAG2，TAF3 CHD4，KDM5C	H3K4 H3K9
	WD40リピート	WDR5 EED	H3K4 H3K27
	アンキリンリピート	G9a，GLP	H3K9

コラム 5・2

連続したモノ・ジ・トリメチル化

酵素が高分子基質において複数回の触媒反応を行う機構は2通りある．一つは反応ごとに酵素と受容基質が結合と乖離を繰返す非連続の（distributive）機構，もう一つは酵素が受容基質と結合したまま乖離するまで連続的に複数回の反応を行う連続した反応（processive）機構である．KMTとPRMTはともにメチル基供与基質のSAMと受容基質のリシン残基またはアルギニン残基がそれぞれ触媒ドメインの反対側面から活性中心に入るという特徴的な構造（受容基質を結合したまま反応を続けることが可能）をしており，ジメチル・トリメチルリシン残基およびジメチルアルギニン残基の形成は後者の連続した反応機構が用いられていると考えられている．一方，KMTの中でDot1/DOT1Lは，同様の特徴をもつ触媒ドメインであるが，前者の非連続な反応機構を用いていると考えられている．

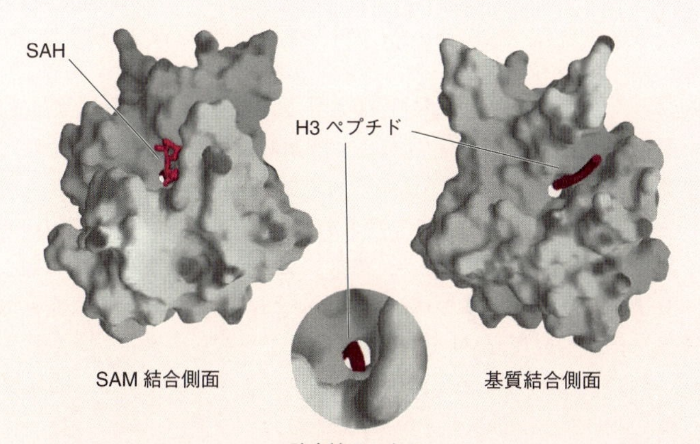

KMTとPRMTの特徴的な触媒ドメイン構造 SETドメイン（SET7/9）構造の分子表面表現（左：SAM結合側面，中央：SAM結合側面から見た疎水性チャネルの拡大図，右：基質結合側面）．SAM（構造解析ではSAHを使用）と基質（H3ペプチド）はそれぞれSETドメインの正反対の側面から活性中心に入り，SETドメインを貫通する疎水性チャネルによりSAMのメチル基がリシン残基のε-アミノ基へ転移することを可能にしている［B. Xiao, *et al.*, *Nature*, **421**, 652 (2003) より改変］.

5・6 デメチラーゼ

翻訳後にメチルトランスフェラーゼによりメチル化されたタンパク質から，付加されたメチル基を除去することをタンパク質の脱メチル化といい，この反応を触媒する酵素がデメチラーゼである．ヒストンのメチル化はリシン残基とアルギニン残基に起こる*N*-メチル化であるが，リシン残基のメチル化が可逆的であるのに対し，アルギニン残基のメチル化の可逆性は不明である．ヒストンのメチルリシン残基は酸化反応によりメチル基が除去され，この反応を触媒するオキシダーゼであるデメチラーゼは，LSD（lysine specific demethylase）ファミリーとJHDM（JmjC domain-containing histone demethylase）ファミリーの二つに分類される．この二つのデメチラーゼファミリーは，広義にはどちらも大気中の酸素分子を活性化することで強い酸化力をもたせ，その活性化した酸素を異なる化学反応に用いるオキシダーゼである．

5・6・1 オキシダーゼ型デメチラーゼ（LSDファミリー）

LSDファミリーはメチルリシン残基のアミンの酸化反応により脱メチル化を触媒するオキシダーゼである（図5・5）．この反応はメチルリシン残基のアミンから水素原子二つをFAD（フラビンアデニンジヌクレオチド）に転移させることでイミン中間体を生成する．還元された$FADH_2$は酸素分子により再びFADに酸化され，O_2は還元されてH_2O_2になる．イミン中間体は非酵素的な加水分解により不安定なヒドロキシメチルアミン中間体を生成し，この不安定な中間体から自然にホルムアルデヒドが放出されることで脱メチル化反応が完了する．この反応はリシン残基のε-アミノ基の窒素の非共有電子対が必要なため，モノ・ジメチルリシン残基では起こるが，それを欠くトリメチルリシン残基では起こらない．LSDファミリーは酵母からヒトまで進化的に保存されており，AO（アミンオキシダーゼ）ドメインを触媒ドメインとするFAD依存的アミンオキシダーゼスーパーファミリーに属する．哺乳類ではLSDファミリーは，LSD1とLSD2の二つのみである．

5・6・2 オキシゲナーゼ/ヒドロキシラーゼ型デメチラーゼ（JHDMファミリー）

JHDMファミリーは，酸素添加/ヒドロキシ化反応により脱メチル化を触媒するオキシゲナーゼ/ヒドロキシラーゼ型デメチラーゼである．JHDMファミリーのデメチラーゼは，補因子として二価鉄と2-オキソグルタル酸を用いて，メチル基のヒドロキシ化を触媒する（図5・5）．まず，二価鉄から酸素分子への電子の移動に始まる一連の反応により，オキソフェリル中間体，コハク酸，二酸化炭素が生成される．オキソフェリル中間体はメチル基からプロトンを引抜くことでメチル基のヒドロキシ化反応を誘導し，不安定なヒドロキシメチルアミン中間体を生成する．引き続き非酵素的に起こるヒドロキシメチルアミン中間体からのホルムアルデヒドの放出により脱メチ

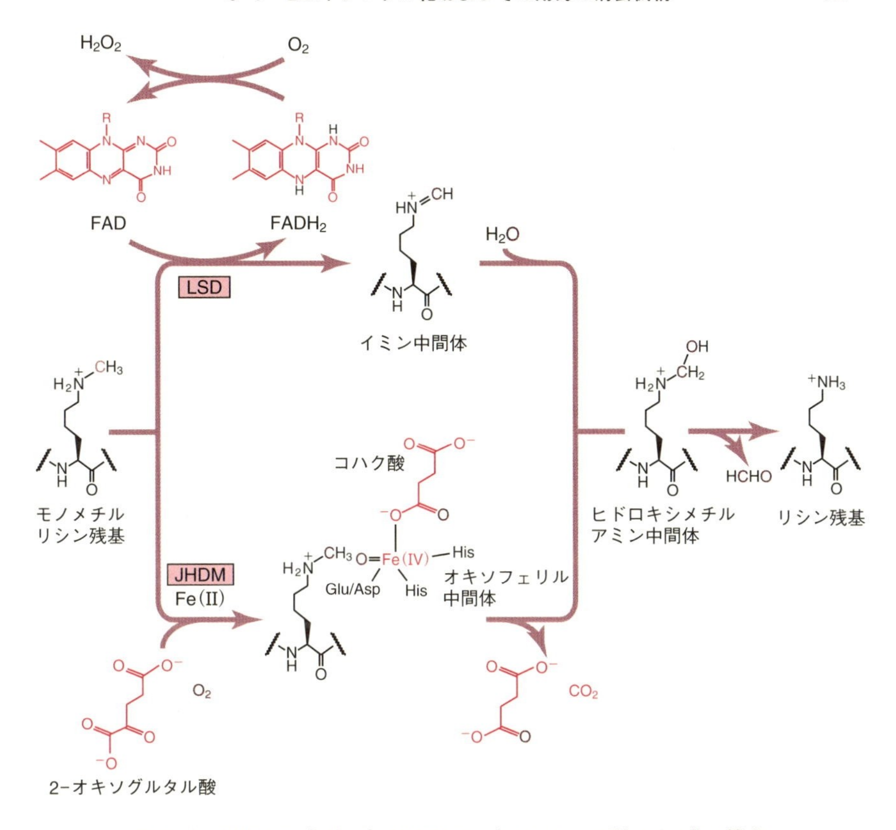

図5・5　LSDファミリーとJHDMファミリーによる脱メチル化の機序

ル化が完了する．JHDMファミリーは酵母からヒトまで進化的に保存されており，Cupinメタロエンザイムスーパーファミリーに属する．JmjCドメインをもつタンパク質ファミリーは，系統樹およびそのドメイン構成から七つのサブファミリーに分けられる．JmjCドメインをもつタンパク質は哺乳類では30種以上あり，その内20種以上のタンパク質がデメチラーゼである．

5・7　ヒストンメチル化およびその効力の消去機構

メチル化ヒストンには，デメチラーゼによるメチル基のみを直接除去する機構の他にもメチル化およびその効力を消去する機構が存在する（図5・6）．

a．ヒストンバリアントによる置換　メチル化ヒストンを未メチル化状態のヒストンバリアントとDNA複製非依存的に置換することで，メチル化を消去する機構である（図5・6a）．

b. ヒストン尾部の切断　メチル化したヒストン尾部を切断することで，メチル化を消去する機構である（図5・6b）．ヒストン尾部の切断はエンドペプチダーゼにより触媒される．

c. 脱イミノ化　メチルアルギニンを脱イミノ化し，別のアミノ酸であるシトルリンに変換することでメチルを消去する機構である．メチルアルギニンの脱イミノ化

(a) ヒストンバリアントによる置換

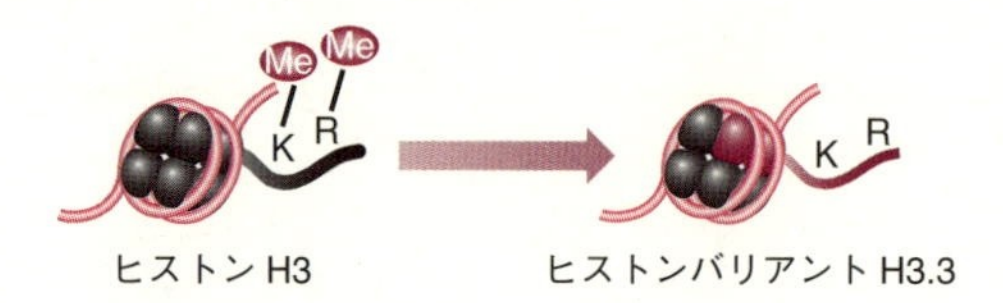

(b) ヒストン尾部の切断

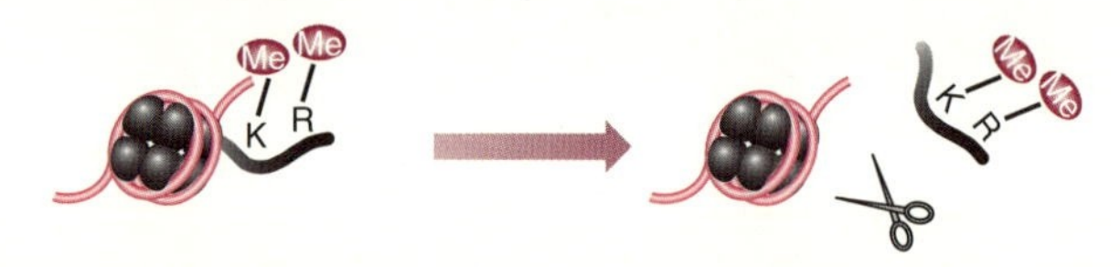

(c) 脱イミノ化

PAD4　Ca^{2+}

H_2O　$^{+}NH_3CH_3$

モノメチルアルギニン残基　シトルリン

(d) バイナリースイッチ

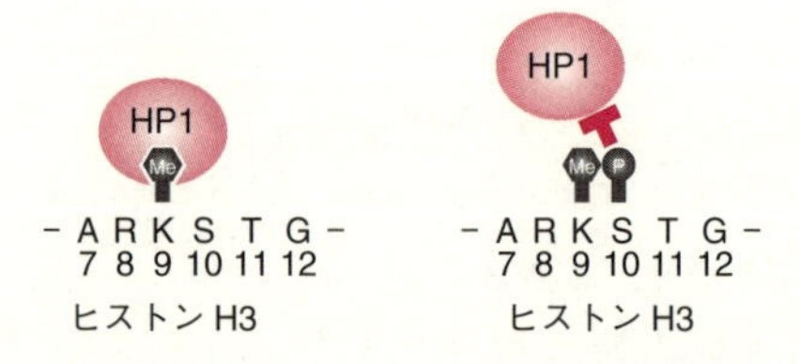

図5・6　ヒストンメチル化およびその効力の消去機構

はデアミナーゼ PAD4（peptidyl arginine deiminase 4）が触媒する（図 5・6c）．しかし，シトルリンがアルギニンに戻るのか，その場合はどのようにして戻るのかについては不明である．

d. バイナリースイッチ　隣接するアミノ酸残基の異なる修飾が，他方の修飾部位とその結合タンパク質とのアフィニティーを減少させ，結合を阻害することによりメチル化の効力を消去する機構である（図 5・6d）．ヒストン H3K9 のメチル化による HP1（heterochromatin protein 1）タンパク質との相互作用は，隣接する S10 のリン酸化により阻害される．

5・8　遺伝情報と環境要因の架け橋，エピジェネティクス

同一のゲノムをもつ生物個体が異なる形質を示すことは古くから観察されていたが，このような現象はおもに環境と遺伝の相互作用によって説明されてきた．しかし，どのように環境要因が遺伝情報に作用するかは不明であり，生命科学における重要な問題であった．近年のエピジェネティクス研究の発展は，真核生物ゲノムの遺伝情報発

コラム 5・3

ヒストンメチル化研究における パラダイムシフト

2000 年のヒストンリシンメチルトランスフェラーゼの同定以降ヒストンメチル化の機能解明が進むにつれ，クロマチンおよびエピジェネティクス研究ではヒストンメチル化の可逆性が大きな議論の的となったが，ヒストンメチル化は不可逆的な修飾であるという概念が支配的であった．この概念を覆したのが異なる化学反応機構により脱メチル化を触媒する二つのヒストンデメチラーゼファミリーの同定である．米国の Shi らのグループは，いくつかのヒストンデアセチラーゼ複合体に共通の構成因子であるが機能が不明であったタンパク質の機能解析により，2004 年末に FAD 依存的モノアミンオキシダーゼである KIAA0601/AOF2 (amine oxidase, flavin containing 2)/BHC110 (BRAF-HDAC complex protein 110) がヒストンデメチラーゼとして機能することを明らかにし，LSD1 と命名した．一方，米国の Zhang らのグループは，高感度のヒストンデメチラーゼ活性検出系を構築し，2005 年末に HeLa 細胞の核タンパク質画分からタンパク質クロマトグラフィーによりヒストンデメチラーゼ活性をもつタンパク質 FBXL11（F-box and leucine-rich repeat protein 11）を精製し，JHDM1 と命名した．

このようにしてヒストンメチル化の可逆性についての議論は，修飾の発見から 40 年後に可逆的修飾であると結論付けられ，ヒストンデメチラーゼの同定はヒストンメチル化研究におけるパラダイムシフトとなったのである．

現が塩基配列と転写装置に加え，クロマチンの化学的・構造的な修飾による制御も受けていることを明らかにした．

また，細胞は細胞外シグナルおよび栄養状態に反応して絶えず細胞の代謝状態を調節しているが，細胞の代謝状態とクロマチンの化学修飾状態との関連が明らかにされつつある．クロマチン修飾酵素の多くが基質や補因子に細胞の代謝産物を用いており，細胞の代謝状態は細胞内の基質や補因子（ヒストンメチルトランスフェラーゼではSAM，ヒストンデメチラーゼではFADや2-オキソグルタル酸など）の供給量に影響を与えることでクロマチンの化学修飾状態を変化させるのである．

このようにエピジェネティクスは細胞や生物個体がどのように環境応答するのかという生命の本質的な問いに答える遺伝情報と環境要因の架け橋となる機構であり，ヒストンメチル化はその機構において重要な役割を果たしている．

6

DNA メチル化

6・1　DNA メチル化

DNA 塩基の炭素原子にメチル基が付加される化学反応を **DNA メチル化**（DNA methylation）という．ゲノム DNA は生命に必要なすべての遺伝情報をコードしており，その巨大な情報を蓄えるクロマチン（DNA とヌクレオソーム，第 1 章）には DNA メチル化をはじめさまざまな化学修飾が付加されている．クロマチンに付加された化学修飾は，ゲノムの重要な領域をマークし，遺伝情報を適切に利用できるようクロマチン構造の変化を誘導する．DNA メチル化は，細菌から植物，哺乳類まで，広範にわたる生物種のゲノムで用いられており，エピジェネティクスのさまざまな現象に関わっている．この章ではおもに高等真核生物の DNA メチル化について説明する．

6・2　DNA メチル化反応

DNA メチル化パターン（メチル化されているゲノム DNA の領域）は，個々の細胞の機能や分化の状態に応じて異なっており，細胞の個性を規定する．DNA メチル化パターンは，新たにメチル基を導入する**新規メチル化**と，DNA 複製に伴ってそれを維持する**維持メチル化**，および**脱メチル化反応**によって制御されている．

6・2・1　DNA メチル化酵素

動物では，おもに CpG ジヌクレオチド配列〔C(シトシン)–p(リン酸エステル結合)–G(グアニン)〕のシトシン塩基の 5 位炭素原子にメチル基が付加される（**5–メチルシトシン**：5mC，図 6・1）メチル化は二本鎖 DNA の両方の CpG のシトシンに

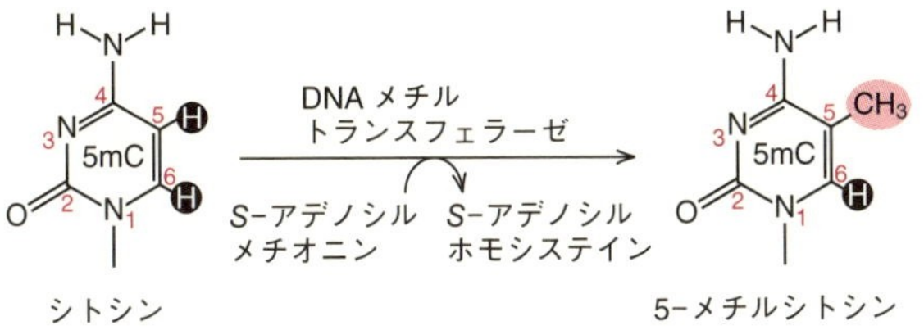

図 6・1　シトシンのメチル化

付加され，対になる．DNAにメチル基を付加する酵素は**DNAメチルトランスフェラーゼ**（DNMT）である．哺乳動物には，3種類のDNAメチルトランスフェラーゼ（DNMT1, DNMT3A, DNMT3B）が存在する（図6・2）．これらのDNMTタンパク質は，カルボキシ(C)末端側に細菌のDNAメチル化酵素とよく似たメチル基転移活性ドメインをもち，シトシンのメチル化を行う．一方，アミノ(N)末端領域には，DNAメチル化領域の決定やメチル化活性調節など機能調節に関与するヒストン結合ドメインやタンパク質相互作用ドメインをもつ．なお，本書ではマウスではDnmt3a, 3b, 3l，ヒトなどではDNMT3A, 3B, 3Lと表記した．

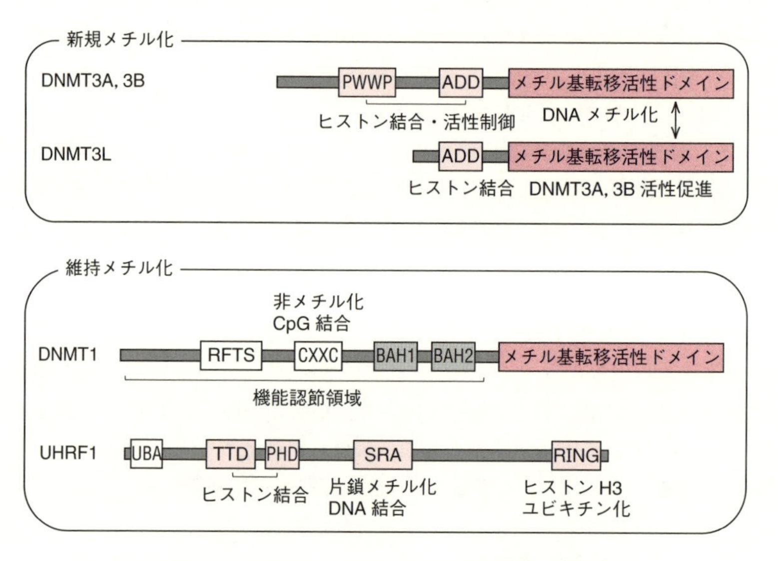

図6・2　DNAメチル化タンパク質の構造と機能

6・2・2　新規メチル化

DNAメチルトランスフェラーゼDNMT3AとDNMT3Bは，それまでメチル基が付加されていなかったシトシンに，新たにメチル化反応を行う**新規メチル化酵素**である（図6・3）．どのシトシンが新規メチル化されるかは，塩基配列とヌクレオソームのヒストン修飾に依存すると考えられている（§6・4）．その仕組みは完全にわかってはいないが，たとえば，DNMT3A–DNMT3L(メチル化制御因子)–DNA複合体の結晶構造は，DNMT3タンパク質のヒストン結合ドメインを含むN末端領域がヒストンの修飾状態に依存してDNAメチル化活性を新規メチル化領域に誘導するメカニズムの存在を示唆している．

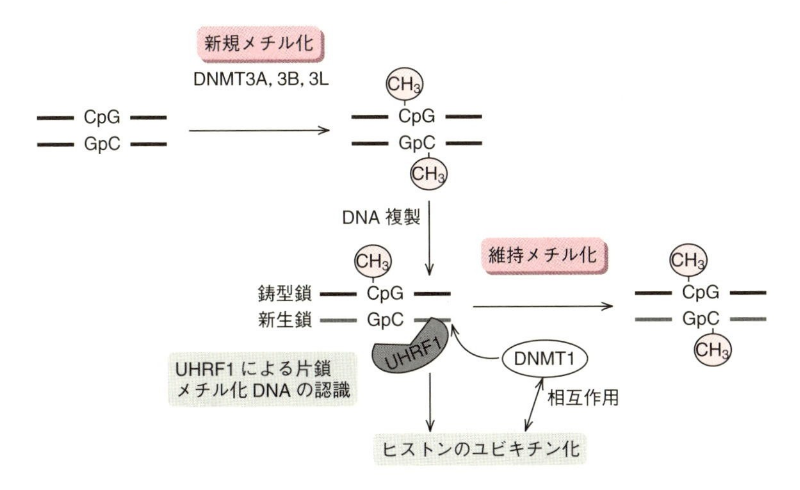

図 6・3　新規メチル化と維持メチル化

6・2・3　維持メチル化

DNA 複製直後，鋳型鎖のメチル化は保持されているが，新生鎖はメチル化を受けていない片鎖メチル化状態である．DNA メチルトランスフェラーゼ DNMT1 は，片鎖メチル化 DNA を基質としてメチル化反応を行い，DNA 複製前のメチル化パターンを完全に回復する**維持メチル化酵素**である．維持メチル化反応が働かないと，DNA メチル化は DNA 複製を経るごとに減少していくことになる（これを**受動的脱メチル化**という）．DNMT1 による維持メチル化には，片鎖メチル化 DNA 結合タンパク質である UHRF1 が必須である（図 6・2，図 6・3）．DNA 維持メチル化の最初の段階で，UHRF1 は片鎖メチル化状態を認識し，次に，ヒストン H3 の 23 番目のリシンをユビキチン化する．ユビキチン化されたヒストン H3 との相互作用を介して，DNMT1 が片鎖 DNA メチル化部位へ結合し，標的シトシンをメチル化する．また，UHRF1 は，片鎖メチル化 DNA を認識すると同時に，ヒストン結合ドメインを介して不活性型クロマチン（§ 6・4）に特異的なヒストン修飾も認識する．このように，DNA の維持メチル化は，複数のヒストン修飾との連携によって制御されている．

6・2・4　5mC の酸化と DNA 脱メチル化

近年，**DNA 脱メチル化**に関わる **5-ヒドロキシメチルシトシン**（5hmC）という 5mC とは別のシトシン修飾体が発見された（図 6・4a）．5hmC は，2-オキソグルタル酸依存型ジオキシゲナーゼドメインをもつ **TET** という酵素が 5mC のメチル基を酸化することで生じ，特に哺乳類の神経細胞のゲノム DNA に高いレベルで存在する．

(a) 5-メチルシトシンの酸化修飾

H N H 4 5 CH_3 3 N 5mC 6 H O 2 N 1

5-メチルシトシン (5mC)

TETタンパク質 Fe^{2+} 2-オキソグルタル酸

5-ヒドロキシメチルシトシン (5hmC)

CH_2OH → TET → CHO → TET → COOH

5-ホルミルシトシン (5foC)　5-カルボキシシトシン (5caC)

(b) DNA脱メチル化の仕組み

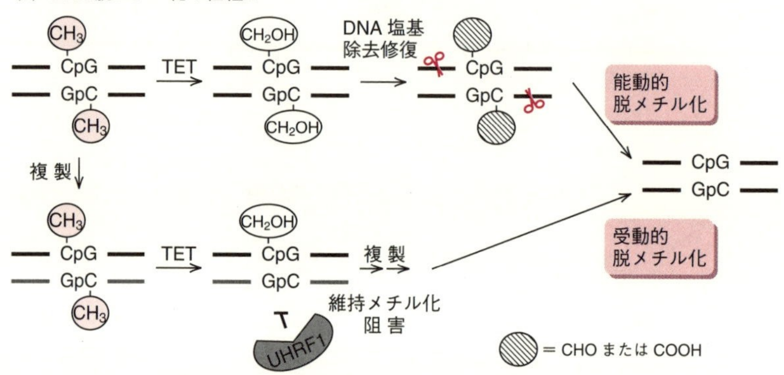

図6・4　メチルシトシンの酸化修飾とDNA脱メチル化

5hmCは，維持メチル化の最初の段階であるUHRF1のDNA結合を阻害し，受動的脱メチル化をひき起こす．また，DNA複製に依存せず，TETにより5mCを消去する**能動的脱メチル化**経路も提唱されている（図6・4b）．TETは，5mCを酸化した5hmCをさらに酸化し，5-ホルミルシトシン（5foC），5-カルボキシシトシン（5caC）を生成する．TGミスマッチ塩基除去修復酵素が5foCや5caCの塩基除去を行い，最終的にメチル基のないシトシンが挿入される仕組みである．このようなTETによる5mCの酸化は，受精卵のリプログラミング過程における脱メチル化に重要な役割を果たす（§6・5）．

6・3　DNAメチル化と転写

6・3・1　遺伝子のプロモーター領域のメチル化

DNAメチル化は遺伝子のプロモーター領域に付加されると，転写を強く抑制する．DNAメチル化は非常に安定な修飾であり，体細胞分裂を経て維持されるため，不必要な遺伝子の発現を半永久的に抑制する．通常は，転写がすでに抑制された遺伝子のプロモーターに二次的にDNAメチル化が付加され，抑制状態を保持するのに役立つ．

a．転写因子の結合阻害による転写抑制　遺伝子プロモーターのDNAメチル化は，**転写因子結合阻害**によって転写を抑制する．DNAの立体構造をみると，シトシン塩基のメチル基はDNA二重らせんの主溝に対になって位置している（図6・5）．DNA二重らせんの主溝は転写因子などのDNA結合タンパク質が結合する部位であり，メチル基はそれらDNA結合タンパク質の結合を立体的に阻害する．DNAメチル化は，たとえば転写因子のCREB, E2F, c-Myc, NF-κBなどが認識配列に結合するのを阻害し，遺伝子発現を抑制する（図6・6a）．

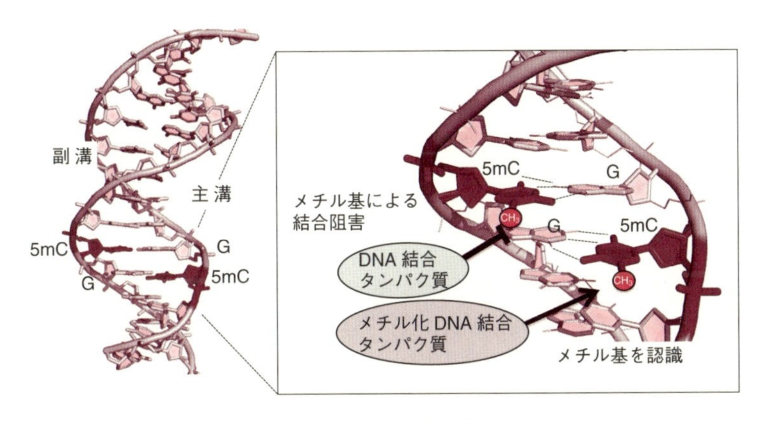

図6・5　メチル化DNAの構造と役割

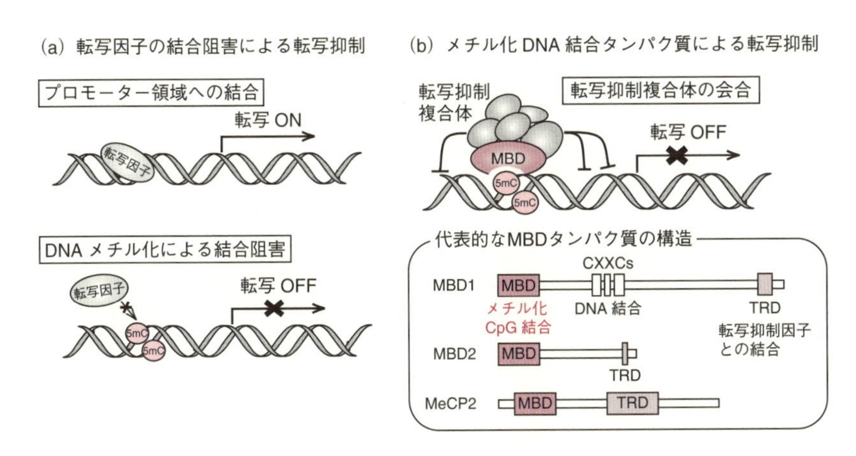

図6・6　DNAメチル化による遺伝子転写抑制機構

b. メチル化DNA結合タンパク質による転写抑制 また，**メチル化DNA結合タンパク質**による転写抑制機構も知られている．メチル化DNA結合タンパク質には二つのタンパク質ファミリーがある．メチル化CpG結合ドメイン（MBD）タンパク質（図6・6b）と，ジンク(Zn)フィンガー型メチル化DNA結合タンパク質である．メチル化DNA結合タンパク質は，進化的に保存されたMBDドメインやZnフィンガーモチーフによってシトシン塩基のメチル基を特異的に認識し，DNAに結合する．そして，クロマチンリモデリング因子やヒストン修飾酵素などを含む転写抑制タンパク質複合体を呼び込む．最終的にはDNAメチル化領域周辺に転写不活性のクロマチン構造（§6・4）をつくり，転写を抑制する．

6・3・2 遺伝子内領域メチル化

ゲノム全体の網羅的な解析から，DNAメチル化は，転写が抑制された遺伝子のプロモーター領域だけでなく，転写が活性化された遺伝子の**遺伝子内領域**（gene body）にも存在することが明らかになった．遺伝子内領域のメチル化は，哺乳類だけでなく，植物や昆虫などさまざまな生物に存在するが，その意義はいまだ不明である．

6・4 DNAメチル化とクロマチン構造

DNAメチル化はヒストン修飾と協調して，クロマチン構造を変化させる（図6・7）．

図6・7 DNAメチル化とクロマチン構造

DNAメチル化反応はヒストン修飾に影響を受け（§6・2・2, §6・2・3），またヒストン修飾はDNAメチル化に依存して付加されるという相互関係にある．低メチル化領域には活性型ヒストン修飾（H3K4me, H3K4Acなど）が存在し，転写因子やRNAポリメラーゼが結合しやすく遺伝子が発現しやすい，緩んだクロマチン構造をつくる．さらに，活性型ヒストン修飾H3K4meは，DNAの新規メチル化を行うDNMT3AやDNMT3Bのクロマチンへの結合を阻害する．また，高メチル化領域には抑制型のヒストン修飾（H3K9meなど）が存在し，クロマチンが凝集した，遺伝子が発現しにくい構造（不活性型クロマチン）をつくる．H3K9をメチル化する酵素Suv39やSETDB1がメチル化DNA結合タンパク質と結合することから，DNAメチル化とヒストン修飾不活性型クロマチンを協調的に制御していると考えられる．一方で，ヒストン低メチル化領域からの遺伝子発現を抑制する機構もある．ヒストン修飾H3K27meが低メチル化領域に付加されると，ポリコームタンパク質（第5章）が結合し，遺伝子発現はDNAメチル化によらず抑制される．

6・4・1 CpGアイランド

CpGアイランドはCpGジヌクレオチドが高い頻度で現れ，GC含量（グアニンとシトシンの割合）が高い，約500 bp～数kbにわたる領域である．CpGアイランドは遺伝子のプロモーター周辺にあり，活性型ヒストン修飾（H3K4me）が付加されている．そのため，DNAメチル化酵素が排除され（§6・4），低メチル化状態に保たれている．CpGアイランド領域のクロマチン構造は，緩んで“開いた”状態になっており，下流の遺伝子発現を活性化状態に保つ働き，または必要なときすぐに活性化できる状態に保つ働きをする（図6・7）．CpGアイランドをもつ遺伝子は，ヒトで全遺伝子の約7割を占める．ゲノム全体を見渡すと，CpGジヌクレオチドはCpGアイランドに局在しており，他の領域では極端に少ない．メチルシトシンは他の塩基配列より変異しやすいため，CpGアイランド以外の領域では維持できないからである（図6・8，コラム6・1参照）．

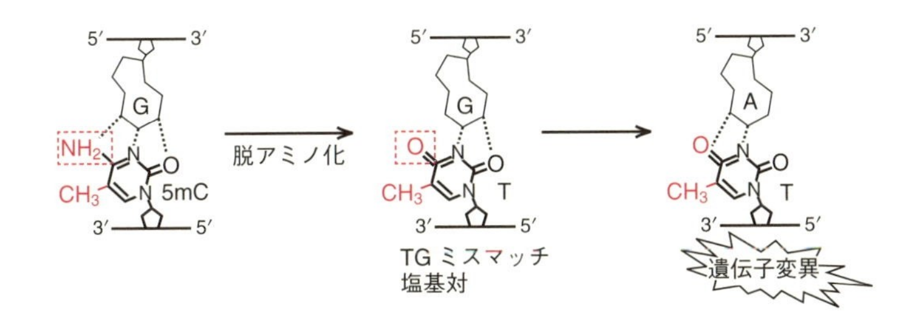

図6・8 5-メチルシトシンの脱アミノ化による遺伝子変異

6・4・2 トランスポゾンの抑制

DNAメチル化は，ゲノムDNAの中で必要のない領域を不活性化する．一つの例は，トランスポゾンの転移抑制である．トランスポゾンはヒトのゲノムでは全体の40%以上を占める．トランスポゾンが生殖細胞系列で転移すると，ゲノムに有害な変異を起こす可能性があるため，トランスポゾンを不活性化することは重要な役割である．DNAメチル化によるトランスポゾン転移抑制は**ゲノム防御**とよばれ，細菌や植物，哺乳類などで見られる．DNAメチル化によって，トランスポゾンを含む領域に凝集した不活性型クロマチン構造を形成し，その領域からの転写や組換え，転移を抑制している．

6・5 発生とメチル化

DNAメチル化によるエピジェネティック制御は高等生物の正常発生と細胞分化において非常に重要な役割を担っている．たとえばDNAメチル化を実験的に失ったマウス細胞は，皮膚や筋肉など機能の決まった細胞へ分化していくことができない．また，受精卵がすべての細胞に分化する能力（分化全能性）を獲得するリプログラミング過程において，ゲノム全体が一度脱メチル化された後DNAメチル化パターンの新規書換えが起こる．これらのことから，DNAメチル化は細胞の特性を決め，それを維持する役割を担っているといえる．このエピジェネティックな再プログラム化は，哺乳類以降に獲得された特徴である．また，DNAメチルトランスフェラーゼのノックアウトマウスは，胎生致死または生後すぐに致死となるため，DNAメチル化酵素は胚発生に必須であるといえる．

6・6 その他の生命現象

DNAメチル化はほかにも，哺乳類でのゲノムインプリンティング（第21章）やX染色体の不活性化（第22章），ゲノムの安定性の維持など，さまざまなエピジェネティック制御機構に寄与している．メチル化の有無により異なるタンパク質が結合することによって，ヒストン修飾を含めたクロマチンの性質が変化し，上記のようなさまざまな生命現象を調節するのである．

コラム6・1

DNAメチル化と進化

DNAメチル化は，実はゲノムDNAに自然突然変異をもたらす大きな原因である．

DNAメチルトランスフェラーゼによってシトシンに付加されたメチル基は，自然に脱アミノ化される．すると，シトシンはチミンに変異してしまう（図6・8）．5-メチルシトシンの脱メチル化は，他の突然変異の10〜50倍の頻度で起こるため，DNAメチル化はゲノムにとって危険な修飾であるといえる．それでも，真核生物で広く用いられているということは，DNAメチル化には突然変異のリスクを上回るほどの有用性があるのだろう．しかし，酵母や線虫，ショウジョウバエなどDNAメチル化をもたない生物もいる．これらの生物は進化の途中でDNAメチル化が不必要になり，それぞれがDNAメチル化を二次的に失くしたと考えられる．どうしてDNAメチル化が必要でなくなったのだろうか？興味深いことに，これらの生物には，ゲノムサイズが小さく，世代が短い，といった共通点がある．ヒストン修飾がDNAメチル化の代わりの役目を果たしているのだという説もあるが，答えはわかっていない．

第Ⅱ部
転写制御の素過程

7

RNA ポリメラーゼ II

7・1　セントラルドグマと真核細胞での転写，RNA ポリメラーゼ

遺伝情報である DNA から RNA が作成され，それがタンパク質に翻訳される過程を**セントラルドグマ**（central dogma）という．DNA を鋳型として RNA が合成される過程を**転写**（transcription）という．RNA を合成する酵素は RNA ポリメラーゼである．真核細胞では三つの RNA ポリメラーゼ，RNA ポリメラーゼ I, II, III（以下 Pol I, Pol II, Pol III で表記）で存在し，それぞれ異なった種類の RNA が合成する．Pol I と Pol III は限られた数の遺伝子の転写を行い，Pol I はおもに，リボソーム RNA（rRNA）を，Pol III はトランスファー RNA（tRNA，転移 RNA ともいう）と 5S rRNA を合成する．Pol I, Pol III によって合成された rRNA，tRNA と 5S rRNA はリボソームの構築，翻訳過程に利用される（図 7・1）．

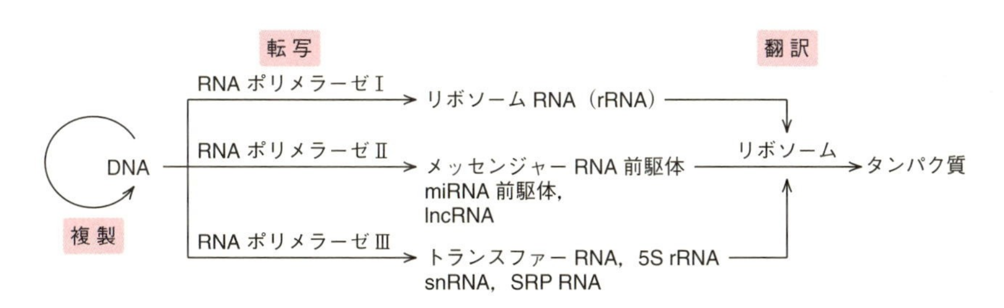

図 7・1　セントラルドグマにおける RNA ポリメラーゼ I, II, III の役割

Pol III は U6 スプライソソーム RNA, 7SK RNA などの**核内低（小）分子 RNA**（snRNA），また 7SL RNA などの**シグナル認識粒子 RNA**（SRP RNA）の合成も行う．Pol I, Pol III とはまったく対照的に，Pol II はすべてのタンパク質をコードする遺伝子の転写を行いメッセンジャー RNA（mRNA）の前駆体合成を行う．また，Pol II は miRNA（マイクロ RNA）前駆体，長鎖ノンコーディング RNA（lncRNA）の合成も行う．Pol I は核小体に局在するが，Pol II と Pol III は核質に局在する．毒キノコの主要毒成分である α-アマニチンに対して，Pol II は最も感受性が強く（コラム 7・2 参照），Pol III は低感受性，Pol I は非感受性である．

7・2 RNAポリメラーゼとRNAの合成機構

RNAの合成はRNAポリメラーゼの酵素反応によって図7・2（a）で示された反応で行われる．この反応には，DNA，RNAポリメラーゼ，4種類のリボヌクレオチド，ATP, GTP, UTP, CTP，さらにMg^{2+}またはMn^{2+}の金属イオンが必要である．DNAポリメラーゼとは異なりプライマーは必要ない．

RNAの合成はDNAの一方の鎖を鋳型として，リボヌクレオチドがRNAポリメラーゼの酵素反応によって3′の方向に重合されることによって進行していく（図7・2b）．基質は4種類のリボヌクレオチド，ATP, GTP, UTP, CTPであり，鋳型DNAに相補的な塩基が選択されて重合される．DNA複製とは異なりRNA合成の場合，塩基Aに相補する塩基はUになる（図7・2c）．二本鎖DNAのうちRNAの鋳型になる側を**鋳型鎖**，もう片方を**非鋳型鎖**とよぶ．

転写は**開始**（initiation），**伸長**（elongation），**終結**（termination）の3段階に分けられる（図7・2c）．転写開始とはRNAポリメラーゼが遺伝子のプロモーター領域に結合し最初のリン酸ジエステルが形成される時点をさす．開始前の準備段階は開始前（pre-initiation）といわれ，転写機構制御において重要な段階であり，この時点でさまざまな転写因子が機能することになる．伸長はRNAポリメラーゼがDNA上を進みながらRNA鎖を次々と合成していく段階である．終結はRNAポリメラーゼがRNA鎖合成を止め鋳型DNAから離脱する段階を意味する．

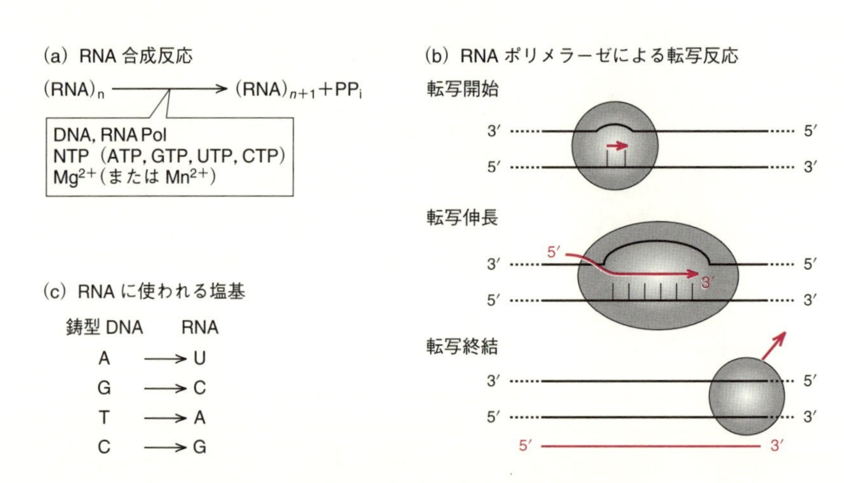

図7・2 RNAポリメラーゼとRNAの合成機構

7・3 RNAポリメラーゼIIの構造とサブユニットの構成

RNAポリメラーゼII（Pol II）は12サブユニットから構成される巨大複合分子で

ある．酵母のRNAPol Ⅱの構造はX線構造解析を用いて2000年にR. Kornbergらによって解明された．RNAPol Ⅱの結晶構造によると，二つの最大サブユニット（Rpb1, Rpb2）が結合しカニのハサミのような構造を形成している（図7・3a）．Rpb1–Rpb2の構造に8個の小型のサブユニット（Rpb3, Rpb5, Rpb6, Rpb8, Rpb9, Rpb10, Rpb11, Rpb12）が結合し，さらに，Rpb4, Rpb7サブユニットはヘテロ二量体を形成しRpb1サブユニットに結合して12サブユニットから構成されるRNAPol Ⅱが構築される．Rpb4–Rpb7ヘテロ二量体は円形的な構造から突き出ている．12サブユニット間の相互結合関係を図7・3(b)に示した．

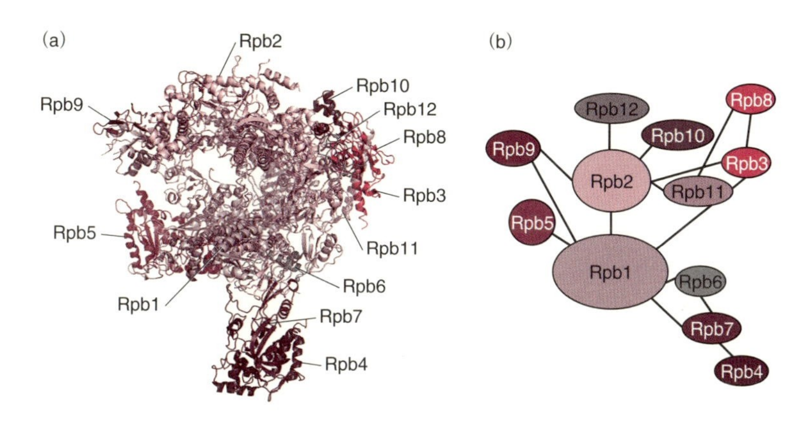

図7・3　**RNAPol Ⅱの構造とサブユニットの構成**

7・4　RNAポリメラーゼⅡの最大サブユニットC末端ドメインの転写機構の役割

RNAPol Ⅱの最大サブユニットRpb1のC末端には七つのアミノ酸からなる繰返し配列が存在しておりこのドメインを**C末端ドメイン**（carboxy-terminal domain），略してCTDとよばれている．CTDはRNAPol Ⅱに特有でRNAPol Ⅰ，またはⅢには存在しない．この繰返し配列は，Tyr–Ser–Pro–Thr–Ser–Pro–Serという共通アミノ酸配列をもち，**ヘプタペプチドリピート**（heptapeptide repeat）とよばれている．この共通配列の繰返しの頻度は一番少ない酵母のRNAPol Ⅱで26リピート，一番多いヒトのRNAPol Ⅱでは52のリピートがある．その他の真核細胞の繰返しの頻度は26以上52未満である．CTDの存在は生存に必須であり，たとえば出芽酵母の場合最低10リピートのヘプタペプチドがないと生存できない．

RNAPol Ⅱ CTDはRNAPol Ⅱの転写機構に重要な役割を果たしている．Pol Ⅱ CTDはさまざまな転写制御因子の結合部位として機能する．さらにCTDはヘプタペプチドのセリン残基がおもにリン酸化され，このリン酸化による翻訳後修飾によって転写制御因子との結合を選択的に行っているのである．具体的には，転写の開始直前ではCTDはリン酸化されておらず，この状態でCTDは転写制御超複合体であるメディエーターと結合することが知られている．転写が開始されるとヘプタペプチドの5番目のセリン残基がリン酸化され，これに伴い転写は開始から伸長へ移行する．さらに，5番目のセリン残基がリン酸化されたCTDはRNA**キャッピング酵素**(capping enzyme) やヒストン修飾酵素の呼び込みに関与する．さらに，伸長が続くにつれCTDの翻訳後修飾は5番目のセリン残基のリン酸化から2番目のセリン残基のリン酸化に移行し，2番目のセリン残基がリン酸化されたCTDはスプライソソーム，ヒストン修飾酵素，さらに転写終結の段階では**ポリアデニル化因子** (polyadenylation factor) の呼び込みに関与する．

コラム7･1

RNAポリメラーゼI, II, IIIの構造

RNAポリメラーゼII(Pol II)の結晶構造に加えて，2013年に酵母のPol Iの結晶構造がX線構造解析（3Å分解能）によって解明され，さらに電子顕微鏡一分子分析から2015年に酵母のPol IIIの構造（3.9Å分解能）も解明され，酵母からの三つのRNAポリメラーゼのすべての立体構造が決定された．

下図では三つのRNAポリメラーゼの立体構造を並べて比較してみた．構造上共通している点は，まず，全体の構造が似ていること，特に，各ポリメラーゼの二つの最大サブユニットがカニのハサミ構造を形成している．おもに違う点は，Pol Iには特有のサブユニットに対応する構造が，Pol IIIにはPol III特有のサブユニットに対応する構造が存在していることである．

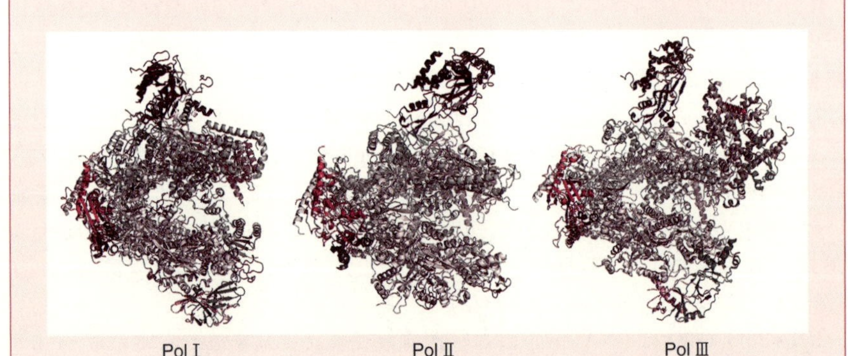

Pol I　　Pol II　　Pol III

コラム 7・2

α-アマニチンの RNA ポリメラーゼ II 活性阻害機構

ドクツルタケ（学名 *Amantia virosa*，図 a）は凄まじい毒性をもつ毒キノコである．摂取した場合，肝臓機能が破壊され死に至ることになる．毒成分は二重環状ペプチド α-アマニチンである（図 b）．α-アマニチンの毒性は RNA ポリメラーゼ II（Pol II）の活性を阻害するためであることが判明している．ではその活性阻害機構とはどのようなものだろうか．Pol II は**トリガーループ**（trigger loop：TL）とよばれる必須ドメインを XXXXX サブユニットにもっている．トリガーループは DNA 配列に相同するリボヌクレオチドと相互作用して正しい塩基の選択を促進すると同時にリン酸ジエステル結合反応を動作（まさにトリガー）することで RNA 重合反応を推進する（図 c 上）．α-アマニチンはこのトリガーループに直接結合しその機能をことごとく阻害することが結晶構造から解明された．α-アマニチンがトリガーループに結合すると本来の機能である正しい塩基の選択，リン酸ジエステル結合反応の動作が不可能になり，Pol II の活性が停止される．RNA 重合反応は転写で必須であるため，その機能を司るトリガーループを標的にすることで Pol II を不活性にしてしまう α-アマニチンは自然が産み出した驚異の産物といえるであろう．

(a)

(b)

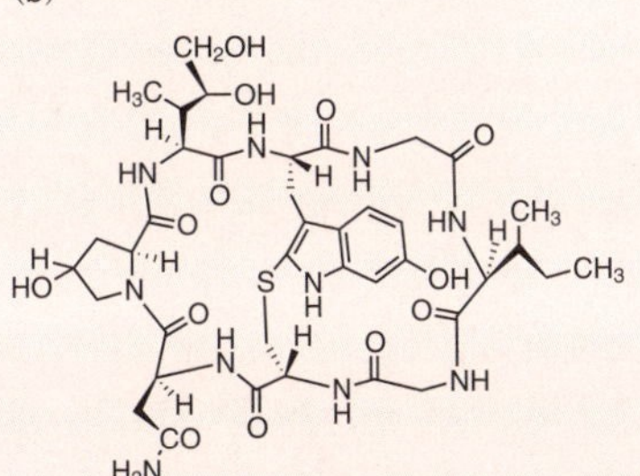

(c)

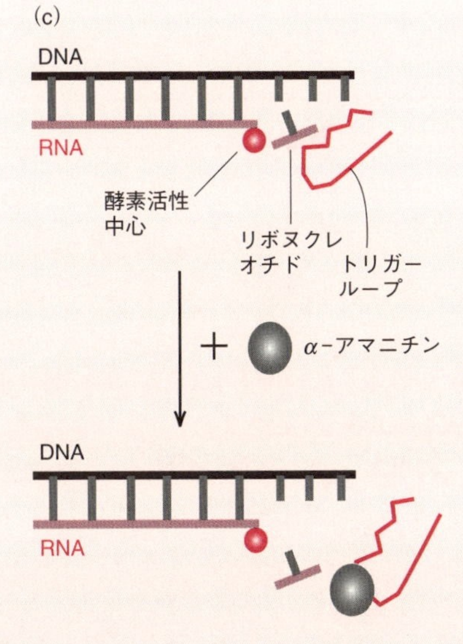

α-アマニチンによる Pol II 活性阻害　(a) α-アマニチンを含むキノコ，ドクツルタケ［Ari N/Shutterstock.com］．(b) α-アマニチンの化学構造．(c) α-アマニチンが Pol II のトリガーループに結合し RNA 重合反応を阻害している．

8

転写の開始

8・1 基本転写因子

真核生物の**RNAポリメラーゼ**は細菌類のそれとは違い，自身で特異的な転写開始，すなわち正しい位置からの基本量の転写を開始することができず，特異的転写のためには**基本転写因子**（general transcription factor）といわれる因子が複数種必要である．基本転写因子はRNAポリメラーゼⅡ（PolⅡ）のみならず，すべての真核生物RNAポリメラーゼにとって必須で，それぞれのポリメラーゼに特異的な基本転写因子群がそれぞれ複数種存在する（表8・1）．基本転写因子は酵素のプロモーターDNAへのエントリーに対して直接・間接に働くが，なかにはDNAに結合した後のDNA–酵素複合体の活性化に関わるもの（例：TFⅡH）や，転写伸長にも関わるもの（例：TFⅡF）も存在する．

表8・1 真核生物の基本転写因子（ヒトの場合）

	RNA Pol Ⅰ	RNA Pol Ⅱ	RNA Pol Ⅲ
基本転写因子	UBF, SL1 （マウス） TIF–1A, TIF–1B TIF–1C	TFⅡA, TFⅡB TFⅡD（TBP） TFⅡE, TFⅡF TFⅡH	TFⅢA, TFⅢC TFⅢB/TFⅢB–like

PolⅡの基本転写因子はTFⅡ（transcription factors of PolⅡ）という名称でよばれ，以下のa～fの因子が含まれる．

a．TFⅡA　3個のサブユニットα, β, γからなり，TBP（§8・4）やTFⅡBとの結合性がある．脊椎動物のαとβは一つの遺伝子より前駆体として翻訳されたのち，プロテアーゼの一種であるタスパーゼによる部分切断で成熟するが，TLP/TRF2は$\alpha\beta$前駆体に結合してこの切断を阻害する．TFⅡAは*in vitro*転写では必ずしも必要ではないとされているが，TBP/TFⅡDの不活性二量体を活性型の単量体にする作用があり，またTBP/TFⅡDのDNA結合を阻害する因子の作用を抑える働きがあることから，細胞内転写では必要であろうと考えられる．少なくとも，酵母や脊椎動物において，TFⅡA遺伝子は細胞の生存に必須である．

b．TFⅡB　基本転写因子の中で唯一単量体の因子である．多くの基本転写因子

(例：TBP, TFⅡF, TFⅡE) とPolⅡの最大サブユニットと結合し，またTBP-DNA複合体にも結合する．PolⅡの呼び込みに働くPolⅡエントリー因子であるため，いかなる転写系においても転写の開始にとって必須である．古細菌にも相同な因子TFBが存在する．

c. TFⅡD　鞍型構造をとってプロモーターエレメントであるTATAボックス配列に結合するTBPとそれに付随する十数種類のTAF (TBP-associated factor：TBP随伴因子) からなり，TATAボックスに結合して転写開始反応を始めさせる役割がある．TAFの組合わせの違いにより作用するプロモーターの特異性が発揮される．TAFには転写制御因子と結合してコアクチベーター能をもつもの，プロモーター中の特定のDNAに緩く結合するものがあるが，なかにはTATAボックス結合に阻害的に働くものもある．TAFの最大分子種であるTAF_1にはHAT活性 (ヒストンアセチルトランスフェラーゼ活性) があり，またブロモドメインを含む．TAFのあるものはPolⅡ転写に関わるPCAF, SAGAといったコアクチベーターにも含まれ，またTBPはPolⅠやPolⅢの基本転写因子の中にも含まれる．

d. TFⅡE　2種のサブユニット各2個ずつからなり，TFⅡHの転写開始複合体への呼び込みの促進や活性制御/安定化に働き，またプロモータークリアランス (§8・3) にも関わる．

e. TFⅡF　2種のサブユニット各2個ずつからなり，PolⅡに結合し，PolⅡのプロモーターエントリーと転写伸長に働く．

f. TFⅡH　10個のサブユニットをもち，リング状のコアTFⅡHとそれに付随するCAK複合体からなる (両者をあわせてホロTFⅡHという場合がある，図8・1)．

(a) ヒトTFⅡHの構造と酵素活性

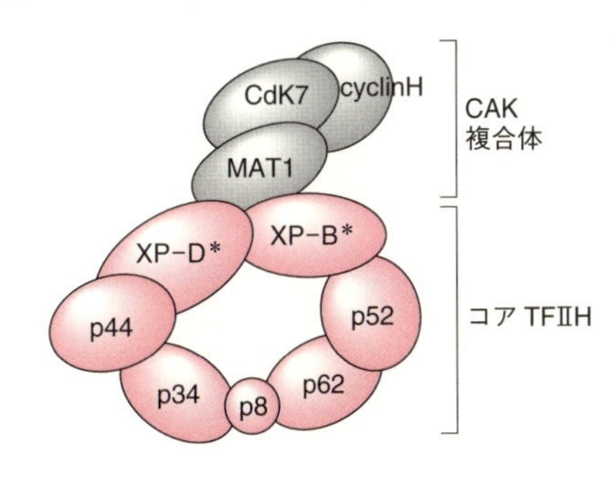

CAK：CdK-activating kinase
*DNAヘリカーゼ活性

(b) ヌクレオチド除去修復に欠陥をもつヒトの疾患

相補性群	遺伝子	疾 患†
XP-A	*XPA*	XP
XP-B	*XPB*	XP, CS, TTD
XP-C	*XPC*	XP
XP-D	*XPD*	XP, CS, TTD
XP-E	*DDB2*	XP
XP-F	*XPF*	XP
XP-G	*XPG*	XP, CS
CS-A	*CSA*	CS
CS-B	*CSA*	CS
TTD-A	*p8*	TTD

†XP：色素性乾皮症，CS：Cockayne症候群，TTD：硫黄欠乏性毛髪発育異常症

図8・1 TFⅡHとDNA修復

前者は7個のサブユニットからなるが，このうちの2個（XP–B, XP–D）はDNAヘリカーゼ活性とATPアーゼ活性をもち，後者はcyclinH, CDK7, MAT1からなり，キナーゼ活性をもつ．TFⅡHはプロモーターに形成される**転写開始前複合体**（preinitiation complex：**PIC**）形成の最終段階に働き，PICの活性化，すなわちPolⅡのCTD中のSer5のリン酸化を介するPolⅡの活性化とプロモーターDNAの部分変性に関わる．損傷DNAのヌクレオチド除去修復に欠陥のある疾患〔**色素性乾皮症**（**XP**），硫黄欠乏性毛髪発育異常症（**TTD**）〕の原因遺伝子のいくつかはTFⅡHのサブユニットそのものであり，TFⅡHはDNA修復にも関わることがわかっている（図8・1b）．

8・2 プロモーター

遺伝子の位置を示す場合，転写が始まる側を上流，その反対側を下流というが，遺伝子の最上流部側からその上流側の領域にかけて存在し，RNAポリメラーゼの結合に必要なDNA領域を**プロモーター**（promoter）という．**転写開始部位**（transcription start site：**TSS**）は＋1と表示され，そこから下流側（つまり遺伝子内部側）を＋で，その上流側（つまり非遺伝子領域側）を－で表記する．PolⅡ系遺伝子の場合，プロモーターはおよそ－100～－35の範囲に入る．ただこの中にはプロモーターの機能を増強するための**転写制御因子**（transcription regulatory factor，たとえばC/EBB, USF, YY1, Sp1）が結合する配列が付加的に含まれる場合がある．以上の事柄を考慮し，プロモーターの中で真にRNAポリメラーゼと基本転写因子（これらをまとめて**基本転写装置**という）の作用に必要な部分を特に**コアプロモーター**とよび，およそ－40～＋30の範囲に含まれることが多い（図8・2）．

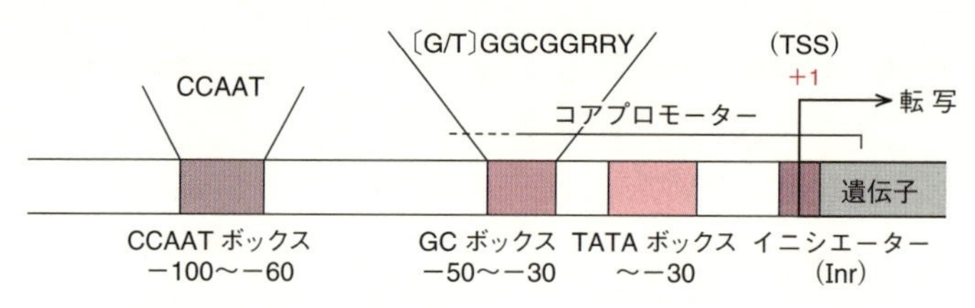

図8・2　PolⅡプロモーターによく見られるシスエレメント

コアプロモーターにはいくつかの機能性DNA配列，すなわち**シスエレメント**（*cis*-element．エレメントは配列と同義）が含まれる．シスエレメントとは転写関連因子が作用を発揮するために必要なDNA配列で，遺伝子と直列の位置関係にある（シスの関係にある．すなわち同じDNA上にある）DNA配列をいう．プロモーターに含まれるシスエレメントの中で最も典型的で強力なものは，－30付近に存在する

TATAボックスで，5′-TATAWAW（WはT/A）という共通配列（**コンセンサス配列**，consensus sequence）をもつ．これ以外のシスエレメントとしても，転写開始部位にあるイニシエーター（Inr），下流プロモーターエレメント（DPE），B認識エレメント（BRE）など，いくつかのものが知られている（図8・3）．ただし，ほとんどのプロモーターはこれらのエレメントのうちのいくつかが限定的に見られるのが普通で，TATAボックスであってもそれをもつのは，ゲノム遺伝子の約2割にすぎない．イニシエーターのコンセンサス配列はYYANWYY（N部分が＋1）であり，PolⅡ系遺伝子の転写開始部位の塩基にプリン塩基（とりわけA）が多いのも，この理由による．

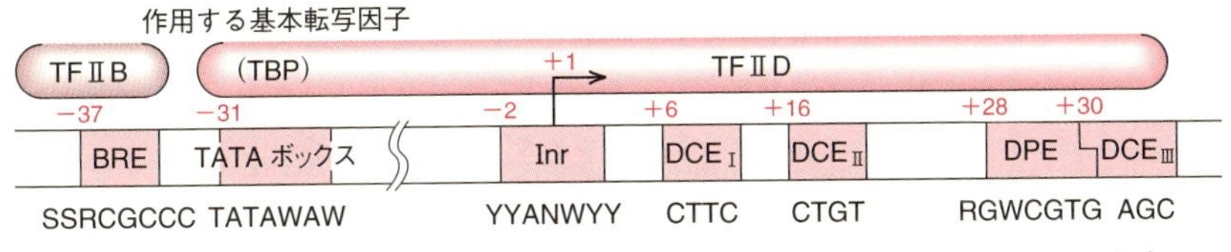

図8・3　PolⅡのコアプロモーターに含まれるシスエレメント

プロモーターもエンハンサー（第10章）もいずれも転写に正に働くシスエレメントであるが，プロモーターは転写の開始とその方向の決定に関わる．これに対し，エンハンサーは転写プロモーターからの転写を活性化することができるが，それ自身で転写の開始を行う能力はない．以上のことから，真核生物のプロモーターはRNAポリメラーゼのエントリーに必要な基本転写因子の集結領域ともいうことができる．細菌のプロモーターも含め，プロモーターの中心は基本的に転写開始部位の少し上流側に位置するが，PolⅢ系の多くのプロモーターは遺伝子の内部にある（これを**内部プロモーター**という）．RNAポリメラーゼの進行方向は，プロモーターに集結する基本転写因子（プロモーター内活性化配列がここに加わる場合もある）の配置する向きで決まる．

8・3　転写開始機構

精製された，あるいはクローン化された基本転写因子と，TATAボックスをはじめとして複数の典型的なシスエレメントをもち，強力なプロモーター活性を示すアデノウイルス**主要後期遺伝子**のプロモーター（major late promoter：**MLP**）を*in vitro*転写系で転写させる実験を通し，PolⅡ系遺伝子の転写開始機構が解析され，その結果，転写開始までの過程は次のように進むと考えられている（図8・4）．

はじめにTFⅡDがTFⅡAの補助を得てTATAボックスに結合し，**転写開始前複合**

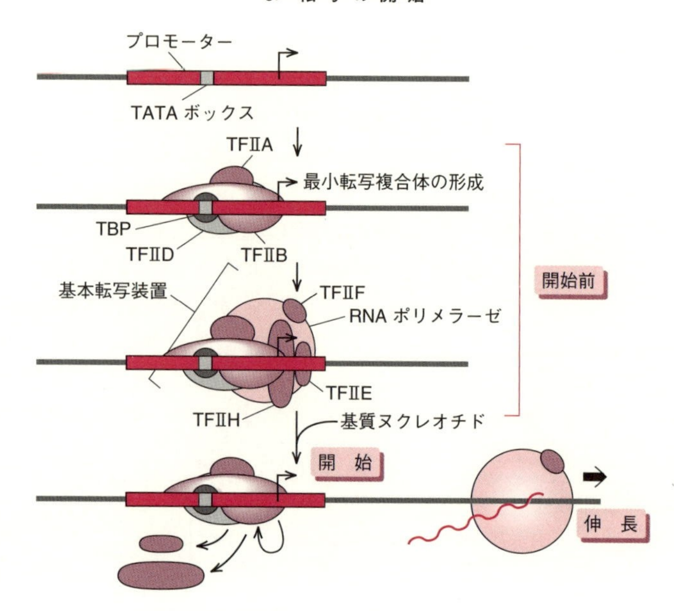

図 8・4　TATA ボックスをもつ典型的 PolⅡ系プロモーター上での転写開始前複合体形成

体の形成反応が始まる．TFⅡD 中の TBP が中心的な DNA 結合活性を発揮するが，TAF のいくつかは他のプロモーターエレメント（例：DPE, Inr）を標的 DNA 配列に緩く結合する．TFⅡA は TFⅡD の TATA ボックス結合を補強するために働く（少なくとも細胞内においては必要である）．このようにして形成された DA（TFⅡD–TFⅡA）複合体に TFⅡB が取込まれて DAB（TFⅡD–TFⅡA–TFⅡB）複合体が形成される．TFⅡB が PolⅡ のエントリー因子なので，PolⅡ がそこに取込まれるが，このとき PolⅡ には TFⅡF が結合している必要がある．この段階の転写開始前複合体は転写開始能をもっており，最小転写複合体といわれる．なお，この段階の PolⅡ の

コラム 8・1

in vitro 転写

in vitro 転写系はプロモーターを含む鋳型 DNA，RNA ポリメラーゼ，基本転写因子，4 種類の基質ヌクレオチド，マグネシウムイオンを加えて反応させ，生成した RNA を変性ゲル電気泳動で分離・検出する（基質の一つを同位体標識することにより，オートラジオグラフィーで検出できる）．鋳型 DNA の適当な部位を制限酵素で切断しておけば転写開始部位からその位置までの RNA が検出されるが，この方法は **run-off 法**といわれる．

CTDは非リン酸化型（II_A型）である．このあと転写開始前複合体にはTFⅡEの補助のもと，TFⅡHが結合する．複合体はTFⅡHがもつ酵素活性の効果により，プロモーター領域が部分変性し，PolⅡによるヌクレオチドの重合反応が進みやすくなるとともに，キナーゼ活性の効果でPolⅡがリン酸化型（II_0型）に変換されて（PolⅡCTDの5番目のセリンがリン酸化される），活性化状態になる．これにより転写開始前複合体形成反応は終了する．*in vitro*転写で超らせんDNA状のプロモーターを転写させる場合にはTFⅡHが不要だとされているが，これは超らせん型DNA自身が部分変性しやすい性質をもつためとされている．ここまでの過程を**転写開始前**（preinitiation）というが，転写制御因子は基本的にこの時期までの複合体に作用する．

完成型の転写開始前複合体にRNA合成の基質であるヌクレオシド三リン酸が加えられると，鋳型DNAの塩基に相補的な塩基をもつヌクレオチドが取込まれる．2個目のヌクレオチドが取込まれ，リン酸ジエステル結合が形成されて二リン酸が放出された時点を転写開始とする．なお，転写ではプライマーが不要であり，RNAポリメラーゼは一般に伸長のみならず，開始もできる．このため，RNA合成における新生鎖の最初のヌクレオチドの5′末端は三リン酸型となっている．

転写開始後のPolⅡはRNA鎖を合成しながら下流（3′側）に向かって進むが，+10付近で反応の不安定性によって転写が中断する場合がある（これをアボーティブ転写という）．しかし基質が十分あり，PolⅡの能力が十分高められていれば，PolⅡはこの障壁を乗り越えて安定な転写伸長モードに移ることができる．この障壁を乗り越える現象を**プロモータークリアランス**，あるいは**プロモーターエスケープ**という．一方，TFⅡFが付着したPolⅡが離れたコアプロモーターには，少なくともTFⅡD–TFⅡAが残る．TFⅡBはいったんプロモーターから離れるが，速やかに転写開始前複合体に取込まれて次のPolⅡの呼び込みに備える．

8・4 TBPとそのファミリー因子

TBP（TATA–binding protein）は，最初TFⅡDの中の中心的因子として同定された．TBPはすべての真核生物に存在する因子で，古細菌にも関連する因子が存在する（表8・2）．TBP C末端の181アミノ酸は多く生物で保存されており，DNA結合能と転写活性化能をもつ必須領域で，逆平行βシートを骨格とする鞍型の立体構造をとり，TATAボックスDNAの狭い溝に入り込んで結合する（図8・5）．N末端側は生物間の保存性が低く，機能は明らかでない．TBPはTFⅡDのみならず，他の基本転写因子であるPolⅠ系のSL1，PolⅢ系のTFⅢBの成分となっている．なお，植物は重複した構造のTBP遺伝子を2個もっている．

TBPは真核生物の中で類似する遺伝子からなる遺伝子ファミリーを形成し，それらはTRF（TBP–related factor）とよばれる（表8・2）．

表8・2　生物における各TBPファミリー遺伝子の存在

	TBP	TRF1	TRF2 (TLP)	TRF3 (TBP2)	TRF4
原生動物（トリパノゾーマ）	○				○
酵　母	○				
ショウジョウバエ	○	○	○		
脊椎動物	○		○	○	
植　物†1	○○				
古細菌†2	△				

†1　2個のTBP遺伝子をもつ.
†2　TBPに類似した因子をもつ.

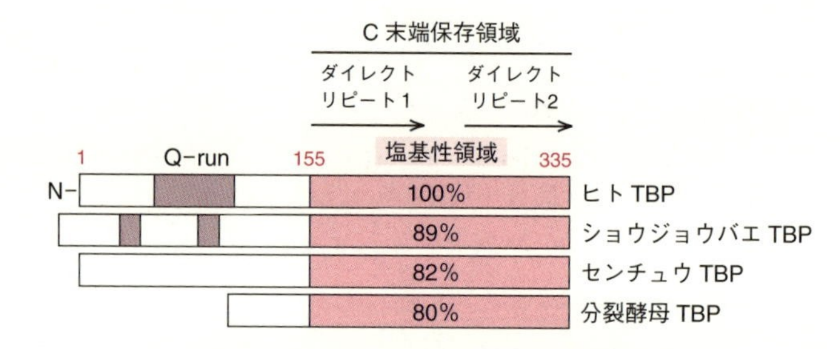

図8・5　種々の真核生物のTBPの構造

a. TRF1　　ショウジョウバエで同定された遺伝子で，*tudor* 遺伝子の転写に使われるほか，Pol Ⅲ系の基本転写因子のTFⅢBにおいてTBPの代わりに使われる.

b. TRF2　　後生動物共通に存在する遺伝子で，TBPのC末端保存領域と約40%の同一性（76%の類似性）を示し，**TLP**（TBP-like protein）ともよばれる．TBPのN末端領域に相当する配列は脊椎動物TRF2にはほとんどない．TRF2はさまざまな遺伝子の発現を制御するが，明確なDNA結合はなく，転写制御因子（例：ヒトのp53）のコファクターとして機能することが示唆されている．TRF2はTBP以上にTFⅡAと強く結合するが，TFⅡA機能にとっても正に働く．他方，TRF2はTATAプロモーターに対しては阻害的に働く場合が多いが，これは細胞内で，TBPに結合しているTFⅡAを競合的結合によってプロモーターから取外すことにより起こる現象であろうと考えられている．なお，TRF2はTFⅡA$\alpha\beta$前駆体に結合し，その限定分解/成熟を阻害する.

c. TRF3　　TBP2ともいわれる脊椎動物に特異的なTBPファミリー遺伝子であるが，TBPと非常によく似た構造（94%の同一性）をもつ．細胞の分化に伴ってTRF3がTBPに置き換わって機能するという現象が，筋分化中のマイオジェニン（ミオゲニン）プロモーターで見られる．

d．TRF4　TRF4 は原生動物（トリパノソーマなど）で同定された遺伝子で，TBP と約 30％の同一性を示し，すべての転写系で機能をもつ．

8・5　TATA-less プロモーターの認識

8・5・1　TATA-less プロモーターの特徴

TATA ボックスをもつプロモーターは哺乳類のタンパク質コード遺伝子の 10～20％にしか見られないのに対して，TATA ボックスがプロモーター内部に見当たらない TATA-less プロモーターはその他の 80％以上を占める．TATA-less プロモーターは一般的にハウスキーピング遺伝子などの普遍的に発現している遺伝子に多く見られるタイプのプロモーターである．TATA ボックスプロモーターでは転写開始点付近に TBP−TFⅡA−TFⅡB をコアとした典型的な転写開始複合体が形成され，多くの場合，特定の一点の転写開始点から転写が開始される．一方，TATA-less プロモーターにおいても TATA ボックスプロモーターに似た転写開始複合体が形成されて転写が開始されるが，複数の転写開始点が出現することが特徴である．このことから，TATA ボックス配列は転写開始点を一点に絞ることで高効率な転写を行うために必要な配列であると考えられる．

8・5・2　TATA-less プロモーターを制御する領域と認識因子

TATA-less プロモーターに重要な DNA 領域として，GC ボックス，イニシエーター配列（Inr：YYA(＋1)NT/AYY）と下流プロモーター配列（DPE：A/GGA/TCGTG）などがある．これらの領域は TATA ボックスを欠損したプロモーターで特にプロモーター活性に寄与していることが報告されている．TATA ボックスプロモーターの活性化に必要である TFⅡD は，これらの領域をもつ TATA-less プロモーターとも結合する．ただし，TATA ボックスプロモーターと TATA-less プロモーターでは TFⅡD の結合の様式に違いがあるようである．TATA ボックスへの TFⅡD の結合は TBP の TATA ボックス結合性に依存的である．これに対し，TFⅡD の TATA-less プロモーターへの結合には TBP の DNA 結合性の必要性はやや低く，むしろ TFⅡD のサブユニットである TAF タンパク質と Inr との結合に依存的である．TATA-less プロモーターの DPE を欠失させると，TATA-less プロモーターへの TFⅡD の結合性が損なわれることから，DPE が効率的なプロモーター活性化に必要であることが示唆される．

近年，TBP の類似因子である **TLP**（別名 TRF2/TLF）がショウジョウバエで TATA-less プロモーターの DPE 近傍に結合して転写を活性化するという報告がなされた（図 8・6）．また，TLP はポリピリミジンイニシエーター（TCT）をもつ TATA-less プロモーターを認識することがわかっている．この他にも，TBP が結合しない

TATA-less プロモーターの活性化に TLP が関与する例が報告されており，TLP が TBP にかわる TATA-less プロモーターの認識因子である可能性が浮上している．

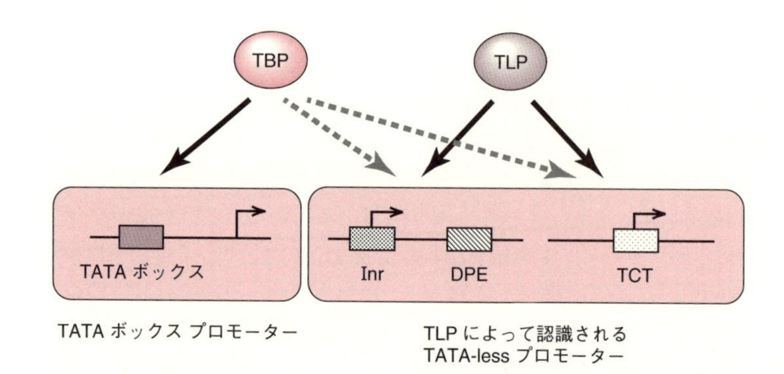

図8・6 TBP 類似因子 TLP による TATA-less プロモーターの認識 TLP は一部の TATA-less プロモーターを認識して結合することで，TATA-less プロモーターからの転写を活性化する．TLP が認識する TATA-less プロモーターは，TBP には認識されない．

8・5・3 TATA-less プロモーターの転写開始機構はまだ完全には解明されていない

上記のように，TATA-less プロモーターの制御に関して現在明らかになっている事柄を紹介した．しかしながら転写研究では，特定の転写開始部位をもち，高いプロモーター活性を示す TATA ボックスプロモーターに着目したものが多かったため，TATA-less プロモーターについてはいまだ不明な点が多い．TATA-less プロモーター上にはどのような転写複合体が形成されているのか，TATA-less プロモーターに特徴的な複数の転写開始部位にはどのような意味があるのか，そしてそれら一つ一つの転写開始点は厳密に制御されているのか，あるいは，制御の緩さから生じる単なる転写開始点の“ずれ”なのか，といった謎が多く残されている．このため，現時点で TATA-less プロモーター制御における概念の共通認識は確立されているとは言いがたい．近年は解析手法の発達が目覚ましく，転写因子結合のゲノムワイドな解析技術や，特定のプロモーター上のタンパク質複合体を網羅的に同定する手法などが登場した．

8・6 RNA Pol I 転写

真核生物の rRNA（ribosomal RNA，リボソーム RNA）の合成は **RNA ポリメラーゼ I**（Pol I）によって核小体（nucleolus）で行われる．rRNA 遺伝子はゲノムのいろいろな場所に散らばって多数（50～5000コピー）存在するが，アフリカツメガエルの卵母細胞ではこの遺伝子コピーが大幅に増幅する．動物細胞の場合，45S前駆体として合成されたrRNAは41Sのサイズに加工され，その後内部切断により20Sと32Sに切断される．最終的には前者は18S rRNAとなってリボソーム小サブユニットに入り，後者は5.8Sと28Sとなってリボソーム大サブユニットに入る．5S RNA（5S rRNA）は別の遺伝子に複数コピー存在するが，RNA合成に関わるのはRNAポリメラーゼⅢである．真核生物rRNA遺伝子のプロモーターは－200から＋20の範囲にあり，そこに基本転写因子が結合する．ヒトの場合のRNAポリメラーゼⅠのための基本転写因子は**SL1**と**UBF1**（upstream binding factor 1）である（図8・7）．SL1はRNAポリメラーゼⅠを呼び込むための必須因子であり，それ自身にも弱いDNA結合能がある．SL1はTBPと3種類のTAF（TAF_I48, TAF_I63, TAF_I110）からなる．SL1に相当するマウスの因子はTIF−IB，酵母はCF（core factor）である．他方UBFは複数のHMGボックスモチーフをもつDNA結合因子で，SL1結合のプラットホームを形成する．UBFはN末端を介して二量体となり，それらがHMGボックスを介してDNAに巻き付くことによりSL1が結合しやすくなる．マウスの場合は転写開始には別の因子（TIF−IAやTIF−IC）も必要である．

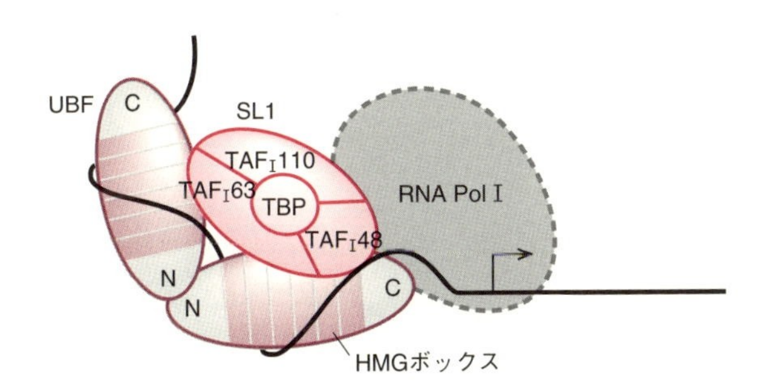

図8・7　Pol Ⅰ系の基本転写因子（ヒトの例）

8・7　RNA PolⅢ転写

RNAポリメラーゼⅢ（PolⅢ）は，5S RNA（rRNA），tRNA，U6 snRNAや，SINEや7SK遺伝子などからのRNA合成など，多くの小分子RNAの合成に関わる．このうち5S RNAはタイプ1プロモーター，tRNAはタイプ2プロモーターとよばれ，類似したPolⅢ系プロモーターから転写される．両遺伝子のプロモーターは，プロモーターが遺伝子内部にある**内部プロモーター**（internal promoter）構造をとっており，基本転写因子として**TFⅢA, TFⅢB, TFⅢC**が使われる．タイプ1プロモーターの場合，遺伝子に内部にICR（internal control region：内部調節領域）が存在し，その中の

C-ボックスとよばれるシスエレメントなどにZnフィンガーモチーフをもつTFⅢAが結合し，それを標的にTFⅢCが結合し，最後にTFⅢBが結合する（図8・8）．TFⅢBによってPolⅢが組込まれて転写開始前複合体形成が終了する．ちなみにTFⅢAは真核生物で最初に見いだされたDNA結合タンパク質である．タイプ2プロモーターの場合は遺伝子内部のA-ボックスとB-ボックスという二つのシスエレメントにTFⅢCが結合し，そこにTFⅢBが結合し，最後にPolⅢが取込まれる．以上からわかるように，PolⅢ系では酵素のエントリー因子はTFⅢBである．TFⅢBはTBPとそれ以外の2個の因子からなる．これに対しショウジョウバエのTFⅢBはTBPに代わってTBPファミリー因子の一つであるTRF1が使われる．

以上のタイプ1，タイプ2プロモーターと異なり，U6や7SK RNAのプロモーターはPolⅡに似た外部プロモーター，すなわちタイプ3プロモーターをもつ（図8・8）．シスエレメントは遺伝子に近い方からTATAボックス，PSE（proximal sequence element：近位配列要素），DSE（distal sequence element：遠位配列要素）であり，DSEはエンハンサーである．各エレメントには，それぞれTFⅢB-like，SNAPc，オクタマー因子が結合するが，PolⅢエントリー因子のTFⅢB-likeはTFⅢBと同様にTBPのほかに2個の因子が含まれ，TATAボックス結合にはTBPが関わる．以上の事実から，PolⅢを選択する能力はTFⅢB/TFⅢB-like中のTBPにはなく，それ以外の因子にあると考えられる．

(a) 5S RNA遺伝子（タイプ1プロモーターをもつ）

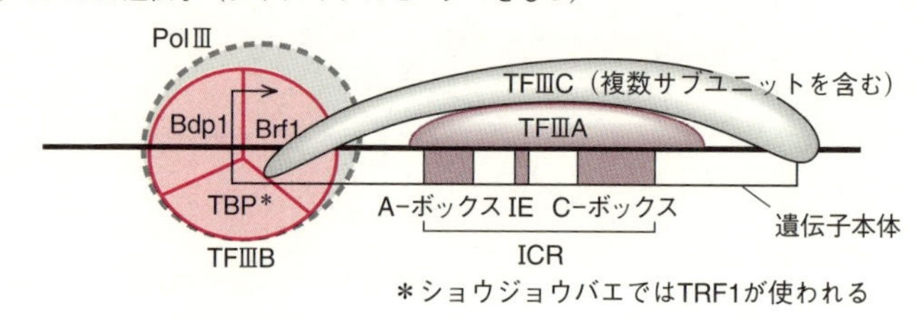

(b) U6遺伝子（タイプ3プロモーターをもつ）

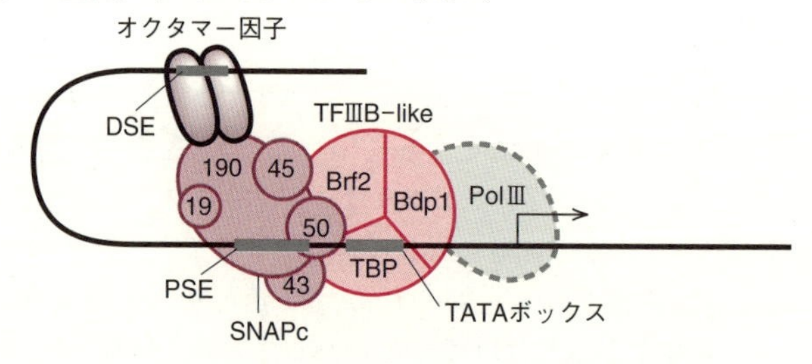

図8・8　PolⅢ系遺伝子のプロモーターと基本転写因子

9

転写開始後の過程

9・1　転写伸長のメカニズム

a. RNAポリメラーゼ　転写を開始した**RNAポリメラーゼ**は，転写伸長反応に移ってRNA鎖を合成していく．細菌では1種類のRNAポリメラーゼがすべての遺伝子の転写を担っているのに対し，真核生物では複数のRNAポリメラーゼが役割を分担している．真核生物の転写はおもにRNAポリメラーゼⅠ（リボソームRNAを転写），RNAポリメラーゼⅡ（mRNAや一部のsnRNAを転写），RNAポリメラーゼⅢ〔tRNAやその他の低（小）分子RNAを転写〕の3種類が行っており，植物にはRNAポリメラーゼⅣやRNAポリメラーゼⅤも存在している（図9・1）．また，ミトコンドリアや葉緑体といったオルガネラ（細胞内小器官）にはそれぞれ細菌型のRNAポリメラーゼが存在している．これらのRNAポリメラーゼはすべて進化的に同一の起源をもっており，立体構造や酵素学的な性質もよく似ている（第7章）．すなわち，これらの酵素はDNA依存的RNAポリメラーゼに分類され，鋳型DNA依存的にRNAを5′→3′方向に合成する．

		RNAポリメラーゼの種類	転写するおもなRNA
細　菌		RNAポリメラーゼ	全RNA
真核生物		RNAポリメラーゼ Ⅰ	大部分のrRNA
		RNAポリメラーゼ Ⅱ	mRNA，大部分のsnRNA
		RNAポリメラーゼ Ⅲ	tRNA，その他の小分子RNA
	植物	RNAポリメラーゼ Ⅳ	siRNA
		RNAポリメラーゼ Ⅴ	

図9・1　RNAポリメラーゼの種類と働き

b. 転写バブルとその移動　転写伸長のメカニズムを理解するうえで，図9・2に示された**転写伸長複合体**（transcription elongation complex）の構造を理解することが重要である．転写伸長複合体はRNAポリメラーゼとDNAとRNAからなり，その中で12～14塩基対のDNAが巻戻されて一本鎖となっている．この構造は転写の泡構造（**転写バブル** transcription bubble）とよばれる．二本鎖DNAの一方は鋳型鎖，他方は非鋳型鎖として働いて，鋳型鎖に相補的なRNAがつくられる．したがって，合成されるRNAは非鋳型鎖のDNAと同じ極性をもち，ほぼ同一の塩基配列（チミンとウラシルの違いを除いて）をもつことになる．ところで，二本鎖DNAのどちらの鎖が鋳型となるかは，RNAポリメラーゼが転写開始部位に結合するときの向きにより決まっており，実際，各染色体DNAのおのおのの鎖に多数の遺伝子がコードされている（第8章）．話を転写伸長複合体に戻すと，新生RNA鎖の3′末端の8〜9塩基はDNAの鋳型鎖とハイブリッド塩基対を形成しており，新生RNAはこの塩基対を介して転写伸長複合体に保持される（図9・2，図9・3）．さらに，新生RNAの最も3′末端の塩基はRNAポリメラーゼの触媒部位に位置しており，この3′末端に次のヌクレオチドが付加されることになる．より詳しくいえば，鋳型DNAに相補的なリボヌクレオシド三リン酸が触媒部位に取込まれ，リボヌクレオシド一リン酸の部

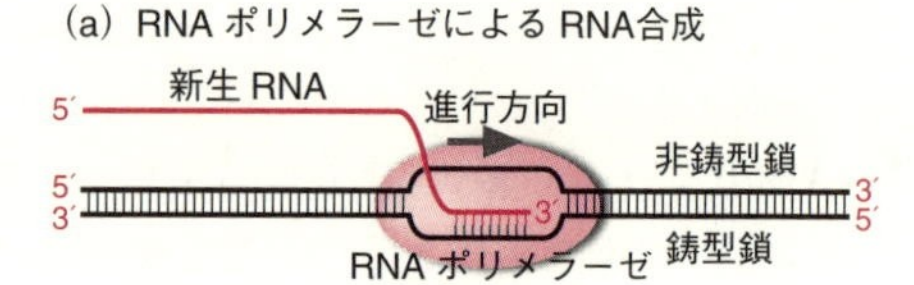

図9・2　RNAポリメラーゼによる転写伸長反応の概要(a)　比較のため，(b)にDNAポリメラーゼによるDNA複製の様子を示す．

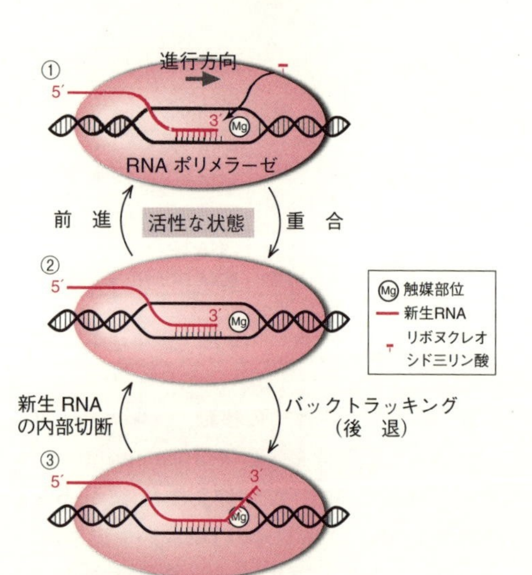

図9・3　RNAポリメラーゼによる転写伸長反応の詳細　RNAポリメラーゼは①と②の状態を交互にとってRNA鎖を伸長していく．しかし何らかの理由で転写伸長が妨げられると，RNAポリメラーゼは後退して③のアレスト状態に陥ることがある．そうなると，RNAポリメラーゼが自発的にRNA合成を再開するのは困難である．ここで転写伸長因子が作用して新生RNAの内部切断を誘導すると，RNAポリメラーゼはRNA合成を再開できるようになる．

分がRNAの3′-OH基とリン酸エステル結合を形成して，二リン酸が脱離する．この反応により触媒部位が埋まってしまうので，次のヌクレオチドを取込めるようRNAポリメラーゼは1塩基分，DNA上を前進する．この繰返しによりRNA鎖は伸長する．RNAポリメラーゼは転写開始部位から転写終結部位に向けてDNA上を移動するが，この間，転写バブルの大きさやDNA・RNAハイブリッドの長さは基本的に変わらない．転写伸長に伴ってRNAポリメラーゼの進行方向（下流）の二本鎖DNAは一本鎖に開裂するが，後方（上流）の一本鎖DNAは再び二本鎖を形成するので，転写バブルの大きさは維持されるのである．同様に，新生RNAと鋳型DNAのハイブリッドも途中で開裂し，新生RNAの5′部分は一本鎖RNAとしてRNAポリメラーゼの外に出てくる．その結果，転写反応の完了後に鋳型はもとの二本鎖DNAに戻り，転写産物として一本鎖RNAが得られる．

c. RNAポリメラーゼとDNAポリメラーゼの比較　RNAポリメラーゼによる転写の機構を，DNAポリメラーゼによるDNA複製と比較しつつ整理したい．鋳型DNA依存的に相補的な核酸を5′→3′方向に合成する点は両者に共通しているが，いくつかの点で異なっている．第一に，DNAポリメラーゼはプライマーを厳密に必要とし，すでにある相補鎖の3′-OH基にヌクレオチドを付加する働きしかもたないのに対し，RNAポリメラーゼはプライマー非依存的に，相補鎖がないところから転写を開始することができる．第二に，DNA複製においてはDNAの鋳型鎖と新規に合成された相補鎖とが解離することなく新たな二本鎖DNAを形成し（半保存的複製），娘細胞へと継承されるのに対し，転写では鋳型として働く二本鎖DNAは一時的に開裂するが，それらは再び二本鎖DNAを形成し，長大なDNA・RNAハイブリッドが形成されるようなことは通常起こらない．第三に，プロセッシビティの違いがある．いったん反応を開始した酵素が連続的に反応する能力を**プロセッシビティ**(processivity）とよぶが，DNAポリメラーゼの中にはプロセッシビティの低いものが多い．そのためDNA複製においては複数のDNAポリメラーゼ分子が途中で交替しながら1本のDNAを合成していく．一方，転写の場合は反応機構上，RNAポリメラーゼがいったんDNAから外れると転写を再開することができないので，転写の開始から終結までを1分子のRNAポリメラーゼが担っている．第四に，合成速度が大きく異なる．DNAポリメラーゼが1秒間に50～1000塩基のDNAを合成する（DNAポリメラーゼの種類によって大きく異なる）のに対して，RNAポリメラーゼが1秒間に合成しうるRNAは20～40塩基と，DNAポリメラーゼよりもかなり遅い．

9・2　転写伸長の制御

a. 転写の停止　RNAポリメラーゼは常に一定の速度でRNAを合成しているわけではなく，さまざまな要因によって正負に制御されている．RNAの合成速度が低下したり，数秒から数分以上にわたってRNAポリメラーゼが停止することがあり，特に長時間の停止を**アレスト**（arrest）とよぶ．アレストは，RNAポリメラーゼの**バックトラッキング**（back tracking，DNA上流側への後退）を伴って起こると考えられている．バックトラッキングの結果，RNAの3′末端はRNAポリメラーゼの触媒部位から外れてしまうため，RNAポリメラーゼはそのままではRNA鎖を伸長することができない（図9・3）．転写伸長中のRNAポリメラーゼがその場にとどまっている状態とバックトラッキングした状態を比較すると，形成される塩基対の数は変わらないので，熱力学的にみてバックトラッキングは容易にひき起こされうる．周辺配列のGC含量によっては，バックトラッキングした方が熱力学的に安定でさえある．したがって，何らかの要因によってヌクレオチド付加と前進のサイクルが妨げられると，RNAポリメラーゼはしばしば自発的にバックトラッキングしてアレスト状態に陥る．

b. 転写の阻害　まず転写伸長を阻害する要因について見ていきたい．要因の一つとして，誤ったヌクレオチドの取込みがある．誤ったヌクレオチドが取込まれると触媒部位周辺のDNA·RNAハイブリッド構造がゆがみ，次のヌクレオチドの取込み速度が著しく低下する．第二の要因として，転写される塩基配列自体の影響がありうる．後述するように，連続したウリジン残基やヘアピン構造を形成するようなRNAが転写されると，転写伸長複合体が不安定化し，転写伸長の停止や終結がひき起こさ

表9・1　ヒトRNAポリメラーゼIIに作用する転写伸長因子

転写伸長因子	構成サブユニット	役　割
SII/TFIIS		アレストの解除，転写忠実度の上昇，クロマチンの通過の促進
SIII/Elongin	A, B, C	転写伸長の促進
ELL		転写伸長の促進
DSIF	Spt4, Spt5	一時停止の誘導，転写伸長の促進，RNAプロセシングへの関与
NELF	A, B, C/D, E	一時停止の誘導，転写伸長の促進，RNAプロセシングへの関与
P-TEFb	CDK9, Cyclin T	一時停止の解除，プロテインキナーゼ活性，RNAプロセシングへの関与
Tat-SF1		転写伸長の促進，RNAプロセシングへの関与
Paf1複合体	Paf1, Ctr9, Leo1, Cdc73, Ski8	転写伸長の促進，ヒストン修飾への関与，RNAプロセシングへの関与
Spt6		転写伸長の促進，ヒストンシャペロン活性
FACT	Spt16, SSRP1	クロマチンの通過の促進
Elongator	Elp1, Elp2, Elp3	転写伸長の促進，ヒストンアセチルトランスフェラーゼ活性
HDAg		転写伸長の促進，D型肝炎ウイルスタンパク質

れることがある（後述）．第三に，タンパク質因子の影響がある．さまざまなタンパク質が転写伸長を阻害しうるが，転写される領域に結合するDNA結合タンパク質は概してRNAポリメラーゼの進行を妨げる**ロードブロック**（障害物）として働く．真核生物における代表的なロードブロックとして，ヒストン八量体がある．真核生物のゲノムDNAはヒストン八量体に巻付いて密なヌクレオソーム構造を形成しているので（第1章），真核生物のRNAポリメラーゼは多数のヌクレオソームを通過しつつ転写を進めなければならない．さらに注目すべきタンパク質群として転写伸長因子がある（表9・1）．転写伸長因子は，RNAポリメラーゼの転写伸長過程をさまざまなメカニズムによって正負に制御する一群のタンパク質である．真核生物のRNAポリメラーゼII（Pol II）にDSIFとNELFという二つの因子が結合すると，転写伸長の一時停止が誘導される．大多数のタンパク質をコードする遺伝子の転写開始部位からそう遠くない位置でRNAポリメラーゼIIの一時停止が誘導されることから，この現象は**プロモーター近傍の一時停止**とよばれる．

次に，転写伸長を促進する要因について見ていく．転写伸長の促進はもっぱら正に働く転写伸長因子が行っている．たとえば，SII/TFIISという因子はRNAポリメラーゼIIがアレスト状態から復帰するのを助ける．SII/TFIISはRNAポリメラーゼIIの触媒部位に作用し，RNAポリメラーゼIIが潜在的にもっているエンドリボヌクレアーゼ活性を促進して，新生RNA鎖の切断を導く（図9・3）．その結果，新たに形成されたRNAの3′末端は再び触媒部位に配置されて，RNAポリメラーゼIIは転写伸長を再開できるようになる．一方，FACTという転写伸長因子はヒストンシャペロンとして働いて，ヌクレオソームの構造変換を誘導する．そうすることで，RNAポリメラーゼIIがヌクレオソームを通過するのを助けている．また，P-TEFbという因子はプロテインキナーゼであり，酵素活性を介して転写伸長を促進している．P-TEFbの働きについては以下で改めて説明したい．

P-TEFbはRNAポリメラーゼIIの最大サブユニットのC末端ドメイン（CTD）をリン酸化するキナーゼの一つである．第7章で紹介したように，RNAポリメラーゼIIのCTDはTyr1-Ser2-Pro3-Thr4-Ser5-Pro6-Ser7という7アミノ酸が数十回繰返された特殊な繰返し構造をしており，リン酸化されうるSer，Thr，Tyr残基が多数含まれている．実際，それぞれの残基 ——Tyr1, Ser2, Thr4, Ser5, Ser7—— がさまざまなプロテインキナーゼによって転写中にリン酸化され，機能的に異なる役割を果たしている．たとえばCTDのSer5残基は基本転写因子TFIIHがもつプロテインキナーゼサブユニットCDK7によって転写開始段階でリン酸化されるが，Ser5がリン酸化されたCTDはキャッピング酵素と高親和性で結合するため，Ser5のリン酸化によってキャッピング酵素が転写複合体中に呼び込まれる（リクルート recruit）．その結果，新生RNAの5′末端が転写と共役して効率よくキャッピング（キャップ付加）される

(§9・4). 一方，転写伸長因子の P-TEFb は転写伸長段階において CTD の Ser2 残基をリン酸化し，プロモーター近傍の一時停止を解除して転写伸長の再開を導く. CTD の Ser2 のリン酸化は，転写と共役した mRNA のプロセシングにも重要な役割を果たしている.

転写伸長制御の実例を二つ紹介したい. まず，ショウジョウバエの熱ショック遺伝子 ***hsp70*** の転写は普段抑制されていて，高温にさらされたとき強く誘導されるが，この制御はおもに転写伸長段階で行われる. 非誘導時の ***hsp70*** 遺伝子上には RNA ポリメラーゼⅡが DSIF や NELF とともに結合して一時停止状態にあるが，高温にさらされると P-TEFb が秒単位で ***hsp70*** 遺伝子上に動員されて CTD の Ser2 をリン酸化し，***hsp70*** の転写を活性化する. ショウジョウバエの唾液腺には，染色体が数百本の束になったいわゆる唾腺染色体が存在し，転写の様子を光学顕微鏡下で観察することができる（図9・4）. 転写が盛んな領域では染色体の束が局所的に膨らんで**パフ**（puff）とよばれる構造をとるが，***hsp70*** などの熱ショック遺伝子座では熱ショックによってパフの形成が誘導される. 熱ショックパフにはリン酸化型の RNA ポリメラーゼⅡや P-TEFb が集積しており，熱ショック遺伝子が盛んに転写されている.

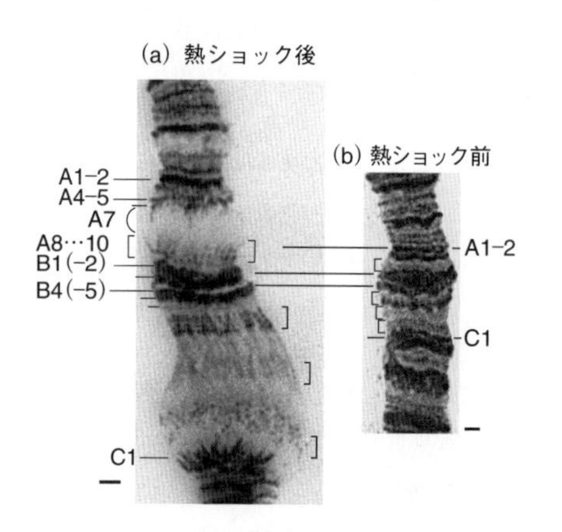

図9・4　ショウジョウバエ唾腺染色体の熱ショックパフ　熱ショック遺伝子座 87A と 87C（四つの角括弧で示されている）の形態は熱ショックの前（b）と後（a）で大きく変化する. スケールバー 1 μm.

c. ヒト免疫不全ウイルスの転写制御　転写伸長制御のもう一つの代表例として，**ヒト免疫不全ウイルス**（HIV）がある. レトロウイルスの一種である HIV は，ウイルス粒子の中に RNA をウイルスゲノムとしてもっているが，宿主となる免疫担当細胞に感染すると，逆転写酵素の働きによってゲノム RNA は二本鎖のプロウイルス DNA に変換され，さらにインテグラーゼの働きによって宿主細胞のゲノム内にランダムに挿入される. HIV は通常，この状態で数年にわたって潜伏感染する. 挿入されたウイルスゲノムの末端反復配列（LTR）は RNA ポリメラーゼⅡのプロモーターとして働き，そこからつくられる全長の転写産物は，子孫ウイルス粒子を構成するタンパク質の mRNA として働くと同時にゲノム RNA としても機能する（図9・5）. しかしながら，LTR からの転写は通常，プロモーター近傍の一時停止によって抑制され，全長の転写産物はつくられない. それゆえ HIV は潜伏感染状態を維持するが，何らかのきっかけでTatというウイルスタンパク質が閾値を超えてつくられると，ウイルス増殖のスイッチが入る．LTRプロモーターの下流にはTARとよばれる塩基配列が存在し，その部分が転写されるとRNAは特殊なヘアピンループ構造をとる．TatはTAR RNAに結合し，さらにそこにP-TEFbを動員する．その結果，RNAポリメラーゼⅡの一時停止が解除されて全長RNAが合成され，子孫ウイルス粒子がつくられる．

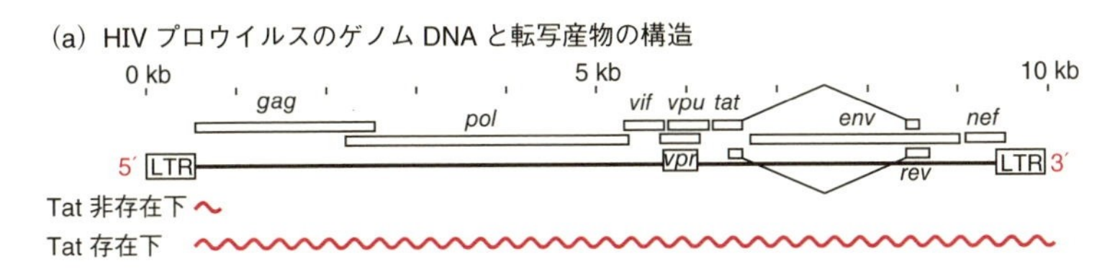

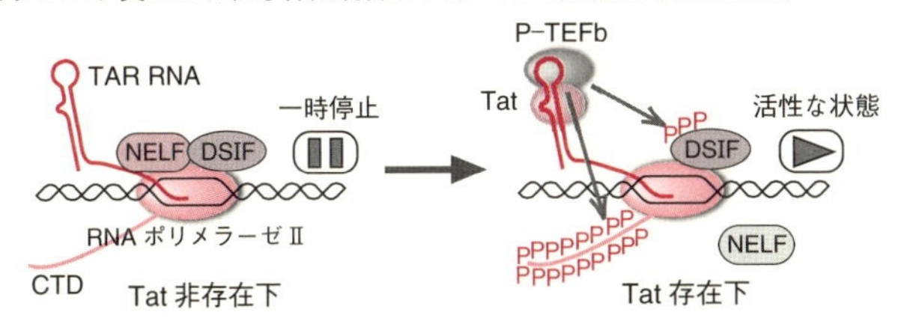

図9・5 **HIVプロウイルスゲノムからのRNA合成の転写伸長段階での制御**

9・3 転写終結のメカニズム

9・3・1 細菌の転写終結

真核生物における転写終結を取上げる前に，細菌の転写終結機構について考えてみたい．細菌の転写終結にはρ依存的な経路とρ非依存的な経路の二つがあることが知られている．

a. ρ依存的転写終結　ρはATP依存的に核酸の二次構造を変換するヘリカーゼという酵素活性をもつ転写終結因子であり，*rut*とよばれる特異的なRNA配列に結合して転写終結を誘導する（図9・6a）．すなわち，RNAポリメラーゼがDNA上の*rut*配列を通過して同配列が新生RNAとして転写されると，この部分にρが結合する．ρは新生RNA上をRNAポリメラーゼに向かって移動し，RNAポリメラーゼに追いつくとDNA・RNAハイブリッドを巻戻して，転写伸長複合体の解離すなわち転写終結を導くと考えられている．

b. ρ非依存的転写終結　一方，ρ非依存的な経路では**内在ターミネーター**とよばれるRNA配列がRNAポリメラーゼに直接作用して，転写終結を誘導する（図9・6b）．内在ターミネーターはヘアピン構造をとる塩基配列と，それにひき続く連続したウリジン残基から構成される．ヘアピン部分が転写されると，ファスナーを閉じるようにしてヘアピン構造が形成されるが，この際に新生 RNA 鎖を転写伸長複合体から引抜こうとする力が加わる．このとき連続したウリジン残基が転写されていると，新生 RNA を保持すべき DNA·RNA ハイブリッドが A·U 塩基対を多く含んでいて不安定なため，新生 RNA 鎖が引き抜かれて転写が終結してしまう．以上のように，転写伸長の継続には DNA·RNA ハイブリッドの安定性が重要であり，ρ 依存的な転写終結と ρ 非依存的な転写終結はともに DNA·RNA ハイブリッドの不安定化を介してひき起こされる．

(a) ρ 依存的な転写終結機構．ヘリカーゼ活性をもつ六量体の転写終結因子 ρ が転写終結を誘導する

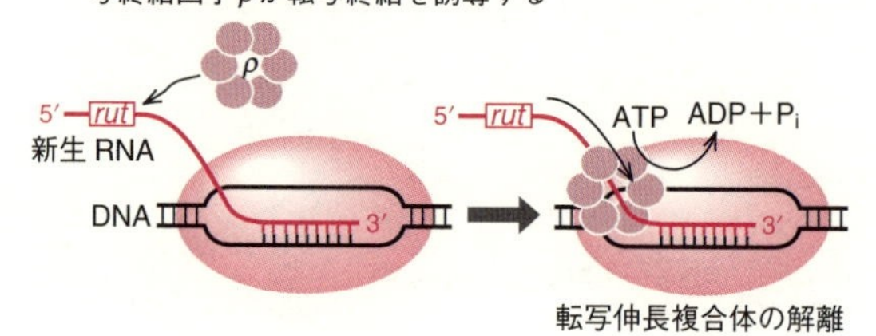

(b) ρ 非依存的な転写終結機構．内在ターミネーターの配列が転写されると，自発的な転写終結が誘導される

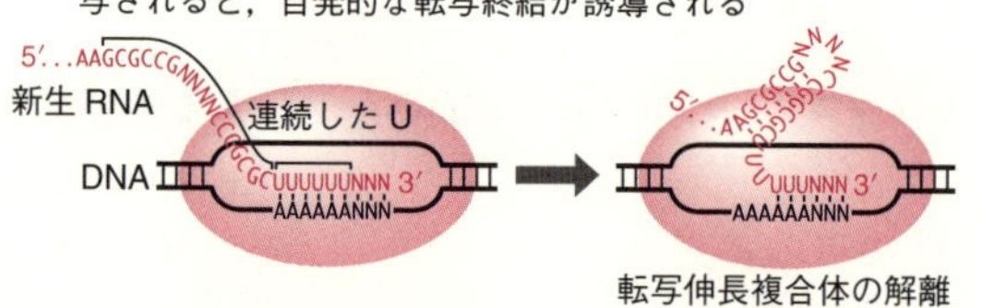

図 9・6 細菌の二つの転写終結機構

9・3・2 酵母の転写終結

次に，真核生物における転写終結を見ていきたい．単細胞の真核微生物である出芽酵母と多細胞生物では若干異なる仕組みが存在しているので，それらを区別して紹介していく．出芽酵母には少なくとも Nrd1 経路と Pcf11 経路の二つが存在している．Nrd1 と Pcf11 は各経路に関与する転写終結因子の名前であり，Nrd1 経路は RNA ポリメラーゼⅡによって転写される短い非コード RNA の転写終結を，Pcf11 経路は RNA ポリメラーゼⅡによって転写される mRNA の転写終結をそれぞれ担っている．

Nrd1 経路は，細菌の ρ 依存的な経路と似通っており，特異的な RNA 塩基配列を介して Nrd1 を含むタンパク質複合体が動員される．この複合体には Sen1 という RNA ヘリカーゼが含まれており，この RNA ヘリカーゼの働きによって新生 RNA 鎖が転写伸長複合体から引抜かれ，転写終結が誘導されると考えられる．

一方，**Pcf11 経路**の転写終結は mRNA の 3′ 末端プロセシングと密接に共役している（§ 9・4）．mRNA の 3′ 末端プロセシングすなわちポリ A 付加は，mRNA 前駆体の内部切断と，新たに生じた 3′-OH 基へのアデノシン残基の付加という二つの反応が連続的に進むことによってひき起こされる．Pcf11 経路の転写終結は，3′ 末端プロセシングに伴う mRNA 前駆体の内部切断が引き金となって起こり，内部切断からほどなくして転写終結に至る．切断部位は**ポリ A 付加シグナル**（PAS）というシス配列によって規定されているのに対して，転写終結部位は一定しておらず，PAS の下流数百から数千塩基以内のさまざまな位置で起こる．そのため，真核生物のタンパク質をコードする遺伝子の範囲を考える際には，転写終結部位の代わりに PAS を用いて，転写開始部位から PAS までを遺伝子とするのが一般的である．

9・3・3　多細胞生物の転写終結

多細胞生物の転写終結は，より多様化している．RNA ポリメラーゼⅢの転写終結部位には連続したウリジン残基が存在しており，細菌の内在ターミネーターに近いメカニズムで転写終結していると考えられる．一方，RNA ポリメラーゼⅡの転写終結は，新生 RNA の **3′ 末端プロセシング**に伴う内部切断が引き金となって起こる．

ここで多細胞生物の 3′ 末端プロセシングについて整理しておくと，RNA ポリメラーゼⅡの転写産物には少なくとも三つの異なる 3′ 末端プロセシング経路が存在している．大部分のタンパク質をコードする遺伝子は上述した切断とポリ A 付加の機構によるプロセシングを受け，ポリ A 尾部をもった mRNA がつくられる．同反応には PAS 配列を認識する CPSF（§ 9・4・5 参照）やポリ A 尾部を付加するポリ A ポリメラーゼなどの 3′ 末端プロセシング因子群が関わっている．

しかしヒストンタンパク質をコードする遺伝子群は例外であり，ポリ A 尾部をもたない mRNA がつくられる．ヒストン遺伝子の 3′ 末端プロセシングには SLBP や U7 snRNP といった独自の因子群が関与しており，mRNA 前駆体はヒストン遺伝子特異的なシス配列に依存して内部切断のみを受ける．

さらに，RNA ポリメラーゼⅡによって転写される snRNA 遺伝子群も独自のプロセシング経路をもっている．snRNA の 3′ 末端プロセシングには**インテグレーター**（Integrator）という巨大なタンパク質複合体が関与しており，snRNA 前駆体は特異的なシス配列に依存して内部切断を受ける．以上のように，三つの 3′ 末端プロセシング経路すべてで，細かな反応機構の違いはあるものの，新生 RNA 鎖は転写途中で切断を受け，それが転写終結を導く．

9・3・4　転写終結の魚雷モデル

新生 RNA 鎖が切断されても，転写伸長複合体が無傷であれば転写伸長は継続するはずである．新生 RNA 鎖の切断はいかにして転写終結を導くのだろうか．その機構として“魚雷”モデルが提唱されている（図 9・7）．mRNA や snRNA の 5′ 末端には

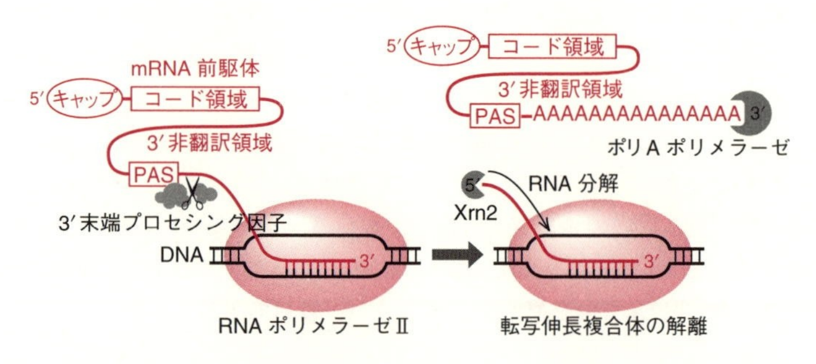

図 9・7　真核生物の転写終結に関する魚雷モデル　真核生物の転写終結は多くの場合，新生 RNA の 3′ 末端プロセシングに伴う内部切断が引き金になって起こる．切断によって生じた 5′ 末端に Xrn2 が作用して 5′→ 3′ 方向に RNA を分解し，その結果，転写終結が誘導される．

コラム 9・1

転写伸長中に動くのは RNA ポリメラーゼか DNA か

RNA ポリメラーゼよりも染色体 DNA の方がはるかに巨大な構造体なので比較的動かず，RNA ポリメラーゼの方が DNA 上を移動しているというアイディアは一見，受け入れやすい．しかし，もし RNA ポリメラーゼが DNA の二重らせんに沿って移動しながら転写を行うと，新生 RNA 鎖は二本鎖 DNA の周りに密に巻付いてしまい（DNA 約 10 塩基対につき 1 回転），DNA と RNA の分離は困難となる．

転写伸長の過程で，数千～数万塩基に及ぶ新生 RNA が RNA ポリメラーゼとともに DNA の周りを回ると仮定すれば分離の問題は解消されるが，そういったことは考えにくい．逆に RNA ポリメラーゼが固定されていて，DNA が右回りに回転しながら RNA ポリメラーゼに吸込まれていくと考えると，分離の問題は生じない．ただしその場合，転写伸長に伴って DNA にねじれが生じる．すなわち，RNA ポリメラーゼの前方には正の超らせん（DNA の二重らせんをさらにきつく巻く方向のねじれ）が導入され，後方には負の超らせん（DNA の二重らせんをほどく方向のねじれ）が導入される．特に長大な遺伝子が転写される際には大量のねじれが蓄積し，そのことが転写伸長の妨げにもなりかねない．

細胞内には DNA のトポロジーを制御する DNA トポイソメラーゼという酵素が何種類か存在している．RNA ポリメラーゼの付近ではこれらの酵素が働いて，転写伸長で生じるねじれを解消しているらしい．

合成されるや否やキャップが付加され，RNAを分解から保護している．しかし3′末端プロセシングに伴って新生RNA鎖の内部が切断されると，5′キャップは成熟mRNAや成熟snRNAとなる配列とともに切離されて，転写伸長複合体にはキャップをもたない新生RNA鎖が残る．ここにXrn2とよばれる5′→3′エキソリボヌクレアーゼが作用して，残った新生RNA鎖を5′末端から削込んでいく．Xrn2が伸長中のRNAポリメラーゼⅡに追いつくと転写伸長複合体を不安定化し，転写終結を導くと考えられる．

9・4　転写と転写後プロセシングの共役

9・4・1　転写後プロセシング

真核生物でタンパク質をコードする遺伝子からRNAポリメラーゼⅡ（PolⅡ）により転写されるmRNA前駆体は，核内で①5′キャップ付加，②スプライシング，③塩基の編集，④3′末端の切断および⑤ポリA付加という転写後プロセシングを経て成熟mRNAとなる．実際の細胞内では，これらの“転写後”プロセシングは転写“終結”後ではなく転写と時間的・空間的に並行して機能的に共役しながら遂行される（図9・8）．このPolⅡによる転写と転写後プロセシングの共役には，PolⅡの最大サブユニットのC末端に存在するC末端ドメイン（CTD，第7章参照）がプロセシング因子を直接結合する足場として深く関わっている．

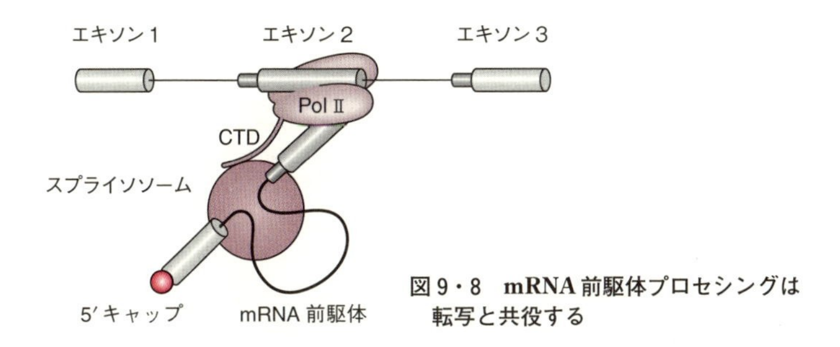

図9・8　mRNA前駆体プロセシングは転写と共役する

9・4・2　5′キャップ付加

真核生物の細胞質mRNAなどの5′キャップ付加はPolⅡにより転写されるRNAが例外なく受ける最初の転写後プロセシングである．5′キャップ付加により形成される7−メチルグアニル酸の5′−5′結合を含む特徴的な5′キャップ構造m^7GpppNはmRNAのスプライシング，核外輸送，翻訳および安定性において重要な役割を果たす．

m^7GpppN構造の形成は，三リン酸化されたRNAの5′末端からγ位のリン酸基を除去するトリホスファターゼ，5′−5′結合でグアニル酸を付加するグアニリルトランスフェラーゼ〔あわせて**キャッピング酵素**（capping enzyme）とよばれる〕およびグアニンの7位をメチル化するグアニン7–メチルトランスフェラーゼの三つの酵素活性に依存する（図9・9a）.

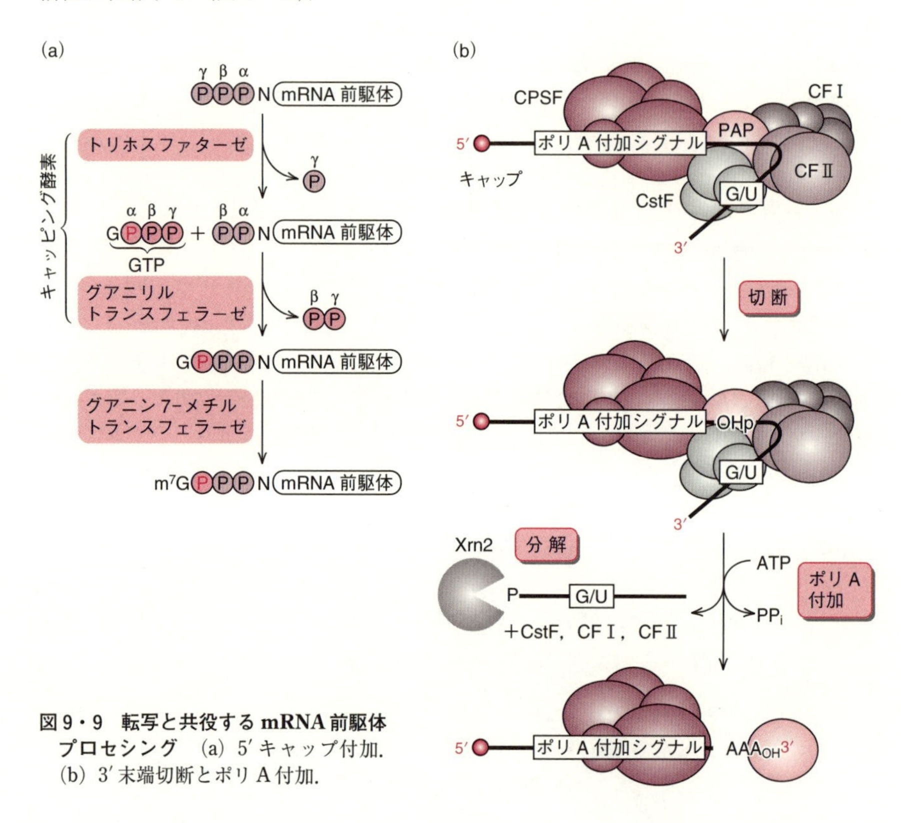

図9・9　転写と共役するmRNA前駆体プロセシング　(a) 5′キャップ付加. (b) 3′末端切断とポリA付加.

キャップ付加酵素とグアニン7–メチルトランスフェラーゼは転写複合体中のPol IIの5番目のセリン（セリン5）がリン酸化されたCTDに直接結合し，新生RNAの5′末端がPol IIのRNA出口トンネルから出てくるとキャッピング酵素がそれを覆うようにPol IIに結合してキャップ付加反応を行う．このようにPol IIによる転写開始と5′キャップ付加が機能的に共役することでPol II転写産物への特異性とキャップ付加反応の効率が増し，キャップ付加酵素の反応は新生RNAの長さが20〜30ヌクレオチド（nt）になった転写開始直後の時点でほぼ完了する.

9・4・3　スプライシング

スプライシングは，mRNA前駆体から二段階のエステル交換反応によりイントロンとよばれる不要な部分を投げ縄構造の副産物として切出してエキソンとよばれる部分を連結する転写後プロセシングである．スプライシング反応は，五つの核内低分子RNA(snRNA)–タンパク質複合体(snRNP) を中心とする因子群が mRNA 前駆体上で順に会合したり解離したりして形成されるスプライソソームにより触媒される．

すべてのエキソンを誤りなくスプライシングするには，転写された mRNA 前駆体からエキソン–イントロン境界を速やかに見いだしてスプライス部位の組合わせを正確に決定することが欠かせない．一部のスプライシング因子は Pol II のリン酸化された CTD に結合しており，転写と共役した mRNA 前駆体のスプライシングを容易にしている．イントロンの半減期はせいぜい数分程度で，多くのイントロンは転写伸長中にスプライシングを受けて除去される．

近年，Pol II による転写の速度や CTD のリン酸化状態の変化とスプライシングの相互依存関係についてさまざまな報告がある．ヒト培養細胞の Pol II を転写伸長速度が野生型より遅い変異型や速い変異型に置換したところ，選択的スプライシングパターンやスプライシング効率が変化した遺伝子が多数みられた．これは，転写速度の違いによってスプライス部位や制御配列が転写される時間間隔が変化することにより，それらの配列に作用する因子間の競合関係が変化するためだと考えられている．一方，CTD のセリン 5 がリン酸化された Pol II にスプライシングの第一段階のエステル交換反応を経て分離した上流エキソンと転写途中の下流のエキソンが会合していた．これは，転写と共役するスプライシングが完了するまでの間，セリン 5 リン酸化 CTD によって下流エキソンを転写中の転写伸長複合体にスプライソソームが会合し転写速度が低下していることを反映すると考えられている．

ヌクレオソーム（第 1 章参照）は一般にイントロンに比べてエキソンによく配置されているが，近年，ヒストン修飾などのエピジェネティックな標識（第 4, 5 章参照）とスプライシングの相互作用についてもさまざまな事例が報告されている．たとえば，活発に転写されるプロモーターの印である H3K4me3（ヒストン H3 の 4 番目のリシンがトリメチル化されたヌクレオソーム）に特異的に結合するアダプタータンパク質がスプライソソームの構成因子と安定な複合体を形成しスプライシングの効率を向上させる．

これらの事例は，クロマチンのエピジェネティックな標識，Pol II による転写伸長あるいは停滞とスプライシングが相互に影響し合っていることを示すものである．

9・4・4 塩基の編集

RNA の一部のアデノシン（A）を修飾してイノシン（I）に変換する **A-to-I 編集**は多細胞生物に広く見られる転写後プロセシングであり，ヒトではタンパク質遺伝子のコード領域やイントロン，3′ 非翻訳領域のほか miRNA（マイクロ RNA）前駆体などあわせて数万箇所以上が見つかっている．コード領域のイノシンは翻訳の際にグアノシン（G）として認識されることから，A-to-I 編集はしばしばアミノ酸の置換を伴い，ヒトでは数十遺伝子で見つかっている．

A-to-I 編集を受けるのは二本鎖 RNA 構造に含まれるアデノシンであり ADAR とよばれるアデノシンデアミナーゼにより触媒される．基質の認識に必要な二本鎖構造がしばしばイントロン内やエキソン–イントロン間でヘアピン構造により形成され，スプライシングに先行して A-to-I 編集が行われる．編集によりつくられた I がスプライソソームにより G として認識されることでスプライシングパターンが変化する例も知られている．

9・4・5 3′末端形成

真核生物では Pol II の転写終結点が mRNA の 3′ 末端になるのではなく，mRNA 前駆体の特定の部位で切断が起こり，そこへアデニル酸が 100～250 個程度連続して鋳型 DNA 非依存的に付加されることによりポリ A 尾部が形成される（図 9・9b）．ヒトの多くの遺伝子では Pol II による転写の終結（§ 9・2）にポリ A 付加部位の切断と 5′→ 3′ エキソリボヌクレアーゼ Xrn2 による切断された 3′ 側の RNA の分解が必要であり，これは転写終結に先んじて 3′ 末端形成が起こることを意味する．

ポリ A 付加部位での切断とポリ A 付加には，ポリ A 付加部位の 10～35 nt 上流にある AAUAAA をコンセンサス配列とする**ポリ A 付加シグナル**に結合する CPSF（cleavage/polyadenylation specificity factor），ポリ A 付加部位の下流にあるシスエレメントである G/U または U に富む配列に結合する CstF のほか，切断因子 I（CF I），切断因子 II（CF II）およびポリ A ポリメラーゼが関わる（図 9・9b）．転写伸長複合体の Pol II のセリン 2 がリン酸化された CTD には CPSF，CstF および CF II が直接結合し，転写と共役したポリ A 付加シグナルの認識と 3′ 末端形成を容易にする．

一つの遺伝子で複数のポリ A 付加部位が使われることにより 3′ 非翻訳領域の長さが異なる mRNA が産生されることがあり，**選択的ポリ A 付加**とよばれる．ヒトでは半数以上のタンパク質遺伝子で見られる．

9・5 RNA の安定性制御

9・5・1 遺伝子発現制御における RNA 分解の重要性

遺伝子発現としての mRNA の発現量は，転写と RNA 分解のバランスによって決定されている．そのため，遺伝子発現を厳密に制御するために，転写と同様に RNA の分解制御（RNA の安定性制御）は重要な役割を果たしている．また，転写によって生み出される mRNA の中に変異や塩基修飾異常をもつものが存在した場合，これらを速やかに排除することが細胞機能を維持するために必須である．この仕組みを

RNA品質管理機構とよび，RNA品質管理機構においてRNA分解は中心的な役割を果たしている．このように，遺伝子発現を量的・質的に制御するうえでRNA分解はきわめて重要な役割を担っている．

原核細胞でもRNA分解酵素を利用した遺伝子発現制御機構が多く知られるが，真核生物細胞では遺伝子発現制御の多様性要求が高いためRNA分解機構も非常に発達している．

9・5・2 RNA分解酵素（RNアーゼ）

mRNAの分解は，末端部からのRNA分解とRNA内部の切断・分解に大別される．末端部からのRNA分解は，さらに5′側からの分解と3′側からの分解に分類される．末端部からのRNA分解を担うRNA分解酵素を**エキソリボヌクレアーゼ**，RNA内部の切断・分解を担うRNA分解酵素を**エンドリボヌクレアーゼ**とよぶ．

ある種のRNA分解酵素は基質RNAの認識特異性が低いことが知られる．このようなRNA分解酵素が標的となるRNAを特異的に認識して分解するためには，標的RNAの塩基配列や高次構造を認識して特異的に結合する**アダプター分子**が働いている（図9・10）．たとえば，5′→3′エキソリボヌクレアーゼ複合体であるRNAエキソソームは，それ自体に基質認識の特異性はないが，特定のRNA結合タンパク質がアダプター分子として働くことで標的RNAを認識して分解している．また，別のアダプター分子として，miRNAやsiRNAが知られる．**miRNA**は，RNA分解酵素の一種であるデアデニラーゼ（mRNAの3′に存在するポリA鎖を特異的に分解する酵素）を標的mRNAに呼び込んでmRNA分解をひき起こすことが知られる．また，**siRNA**も相補対形成によって特異的RNAを識別するアダプター分子として働いている．siRNAによる標的RNAの切断は**RNA干渉**（**RNAi**）とよばれ，植物などではウイルス感染に対する生体防御機構として機能している．

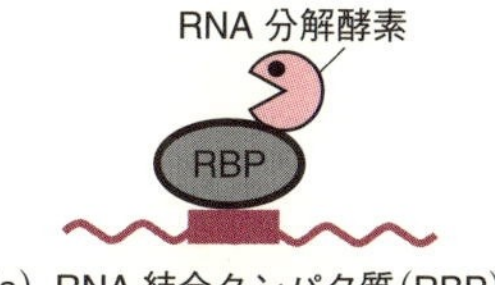

図9・10 アダプター分子によるRNA分解酵素の基質認識 (a) RNA結合タンパク質（RNA binding protein，RBP）がRNA配列あるいはRNA立体構造を認識して標的RNAに特異的に結合する．このRBPがRNA分解酵素と相互作用することで，RNA分解酵素が標的RNAを特異的に分解する．(b) miRNAやsiRNAによる相補対形成を利用した分解標的RNAの特異的認識機構．相補対が目印になって，RNA分解酵素が基質mRNAを特異的に認識する．

9・5・3 RNA分解機構の標的RNA配列

多様なRNA配列が特定のタンパク質によって認識されることが知られる．最も研究された例がサイトカインや細胞周期関連タンパク質をコードするmRNAの3′非翻訳領域に存在する**AU配列に富むRNA領域**である．AU配列に富むRNA領域にはさまざまなRNA結合タンパク質やRNA分解酵素が結合してmRNA分解を制御している．AU配列に富むRNA領域を介したmRNAの分解制御は重要な遺伝子発現制御

コラム9・2

エンハンサーRNAと核内RNA分解

転写制御では**エンハンサー**が重要な役割を担っている（第10章）．エンハンサー領域からもRNAが活発に転写されていることがわかってきており，このようなRNAを**エンハンサーRNA**（eRNA）と総称している．最近，エンハンサーRNAがエンハンサー機能に重要な役割をもつとの研究例が報告されてきている．興味深いことに，エンハンサーRNAはきわめて分解速度が速い．なぜ，活発に転写されるエンハンサーRNAが速やかに分解される必要があるかの理由は未解明であるが，ストレス応答性mRNAの分解が高度に制御されていることから，エンハンサーRNAの不安定性はストレス応答と関係するのかもしれない．また，エンハンサーRNAの分解は細胞核内で行われており，その分解機構は細胞質mRNA分解とはまったく異なることが示唆されている．核内にはエンハンサーRNA以外にも核内長鎖ノンコーディング（非コード）RNAとよばれる機能性RNA分子が大量に存在し，それらのRNA量もRNA分解で制御されることがわかってきているため，今後，**核内RNA分解機構**がきわめて重要な遺伝子発現制御機構であることが解明されていくだろう．

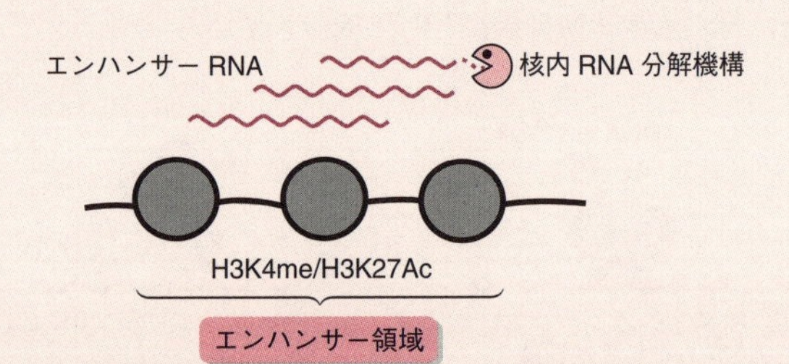

エンハンサーRNAの核内分解 エンハンサー領域（リシン4位がモノメチル化されたヒストンH3，リシン27位がアセチル化されたヒストンH3が目印になっている）から活発に転写されたエンハンサーRNAは核内RNA分解機構によって速やかに分解される．

機構であるため，この機構の異常が自己免疫疾患やがんの原因となることが知られる．

一方，miRNAによって認識されるmRNA上の配列はmiRNAの種類に応じた数が存在する．ヒトではmiRNAが1500種類程度存在するといわれ，一つのmiRNAが複数のmRNAと結合することから，ヒト遺伝子の約3分の1がmiRNAによる発現制御を受けているといわれる．miRNAによる遺伝子発現制御は発生・分化の調節に重要であることが知られる．そのため，miRNAを介したRNA分解制御の異常もがん，免疫疾患，精神疾患の原因となる．

9・5・4 刺激に応答したRNA分解制御

RNA分解酵素，RNA結合タンパク質あるいはmiRNAの発現量や活性は，外界からの刺激(たとえば感染刺激)によってダイナミックに変化する．その結果，mRNAの安定性が変化してRNA量が短時間に変化する．この短時間の変化が刺激への応答にとって重要な役割を担っている．一例として細菌のリポ多糖による免疫刺激によってマクロファージで誘導されるエンドリボヌクレアーゼの**レグナーゼ-1**について説明する．誘導されたレグナーゼ-1は，インターロイキン-6をコードするmRNA配列中の特異的な二次構造を認識し，インターロイキン-6 mRNAを特異的に分解することで免疫刺激の調節に重要な役割を果たしている．そのため，レグナーゼ-1の変異したマウスではT細胞の異常活性化や形質細胞の蓄積が生じて自己免疫疾患様の症状を呈する．このように，RNA分解機構は遺伝子発現の厳密な制御を担っている．

9・5・5 RNA品質管理機構

遺伝子変異や転写・プロセシングのエラーに起因して，異常mRNAが産生されることがしばしば起こる．異常mRNAの例としては，ORF（オープンリーディングフ

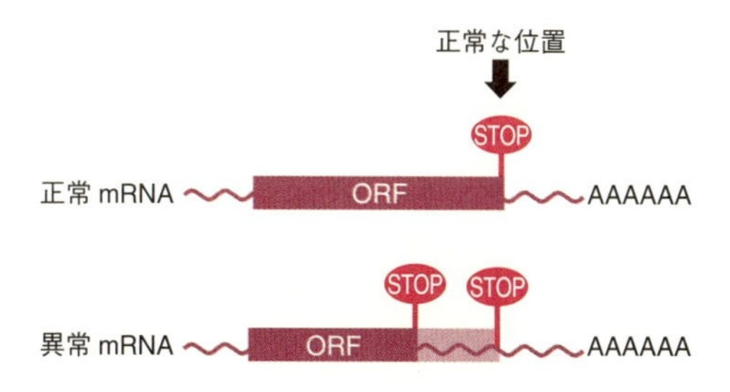

図9・11 NMD機構による異常mRNAの分解 上段は正常なmRNAの模式図．下段はORF（オープンリーディングフレーム）の途中に終止コドンが挿入された異常mRNAの模式図．このような異常mRNAはナンセンスコドン介在mRNA分解(nonsense mediated mRNA decay，NMD）とよばれるRNA分解機構で分解され，細胞から排除される．

レーム）の途中に終止コドンが導入されたmRNAや正常な終止コドンを欠いたmRNAなどが存在する．このような異常RNAを監視し，RNA分解によって排除するシステムが細胞には備わっている．このRNAの監視機構を一般的にRNA品質管理機構とよび，RNA品質管理機構ではRNA分解が重要な役割を演じている．代表的なRNA品質管理機構として，**NMD**（ナンセンスコドン介在mRNA分解 nonsense mediated mRNA decayの略）がよく研究されている（図9・11）．遺伝子が変異した結果，ORFの途中に終止コドンが挿入されたmRNAが翻訳されると，N末端のみの異常タンパク質が産生されて細胞毒性を示すことがありうる．そのため，ORF中に終止コドンが挿入されたmRNAはNMD機構で認識され，速やかに分解される．NMD機構では，UPF1とよばれるRNAヘリカーゼが標的mRNAの識別において重要な役割を担い，このUPF1とRNA分解酵素との相互作用が特異的RNA分解をひき起こしている．UPF1を欠損したマウスは致死となることから，このRNA品質管理機構が細胞機能の維持にとってきわめて重要であることがわかっている．

10

エンハンサーと転写制御因子

10・1　エンハンサー

細胞内外の環境変化に応じてプロモーターからの転写を遺伝子特異的に上下させる必要があるが，そのような働きをもつ数 bp の配列のうち，転写を高める働きをもつシスエレメント（シス配列）を**エンハンサー**（enhancer）という（転写を低下させるものを**サイレンサー**という場合がある）．エンハンサーはそこに結合する DNA 結合性のタンパク質である**転写制御因子**が作用の主体となる．エンハンサーは位置，距離，向きに無関係に働くが，これはプロモーターとの間のスペーサー部分のクロマチンがループアウトして転写因子が基本転写装置と相互作用するためと考えられている．このためエンハンサーは *in vitro* 転写系ではきわめて弱くしか働かない．エンハンサーはプロモーター上に TFⅡB＋RNA Pol Ⅱ がエントリーするプラットホームの構築を促すように働くため，一度働いて構築が済めばその後は不要となる．

エンハンサーは遺伝子に対して通常数 kb 以内の上流（時として遺伝子内や遺伝子下流にもある）に複数個存在し，種類，数，位置は遺伝子特異的である．エンハンサーの中には顕著な転写の組織/細胞特異性や時期特異性など，さらには誘導的転写に関わるものも少なくない．後者の場合は特に**応答配列**とよばれ，**cAMP 応答配列**（cAMP-responsive element）など，その種類は多い（表 10・1）．個々のエンハンサーを構成するシス配列が組合わさり，互いに機能を高め合って相乗効果を現す場合が多い．密集したエンハンサー集合体上の転写制御因子が相互作用し，そこに非特異的 DNA 結合性タンパクである HMG1 なども加わってクロマチン上に巨大な複合体，エ

表 10・1　エンハンサーに見られる応答配列の例

応答配列	（略語）	コンセンサス配列†	結合因子
cAMP 応答配列	(CRE)	TGACGTCA	CREB, ATF
TPA 応答配列	(TRE)	TGACTCA	c-Jun＋c-Fos
ステロイド応答配列	(ERE)	AGGTCAN_3TGACCT	ER, RAR
熱ショックエレメント	(HSE)	CtNGAAtNTtCtaGa	HSTF
金属応答配列	(MRE)	Y C/G C/g G/Y CYC	MTF
外来薬剤応答配列	(XRE)	CACGC	AhR
血清応答配列	(SRE)	CCATATTAGG	SRF

†　小文字：共通性が低い，N：いずれの塩基でも可，Y：ピリミジン塩基

ンハンスソーム（enhancesome）を形成する場合がある（図10・1）．エンハンサーに結合した転写制御因子は直接，あるいは転写共役因子を介してメディエーター（第11章）と相互作用するため，結果としてRNA PolⅡに活性化情報が伝達されることになる．

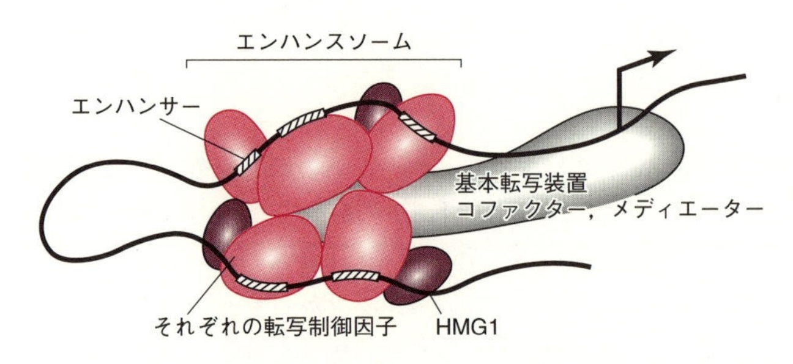

図10・1　エンハンスソームの形成

> **コラム10・1**
>
> **インスレーター**
>
> エンハンサーは該当するプロモーターに作用し，それ以外のプロモーターに作用するといった“混線”は起こさない．これはエンハンサー＋プロモーターというクロマチン上の区分の中で，エンハンサー効果が他の区分にはみ出さないための特別なクロマチン構造である**インスレーター**（insulator，区切り壁の意味）が区分の境界にあるためで，事実インスレーターをプロモーターとエンハンサーの間に入れるとエンハンサーの働きが消失する．インスレーターには結合タンパク質として，コヒーシンや**CCCTC結合因子**が同定されている．インスレーターには転写抑制に作用するヘテロクロマチン化を抑える働きもある．

10・2　転写制御因子

10・2・1　転写制御因子はモジュール構造をとる

転写制御因子は配列特異的にDNAに結合して転写を活性化させるモジュールタンパク質である〔モジュール（module）：システムを構成する交換可能な素子〕．この考え方はUAS（上流活性化配列）に結合して転写を活性化する酵母の転写活性化因子Gal4を用いた研究，すなわちGal4のN末端部分とC末端部分の間の大部分を欠失させて連結した変異タンパク質でも，DNA結合性転写活性化因子としての作用を示すという結果から提唱された．この場合，N末端部分は**DNA結合ドメイン**（DNA-binding domain：**DBD**），C末端は**転写活性化ドメイン**であった．転写制御因子は機能ドメインがタンパク質の中で独立に働き，ドメイン間領域は特異的構造をとらず，機能に必要ではない（注意：TBPのように両ドメインを分離することのできない例外もある）．このため，**Gal4-VP16**のように，異なる転写制御因子のドメインを組合わせてキメラ転写制御因子を作出することができる．

転写制御因子の基本ドメインはDNA結合ドメインと転写活性化ドメインであるが，ホルモン，cAMP，重金属などの低分子が結合する**リガンド結合ドメイン**が転写活性化ドメインに含まれることがある（例：核内受容体）．活性化ドメインの共通性は少ないが，酸性アミノ酸（例：Gal4），Ser-Thr（例：Oct1），Pro（例：NFⅠ），Gln（例：SP1）に富む領域などが知られている．転写活性化ドメインは基本転写因子や転写共役因子などと相互作用するために必要と考えられる．

10・2・2 DNA結合ドメインによる転写制御因子の分類

転写制御因子はDNA結合タンパク質で，それぞれのタンパク質は特異的配列をもつDNAに結合し，典型的な結合配列は**コンセンサス**（consensus）**配列**といわれる．DNA結合ドメインは特徴的二次構造がいくつか組合わされてパターン化された**モチーフ**（motif）構造を形成し，二量体化したタンパク質が一つのモチーフを形成する場合もある．ヒトは約2000個の転写制御因子遺伝子をもつが，各因子はおおむね以下に示すモチーフのどれかに分類される．

a．HTHモチーフ　2本のヘリックスとそれに挟まれたターンからなる構造なので**ヘリックス-ターン-ヘリックス**（HTH）という．2番目のヘリックスは**認識ヘリックス**でDNAの主溝にはまり込んで塩基に結合し，1番目のヘリックスはDNAの糖-リン酸骨格に結合する．細菌の転写因子（例：ラムダリプレッサータンパク質，Cro）はこのタイプのモチーフをもつ．真核生物には**ホメオドメインタンパク質**（例：Hox-Pbx, POU因子群），**ペアードドメイン**，**Mybドメイン**，そして**ウィングドHTH**（例：ETS, IRF）が存在する．ホメオドメインタンパク質は3番目のヘリックスがあり，そこでも塩基配列を特異的に認識する．

b．Znフィンガーモチーフ　Znフィンガーモチーフ（zinc finger motif）はヒトにおいては最も大きな転写制御因子モチーフのグループであるが，DNA結合タンパク質以外のタンパク質にもたびたび見られる（図10・2）．Zn^{2+}（ジンク：亜鉛）を囲んだループ状の領域をもち，それらが約23アミノ酸からなるフィンガー構造のモチーフを形成する（ループ状ポリペプチドを平面に描くと“指”のような形になることからこの名がついた）．フィンガーは半分がβシート，残り半分がαヘリックスの二次構造をとり，両者でDNAの主溝にはまり込む．多くは複数のフィンガーをもつ．Zn^{2+}に結合するアミノ酸はシステイン（C）かヒスチジン（H）で，その種類や数によりいくつかのタイプに分類される．**C2-H2型フィンガー**はTFⅢA型フィンガーともよばれる古典的Znフィンガーで，Zn^{2+}にCとHが2個ずつ結合する．**TFⅢA**のほか，SP1，KLFファミリー，WT1，GAGAなどが含まれる．フィンガーの数は1～30個（TFⅢAは9個）と多様で，GC-rich配列を含む多様なDNA配列に結合する．**C4型フィンガー**（**C2-C2フィンガー**ともいう）には核内受容体が含まれるが，GATA因子群もC4フィンガーをもち，いずれも2個のZn^{2+}をもつ．酵母にはC6型Znクラスターとよばれる転写制御因子Gal4がある．

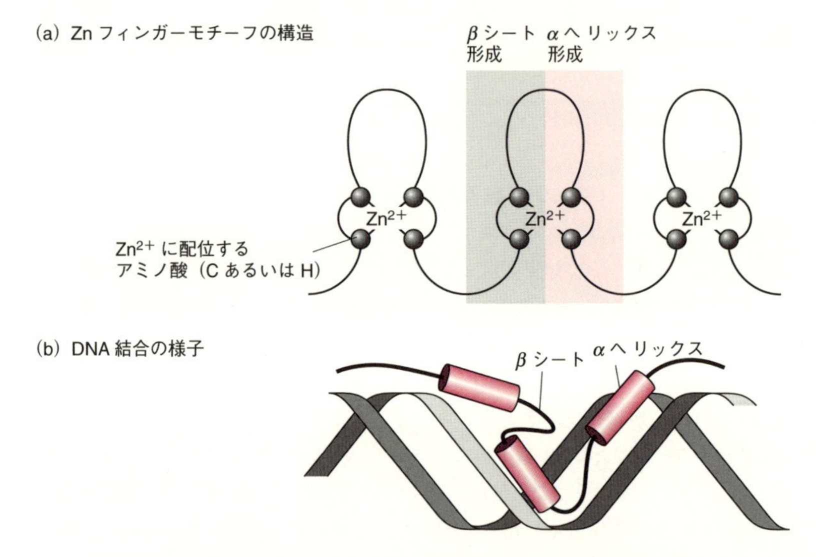

図10・2　Znフィンガーモチーフによる DNA との結合

c. 塩基性領域　塩基性領域（basic region: **BR**）をもつ転写制御因子はBRとそのC末端に連結する二量体形成領域からなる．BRは単量体では明確な二次構造をつくらず，ホモあるいはヘテロ二量体となってはじめてDNAの主溝内でヘリックスを形成する．2本のサブユニットがヘリックス同士で結合し，全体がコイルドコイル構造となって安定化され，その先のBRのヘリックス構造でDNAと結合するため，ハサミのようになってDNAと結合する（図10・3）．二量体形成領域に**ロイシンジッパー**（leucine zipper）モチーフをもつものを**bZIP型**といい，**ヘリックス-ループ-ヘリックス**（**HLH**）**モチーフ**をもつものを**bHLH型**という．前者に入るものとしてFos-Jun，ATF，CREB，C/EBPなどがあるが，**ジッパー構造**はロイシン（あるいは他の疎水性アミノ酸）が7アミノ酸ごとに1回現れ，それらがヘリックスの同じ面に配置され，その構造でタンパク質同士が結合する．bHLH型にはEタンパク質，MyoD，マイオジェニン，NeuroDなどが入るが，さらにbHLHのC末端側にロイシンZIP

モチーフをもつものもあり（**bHLHZ モチーフ**），これには Myc−Max，Mad−Max，USF などが含まれる．このほかに，**PAS ドメイン**（例：AhR, Arnt, HIF1α）や **Orange ドメイン**（例：HES）とよばれる二量体形成ドメインをもつ bHLH 因子もある．bHLH 因子や bZIP 因子の中には BR を欠失しているものがあるが（例：Id，CHOP），それら因子が BR をもつタンパク質とヘテロ二量体を形成すると，全体では一つの BR しかもたないため，DNA 結合能が確保できず，転写に阻害的に働く．

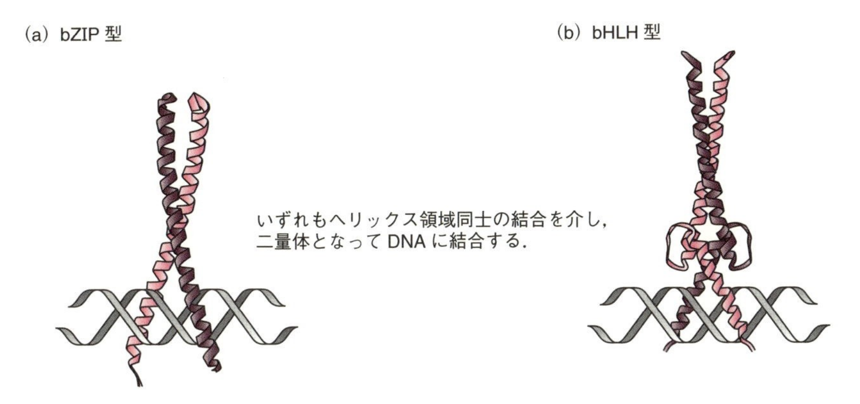

図 10・3 塩基性領域をもつ DNA 結合タンパク質と DNA との相互作用

d. その他のモチーフ　(i) β 構造/β 鎖を主体とする DBD の一つに酵母の MCM1，植物の Agamous および Deficiens，および哺乳類の SRF に共通に見られるモチーフとして **MADS（マッズ）ボックス**が知られており，ホモあるいはヘテロ二量体を形成して DNA と特異的に結合する．同じく β 鎖を主体とするモチーフに**免疫グロブリン（Ig）様フォールド**があり，p53, Runx, NFAT, NF−κB などの Rel ファミリー，STAT などが含まれる．(ii) **HMG ボックス**は，染色体タンパク質の HMG1/2 グループタンパク質の場合は塩基配列非特異的に結合するが，転写因子で HMG ボックスをもつ LEF1 や SRY は DNA を湾曲させて塩基配列特異的に結合する．このような DNA の湾曲は，エンハンサー上で DNA ループを形成させて転写因子複合体をつくるのに有利になると考えられ，事実エンハンスソームや RNA Pol I 基本転写因子の UBF などにこのモチーフが見られる．(iii) **鞍形構造**は TBP に見られる逆並行 β シートの DNA 結合モチーフで，DNA の副溝に結合する．

10・3 転写制御因子の検出法

10・3・1 転写制御能の検出

ある遺伝子の発現に関わると考えられる転写制御因子が実際にアクチベーターであ

るかどうかを決めるためには，以下のような，細胞を使ったプロモーター活性測定を行う．実際には2種類のプラスミド，すなわち因子を発現させる**エフェクタープラスミド**と，活性測定用の**レポータープラスミド**を用いる．レポーターにはプロモーターと上流のエンハンサーがあると想定される部分を含ませ，プロモーター下流にはレポーターとなる酵素遺伝子を連結する．転写があると酵素遺伝子が転写されて細胞内に酵素が蓄積するため，細胞抽出液中の酵素活性測定によりプロモーター活性がわかる．酵素遺伝子としてはβ-ガラクトシダーゼやCAT（クロラムフェニコールアセチルトランスフェラーゼ）なども使われるが，一般には**ルシフェラーゼ遺伝子**がよく使われる（ルシフェラーゼは基質のルシフェリンを酸化して発光させるので，その発光量から酵素量がわかる）．プロモーター活性が1を示すような条件で，エフェクタープラスミドを細胞に導入し，その時の活性が10になれば，プロモーター活性が10倍増幅されたと評価できる（図10・4）．

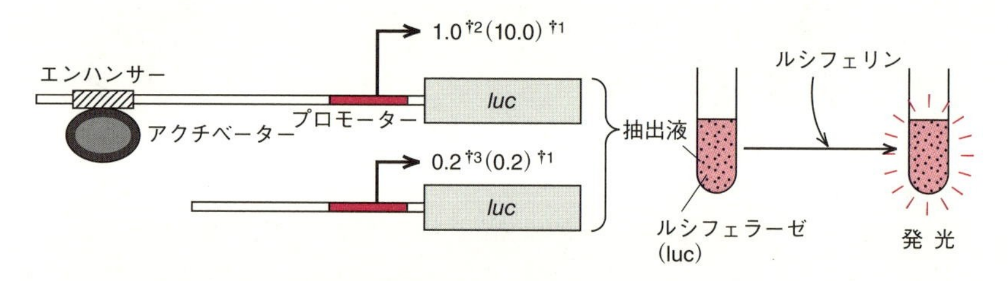

†1　アクチベーターを過剰に細胞に発現させた場合．
†2　細胞に本来存在するアクチベーターによる転写活性が現れる．
†3　プロモーターのみによる基本量の転写を示す．

図10・4　ルシフェラーゼ遺伝子をレポーターに用いるプロモーター解析

つづいてエンハンサーのおおよその位置の検出に移るが，簡単には上流部分を段階的に欠失させたレポータープラスミドのプロモーター活性を測定する．欠失でプロモーター活性が落ちた場合，欠失させたDNAのどこかにエンハンサーがあると判断する．さらにエンハンサーの位置を絞るためには，候補となる塩基配列を推定し，その中の塩基に変異操作を施す．変異でプロモーター活性が低下すれば，そこにエンハンサーがあることがわかる．

10・3・2　DNA結合能の検出

当該遺伝子に対する転写制御因子の役割を確定させるために必要な解析であり，また逆にDNA結合が最初に示せれば，それを根拠に機能解析に進むこともできる．転写制御因子の特異的DNA結合性の検出には，おもに以下の二つの方法のいずれかが使われる．一つは**ゲルシフト**（gel shift）法（図10・5），あるいは**電気泳動移動度シ**

フトアッセイ（**EMSA**）といわれる方法であるが，この方法ではラジオアイソトープ標識（RI）したDNA断片に転写制御因子をまぜ，それをゲル電気泳動でDNAを分離する．DNAにタンパク質が結合するとゲル電気泳動での移動速度が遅くなるので，因子とDNAとの結合がわかる．結合が特異的かどうかは，未標識DNAを加える結合競合実験で確認する．

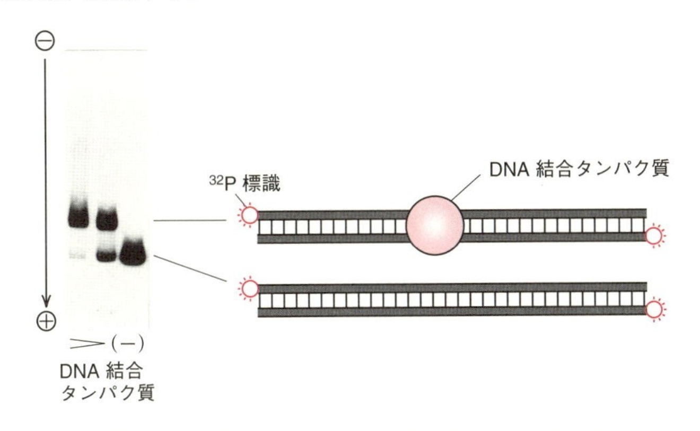

図10・5　DNA結合タンパク質の分析：ゲルシフト法

もう一つの方法は**フットプリント法**で，おもにDNA分解酵素（例：DNアーゼⅠ）を使って行われる（図10・6）．末端RI標識したDNAに因子を結合させ，1分子当たり1箇所の頻度でDNAを切断し，分解物全体を変性ゲル電気泳動してDNAを検出する．標識末端からいろいろな位置で切断されたDNAが多数検出できるが，因子が結合している場所ではDNAが切断されないので相当するDNA断片が現れず，その部分が抜けて“足跡”のように見えることからフットプリント法とよばれる．

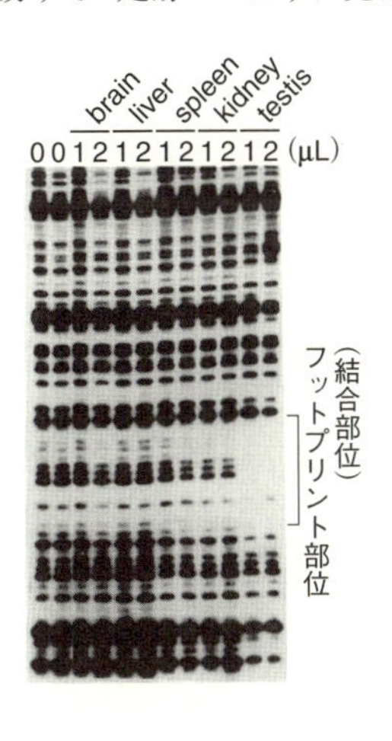

図10・6　DNA結合タンパク質の検出：フットプリント法　DNアーゼⅠフットプリント法の結果．精巣に含まれるタンパク質がプロタミン1遺伝子のエンハンサー領域に結合している様子．“0”はタンパク質がない場合のDNアーゼⅠ切断．

10・4 転写制御因子の活性制御

転写制御因子は，SP1, C/EBP, NF I のようなプロモーター内活性化因子として使われる構成的なものを除き，大部分は生理活性物質，物理的/化学的刺激，細胞状況の変化によって細胞内で活性をもつ（図 10・7）．このような調節的転写制御因子の中には GATA, Hox, MyoD のように発生や細胞分化に応じて特異的に細胞内で発現するものがあるが，それ以外のものは細胞内外のシグナルや刺激を受けて活性化する．このうち，オーファン受容体を除く核内受容体はリガンド結合により受容体が構造変化を起こして DNA に結合する（例：GR, ER, TR, RXR, RAR）．細胞自身からの刺激によって活性化するものとしてはオーファン受容体や p53 などがある．これ以外のタイプの因子は細胞表面の受容体に対するリガンド結合を受けて制御される．このタイプの活性化はリン酸化によるものが多いが，通常リン酸化によりその後の限定分解・核移行・二量体形成・転写共役因子との結合などが誘導される．この中で，元々核に定住している因子として CREB, MADS, ETS, Fos–Jun などがある．細胞膜に係留されて活性化される因子のうち，セリンのリン酸化が関与するものは SMAD，チロシンのリン酸化が関与するものは STAT，細胞質でセリンがリン酸化されるものとして NF–κB，c–Rel などがある．特殊な例として Ca^{2+}/PKC を介して活性化される NFAT がある．

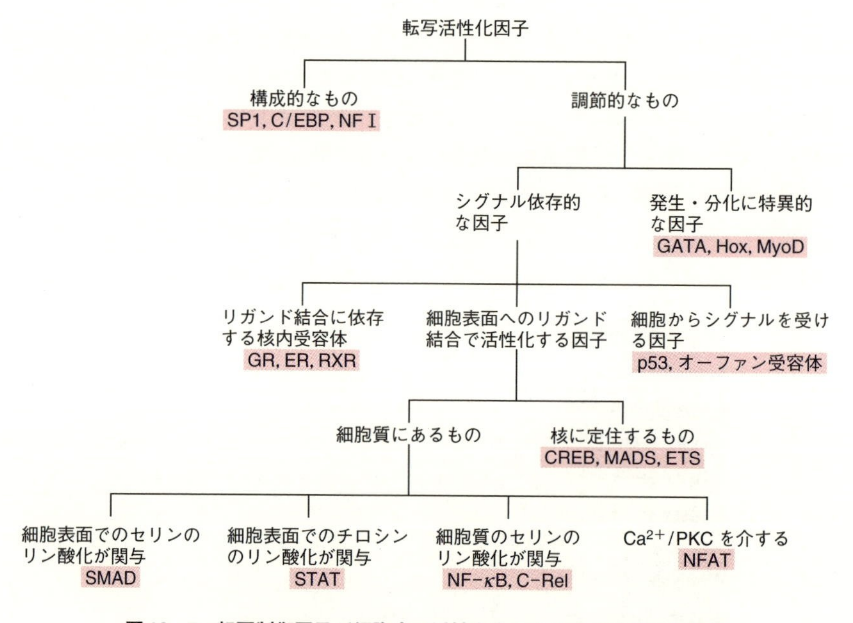

図 10・7 転写制御因子が細胞内で活性をもつためのさまざまな方式

10・5 エンハンサーRNA

10・5・1 エンハンサーRNA

遺伝子のエンハンサー領域からはタンパク質をコードしないノンコーディングRNA（ncRNA）が双方向に転写されることがわかっており，これは**エンハンサーRNA（eRNA）**とよばれる．siRNAでエンハンサーRNAを特異的にノックダウンすることで遺伝子の転写活性が低下するという事実から，エンハンサーRNAが遺伝子の転写活性化に寄与していることが示された．2010年を過ぎた頃からエンハンサーRNAに関する研究が精力的になされており，これまでの数年の間にエンハンサーRNAの作用機序についてのさまざまな知見がもたらされてきた．エンハンサーRNAの特徴として，次のような事柄があげられる．まず，エンハンサーRNAが生じるエンハンサー領域にはH3K27acのような**活性型エンハンサーマーク**が高く，H3K27me3などの抑制マークが弱い傾向がある．同時に，H3K4me3に比べて**H3K4me1/2**のヒストン修飾が多く見られる．エンハンサーRNAの転写開始部位には，遺伝子のプロモーター領域と同様にTBPや基本転写因子からなる転写開始複合体が見られ，多くの場合双方向性の転写産物が生じる（コラム10・2参照）．エンハンサーRNAは5′キャップ構造をもつが，一部の例外を除いてスプライシングを受けず，またポリアデニル化されないため，mRNAや他のノンコーディングRNAと比べて細胞内の寿命は非常に短い．エンハンサーRNAの転写はNF-κBなどのシグナル依存的な転写因子によって調節されているために，シグナル依存的な遺伝子の発現調節において，エンハンサーRNAはシグナル応答遺伝子の活性化に寄与すると考えられる．

コラム10・2

さまざまなノンコーディングRNA

ノンコーディングRNA（ncRNA 非コードRNA）には，上に紹介したエンハンサーRNAのほか，長鎖ncRNA（**lncRNA**），さらにはncRNA-activating（**ncRNA-a**）といったさまざまなよび名のものがあり，その違いを混同してしまいそうである．ここでそれぞれのncRNAの違いについて簡単にまとめておく．

まず，エンハンサーRNAは前述の通り，H3K4me1/2にマークされるエンハンサー領域から転写されるRNAである．エンハンサーRNAは双方向に転写されるもの（**2D-eRNA**）に加え，少ないながら一方向性のもの（**1D-eRNA**）も報告されている．lncRNAはその名のとおり，長いncRNAであり，200ヌクレオチドよりも長いncRNAをlncRNAとよぶ．**ncRNA-a**は平均800ヌクレオチド以下のRNA長であるため，ncRNA-aの一部はlncRNAに分類される．ncRNA-aは近傍の遺伝子の転写活性化に働くエンハンサー様の機能を示し，この点で1D-eRNAによく似たncRNAである．

10・5・2　エンハンサー RNA による転写活性化

エンハンサー RNA の最もよく知られた転写活性化の仕組みは，プロモーターとエンハンサー領域間のルーピング構造の形成である（図 10・8）．ヒト乳がん細胞を用いた実験では，エンハンサー RNA はプロモーター・エンハンサーループの形成に重要な働きをする**コヒーシンタンパク質**（姉妹染色体分体間の繋留タンパク質として知られる）と相互作用することで DNA ループ構造を安定化していることが示された．しかし一方で，マウス筋芽細胞の C2C12 細胞では，DNA のルーピング形成に関与することなく MyoD 遺伝子の転写活性化に寄与していることも示されており，おそらくエンハンサー RNA には未だ明らかになっていないさまざまな転写活性化機構が隠されていると推定される．2014 年の研究成果では，エンハンサー RNA が転写伸長抑制因子である **NELF** に作用してその転写伸長抑制を解除することで転写を活性化しているとの報告もあり，今後のエンハンサー RNA 研究の動向が注目される．

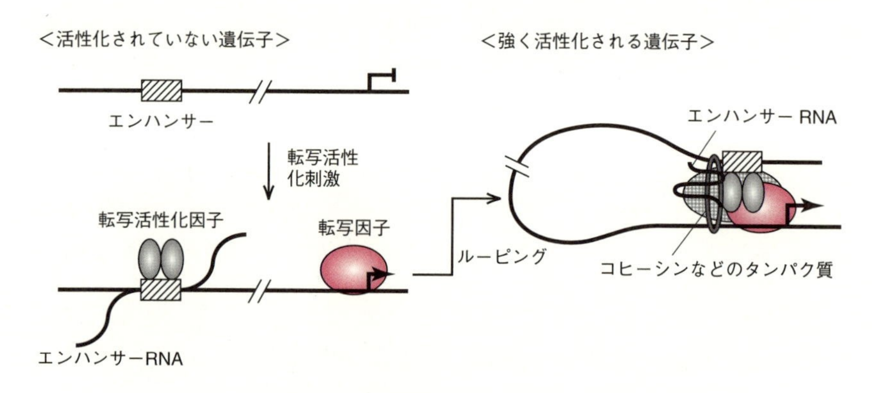

図 10・8　エンハンサー RNA による転写活性化（仮説）　転写活性化刺激が入ると，エンハンサーに転写活性化因子が結合してエンハンサー RNA が転写される．エンハンサー RNA はコヒーシンなどの他のタンパク質とともにプロモーター・エンハンサー間のループ構造の形成に働き，転写を活性化する．

10・6　転写抑制機構

転写制御因子の中には**転写抑制因子**（リプレッサー）もあるが，**転写抑制機構**は以下のように分類できる（図 10・9）．(a) 転写活性化因子（アクチベーター）との競合で抑制が起こる機構．アクチベーターの標的 DNA 配列をリプレッサーが奪い取り，結果的に活性化能が発揮できなくなる．この機構の変形として，DNA 結合ドメインを欠いた因子がアクチベーターとヘテロ二量体となる機構があり（§10・2・2c参照），できた因子は DNA 結合をもたないため，転写が抑制される．(b) アクチベーターに阻害効果を及ぼす機構．DNA 結合してリプレッサーが近傍のアクチベーターと結合するなどしてアクチベーター機能を封じ込める．(c) 直接的に抑制する機構．因子に自前の抑制効果があり，それが DNA に結合した後，メディエーターなどで制御情報が基本転写装置に伝達される．(d) 間接的に転写が抑制される機構．この場合，DNA に結合した転写リプレッサーにヒストンデアセチラーゼが結合し，クロマチンを“閉じた”状態に変換し，結果的にアクチベーターや基本転写装置のエントリーが阻害され，転写が抑制される．

(a) 競合による抑制

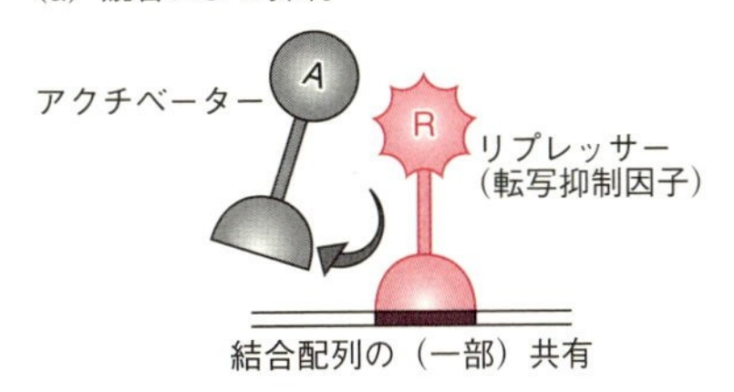

(b) アクチベーターを阻害

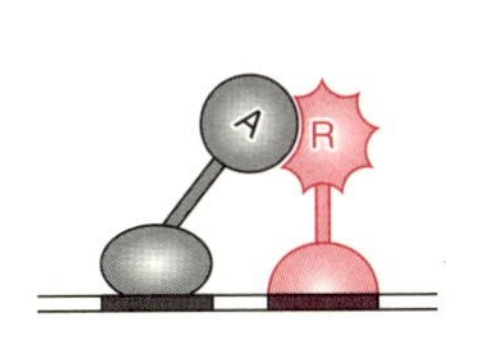

(c) 直接的な転写抑制

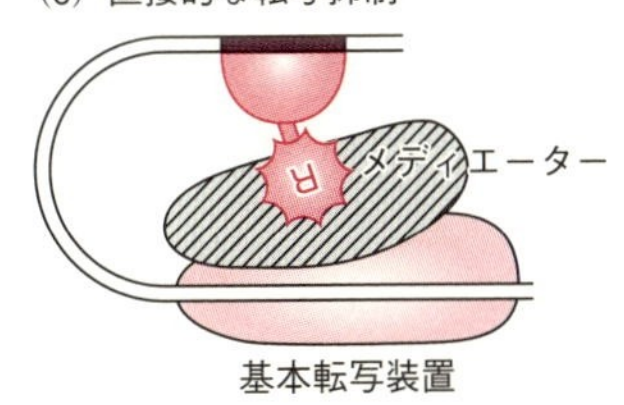

(d) 間接的な抑制

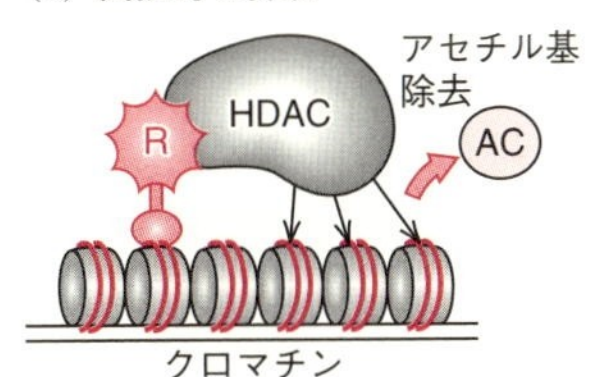

図 10・9 転写抑制因子（リプレッサー）の作用機序

11

転写制御の実行因子：メディエーターを中心にして

11・1　転写制御の実行の担い手

コアプロモーター近傍やそこから遠く離れたエンハンサーに特異的に結合した正の転写制御因子（**アクチベーター**）により転写が開始されるためには，巨大な基本転写因子複合体（**転写開始前複合体** transcription preinitiation complex）がコアプロモーター領域に形成される必要がある．基本転写因子複合体の呼び込み（リクルート）には間接的・直接的な機序があり，それらの過程はDNAに結合したアクチベーターによって開始される．

転写開始には少なくとも三つの過程が必要である．第一に，コアプロモーター領域のクロマチン構造が緩んでここに基本転写因子群が集まれる環境が形成される過程，第二に，基本転写因子群をコアプロモーター領域に呼び込ませる過程，第三に，基本転写因子群を転写開始が可能な機能的複合体（開始前複合体）に組立てる過程である．これらのうち，第一が間接的機序，第二，第三が直接的機序に該当する．アクチベーターの機能を助けて転写活性化の仕組みを担うこれらの因子を**コアクチベーター**とよぶ．コアクチベーターは転写制御を間接・直接に実行する．

当初，アクチベーターが直接基本転写因子に結合してこれらをコアプロモーター領域に呼び込む機序が提唱された．実際に細胞内でそのような機序はあると考えられるが，真核生物では多くの場合それだけでは転写制御が実行されない．一方，アクチベーターに結合して転写を促進するコアクチベーターが次々と発見され，アクチベーターのシグナルを基本転写因子複合体に伝達する仕組みが知られた結果，今ではこれらの仕組みが転写活性化の主要な担い手であると考えられている．本章では，コアクチベーターが担うこれらの仕組みを，特に直接に転写制御を実行する**メディエーター複合体**に焦点をあてて，解説する．

11・2　クロマチン構造の変化

クロマチン構造は開始前複合体形成を阻害する．そのため，コアプロモーター領域に機能的な開始前複合体が形成できる環境が整う際に，クロマチンリモデリング因子（第3章）が働く．定常状態ではDNAはヒストンを取巻いてヌクレオソームを形成し，ヌクレオソームが並んでクロマチン構造をとる．クロマチンリモデリング因子はアクチベーターや修飾されたヒストンに結合してプロモーター領域に運ばれる．機能的開始前複合体が形成できる環境が整うためのもう一つの鍵がヒストン修飾である．ヒストン修飾にはアセチル化（およびクロトニル化）やメチル化などがある（第4，5章）．ヒストンアセチルトランスフェラーゼ（HAT）活性をもつコアクチベーターで重要なものにCBPとp300がある．CBP/p300は直接に，またはSRCファミリーコアクチベーターを介して間接に，アクチベーターに結合し，近傍のヒストンをアセチル化あるいはクロトニル化し，その結果ヌクレオソーム構造が緩む．修飾を受けたヒストンにクロマチンリモデリング因子が結合し，さらにクロマチンを弛緩する．メチル化を担うものにはアルギニンメチルトランスフェラーゼ（CARM1とPRMT1）やリシンメチルトランスフェラーゼがある．ヒストンH3でメチル化を受けるリシンはアミノ酸配列のうち4番目（H3K4），9番目（H3K9）と27番目（H3K27）である．H3K4はユークロマチンをつくり転写活性化に寄与する一方，H3K9やH3K27はヘテロクロマチンを形成し長期の転写停止（サイレンシング）を担う．アセチル化が短時間の転写活性化調節を担う一方，メチル化は長期間（時に世代を超えた）の転写調節を担当し発生や組織特異性を担う．

クロマチンリモデリングとヒストン修飾の結果，コアプロモーター領域が解放され，機能的な開始前複合体が形成できる環境が整う．次に，アクチベーター（ないしアクチベーター結合タンパク質）が基本転写因子を呼び込んで開始前複合体が形成される仕組みが必要であり，それを担うのがメディエーター複合体である．

11・3 メディエーターの構造

メディエーター複合体は酵母からヒトまで保存され，RNAポリメラーゼⅡ（PolⅡ）による転写一般に必要な基本的転写共役因子複合体であり，PolⅡホロ酵素複合体の構成成分と考えられている．メディエーターは遠位エンハンサーとコアプロモーターとのループ構造の形成にも関わり，さまざまなアクチベーターとPolⅡとを架橋し，機能的な開始前複合体形成を誘導して転写開始を主導するほか，アクチベーター非依存性の定常レベルの転写にも必要である．また転写伸長（転写の促進）やエピゲノム制御（転写抑制）にも関わる．

メディエーターはPolⅡが担う全転写に必要な基本的コアクチベーターである一方，そのサブユニット構造により特異性をあわせもつ．哺乳類メディエーターは約2 MDaの複合体で，240 kDaから20 kDaまでの大小約31サブユニットからなる．これらのサブユニットは，ヘッド，ミドル，テール，キナーゼの四つのモジュールに分けられ，機能を分担している．ミドルおよびヘッドモジュールに属するサブユニットはメディエーターの基本骨格を形成するが，なかでもMED14サブユニットはその骨格の基盤をなし，これらのモジュールを支える．テールモジュールにはさまざまなアクチベーターが特異的に結合するサブユニットが多い．ヘッド，ミドルおよびテールの三つのモジュールは比較的安定して存在し，全体としてPolⅡと結合する一方，キナーゼモジュールはほかの三つのモジュールから容易に解離する（図11・1）．

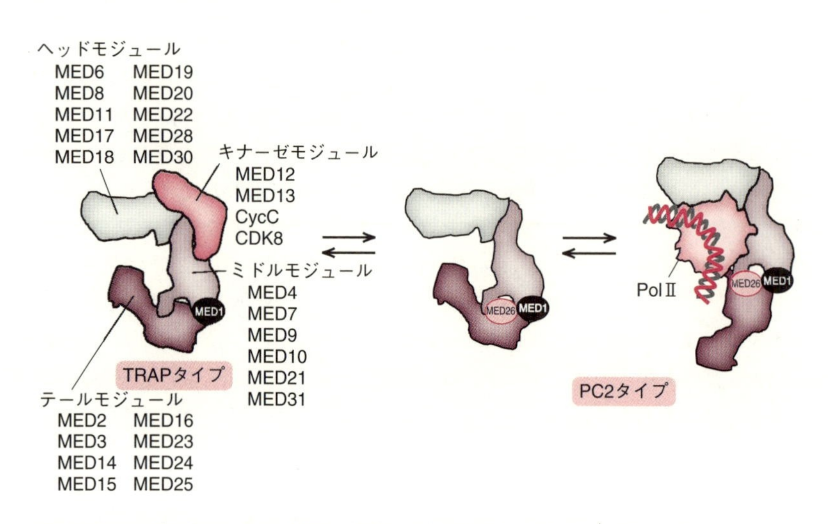

図11・1　メディエーターの構造　MED1とMED26はミドルおよびテールモジュールの間にある．TRAPタイプ（不活性型）はMED26を欠き，PC2タイプ（活性型）はキナーゼモジュールを欠く．PolⅡはPC2タイプと結合する．

キナーゼモジュールは最大サブユニットMED13とMED12のほか，キナーゼであるCDK8とサイクリンであるサイクリンC（CycC）の四つのサブユニットから構成される．キナーゼモジュールをもつメディエーター（**TRAPタイプ**とよぶ）はPolⅡと結合しないが，これを欠くメディエーター（**PC2タイプ**とよぶ）はPolⅡと結合する．したがってTRAPタイプのメディエーターは不活性型，PC2タイプのメディエーターは活性型であり，プロモーター上でTRAPタイプ（不活性型）メディエーターからPC2タイプ（活性型）メディエーターに移行すると考えられる．

ミドルモジュールとテールモジュールの間にはMED1とMED26の二つのサブユニットが存在する．MED1は核内受容体などに結合するが（次節参照），MED1をもたないメディエーターも安定して存在できる．たとえば，乳腺上皮のうち腺腔細胞にはMED1が多く基底細胞には少ないなど，MED1発現量には細胞特異性があり，特異的発現が細胞の分化・機能の特異性を担っている可能性がある．MED26はPC2タイプのメディエーターに特異的であって転写伸長に関係し（§11・7参照），TRAPタイプのメディエーターには存在しない．

11・4 メディエーターによるアクチベーターのシグナルの統合

メディエーターはさまざまなサブユニットを介して多くのアクチベーターと直接に（またはアダプター分子を介在して間接に）結合することによって，アクチベーターのシグナルを受取る．このように，メディエーターは細胞内シグナル伝達の終点に位置し，これらを最終的に統合する（図 11・2）．つづいて Pol II と結合し，アクチベーターと Pol II を架橋することによってアクチベーターのシグナルを基本転写因子複合体に伝達する．アクチベーターと結合するメディエーターのサブユニットの多くはテールモジュールにあるが，MED17 のようにヘッドモジュールに属するものもある．代表的な例を以下に解説する．

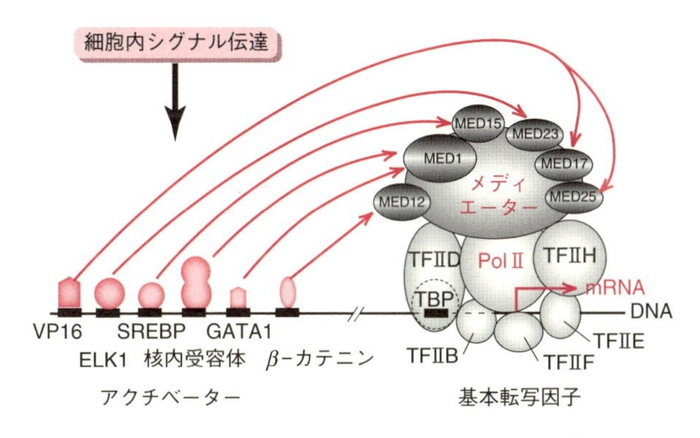

図 11・2 メディエーターはアクチベーターと基本転写因子複合体を物理的・機能的に架橋し，細胞内シグナル伝達を最終的に収束する メディエーターは細胞内シグナル伝達の終点である．

MED1 は分子の中央の 2 箇所の LxxLL モチーフを介してリガンド依存性に核内受容体に強く結合する．MED1 は核内受容体特異的コアクチベーターとして転写開始を実行し，非常に重要な生理的働きを担う（コラム 11・1 参照）．PPARγ などいくつかの核内受容体の機能は PGC−1α によりさらに調節される．PGC−1α は p300 のほかにリガンド依存性に核内受容体の AF−2 に結合するが，MED1 が AF−2 に結合するにあたって AF−2 から外れ，はずれた PGC−1α は MED1 の C 末端に結合して開始前複合体形成を促進する．

核内受容体とは MED1 以外にも，リガンド依存性に MED25 と，非依存性に MED14 との結合が報告されているが，MED1 に比べて親和性は弱く生物学的意義は不明であり，結合に意味があるにしてもそれらの寄与はおそらくはごく限定的と考えられる．

MED15はCBP/p300と同様にKIXドメインをもち，KIXドメインを介して脂質代謝に重要なアクチベーターSREBP1αと結合する．このように，MED15はSREBP1α特異的コアクチベーターとして働く．またMED15は，TGFβ，アクチビン，ノーダルのシグナルを収束する．これらのシグナルはSMAD2やSMAD3に伝達され，活性化したSMAD2/3は核内に移行してアクチベーターとして働き，MED15を介して転写開始を誘導する．このようにしてMED15は個体発生の特異的過程をも担う．

MED23は，重要な細胞内シグナル伝達の一つ，RAS-MAPキナーゼ経路を収束させるサブユニットである．MAPキナーゼのシグナルはアクチベーターELK1に伝達され，ELK1がMED23に結合し，メディエーターに収束する．

MED16は，Keap1-Nrf2を介する酸化ストレス応答シグナルを収束させ，酸化ストレスから細胞を防御する．定常状態ではKeap1の存在下でNrf2が分解されるが，Keap1が酸化ストレスによって不活化されるとNrf2が安定化し，Nrf2は小Mafとヘテロ二量体を形成してDNA結合アクチベーターとして働く．MED16はNrf2と結合して特異的コアクチベーターとして働き，酸化ストレス応答遺伝子の発現を誘導する．

MED12はβ-カテニンと結合することによって発生や恒常性維持に重要なWnt/β-カテニンシグナルを統合する．その際，この結合を介するほかにキナーゼモジュール内で近接するCDK8によるリン酸化反応が間接的にWntシグナルの活性化を担う可能性がある．

がん抑制因子p53や単純ヘルペスウイルスアクチベーターVP16は酸性活性化ドメインをもつ．これらp53やVP16は，ヘッドモジュールのMED17に結合する．一方，VP16はテールモジュールのMED25にも結合し，p53は活性化ドメイン以外のドメインを介してMED1とも結合する．これらのように，一つのアクチベーターが複数のメディエーターサブユニットに結合する場合があり，これらが転写活性化を（たとえばp53のリン酸化などの修飾が親和性を変化させるなどによって）調節したり増強したりするのかもしれない．

11・5 DNAのループ構造の形成：コヒーシン複合体

アクチベーターはしばしばコアプロモーター領域から離れたエンハンサー領域（遠位エンハンサー）に結合する．そのとき，アクチベーターのシグナルを効率的にコアプロモーター領域に伝達する仕組みがループ構造の形成であり，ここでもメディエーターが重要な役割を果たす．アクチベーターと結合したメディエーターが転写の開始・活性化を誘導するためには遠く離れた二つの領域が物理的に接近する必要がある．メディエーターはコヒーシン複合体と結合し，これと共同してDNAのループ構造を形成することによって，コアプロモーター領域に形成される開始前複合体との物理

コラム 11・1

核内受容体による転写開始の多段階モデル

多くのアクチベーターが機能を発揮し転写が開始する際には多段階を経ると考えられる．このことについて，よく調べられている核内受容体を例にして解説する（図参照）．

核内受容体によっては，リガンドが結合しない受容体にN-CoRまたはSMRTが結合し，これを足場にHDACを含むヒストンデアセチラーゼ複合体が結合して，クロマチン構造を固く閉ざす．その結果，転写は抑制される．リガンドが受容体に結合し，立体構造が変化する結果N-CoR/SMRTが外れ，代わってLxxLLモチーフをもつコアクチベーターが結合する．

ここで，MED1が結合する核内受容体のAF-2ドメインはHATコアクチベーターとも結合するため，これらは同時には結合できない．核内受容体による転写開始の多段階モデルでは，まずSRCやCBP/p300が先にAF-2に結合する．これらはヒストンをアセチル化/クロトニル化してクロマチン構造を弛緩させる．CBP/p300は自己ないしSRCをアセチル化して受容体から解離し，代わってメディエーターがMED1を介して核内受容体に結合し，弛緩したコアプロモーターに開始前複合体の形成を誘導する．

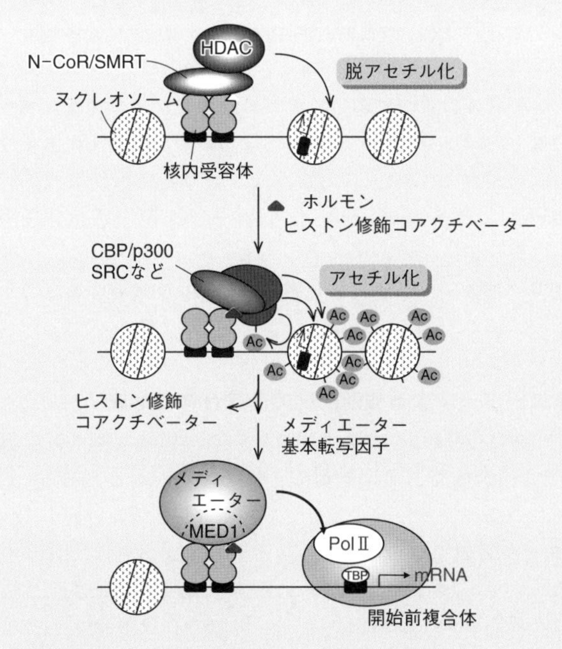

核内受容体による転写活性化の多段階モデル　メディエーターはヒストン修飾コアクチベーターによるクロマチン構造の弛緩の後に働き，機能的な開始前複合体形成を誘導する．

的・機能的な架橋を可能にする（図 11・3）.

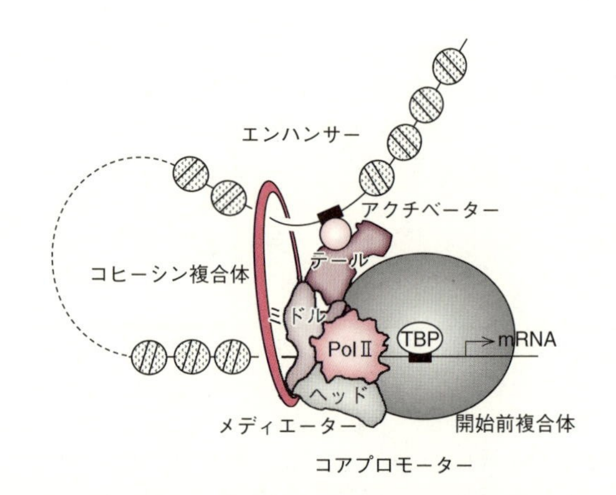

図 11・3 メディエーターはコヒーシン複合体と結合し，エンハンサーとコアプロモーターを物理的・機能的に結合する

近年 ChIP シーケンスの手法によってエンハンサーが全ゲノムレベルで網羅的に検索できるようになり，コアプロモーターからはるか離れた場所にも機能的なエンハンサーが存在することがわかった．このような手法で発見されたエンハンサーを**スーパーエンハンサー**とよぶ．スーパーエンハンサーは抗 MED1 抗体を用いて探索されることが多く，これをきっかけにメディエーターがスーパーエンハンサーとコアプロモーターを物理的・機能的に架橋して効率よく転写を活性化するメカニズムがわかりつつある．

11・6 メディエーターによる機能的開始前複合体の形成

ヌクレオソーム構造がほどけたコアプロモーター領域で基本転写因子が組合わされて巨大な機能的複合体である開始前複合体が形成される（あるいは既成の Pol II ホロ酵素がコアプロモーター領域に会合して機能的開始前複合体が完成する）ためにはメディエーターが必要である．メディエーターは，おもに TRAP タイプのメディエーターが PC2 タイプのメディエーターに変換され，Pol II と会合することによってこの機能を担う．またメディエーターは，Pol II ほどには親和性は強くないが，p300, TFIID，TFIIH とも結合する可能性がある．アクチベーターないしメディエーターと結合した p300 はヒストンアセチル化によってクロマチン構造を弛緩した後，自身のアセチル化によりメディエーターから解離し，メディエーターは TFIID との結合を通して開始前複合体形成に寄与する．Pol II には POLR2M を含むものがあるが，

POLR2M を含む PolⅡ はそれ自身 TFⅡF と結合できない．しかしメディエーターが存在するとこれらは結合し，機能的な開始前複合体形成を促進する．このようにメディエーターは機能的開始前複合体形成の主役となる．

11・7 メディエーターと転写伸長との共役

機能的開始前複合体が形成されると PolⅡ は転写を開始するが，30〜60 塩基の転写を行った後に停止する．停止した PolⅡ の転写反応が再開されて効率よく RNA が伸長するためには，P-TEFb，AFF4，EEL といった伸長因子を含む**スーパー伸長複合体**（super elongation complex：**SEC**）が呼び寄せられなければならない．メディエーターはその仕組み（の少なくとも一部）を担うと考えられ，その担い手として MED26 とキナーゼモジュールが注目されている．

前述のように，MED26 は PolⅡ と結合する PC2 タイプのメディエーターに特異的に存在する．MED26 は TFⅡD に結合して開始前複合体形成の一端を担った後に解離し，つづいて SEC と結合する（図 11・4）．このように，MED26 は転写の開始から伸長への移行をつかさどると考えられる．

一方，TRAP タイプのメディエーターは P-TEFb など SEC の成分と結合する可能性がある．前述のようにキナーゼモジュールと PolⅡ はメディエーターの基本骨格に同時に結合することはない．したがって，転写開始後に PolⅡ から離れた PC2 タイプのメディエーターがキナーゼモジュールと結合して TRAP タイプのメディエーターに変換し，SEC を呼び込んで転写伸長を促す機序があるのかもしれない．

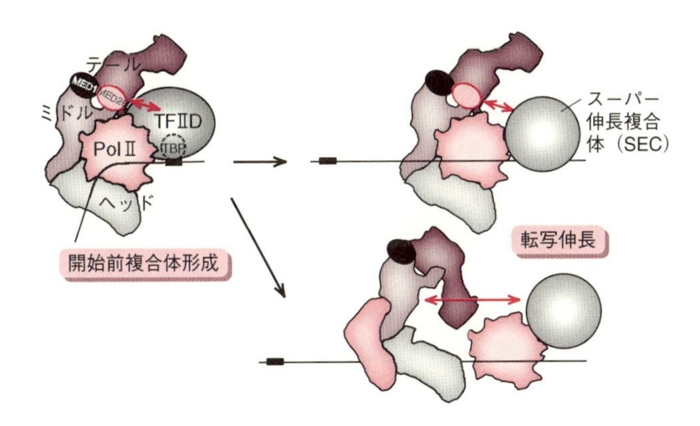

図 11・4　PC2 タイプのメディエーターの MED26 サブユニットは開始前複合体形成時に TFⅡD と結合し，転写開始後にスーパー伸長複合体（SEC）と結合することによって，転写の開始と伸長を共役する　また，TRAP タイプのメディエーターは SEC と結合し転写伸長を促す可能性がある．

12

細菌における転写とその制御

12・1 転写の開始

細菌の RNA ポリメラーゼは 1 種類で，2xα（β/β' サブユニットの集合，プロモーター認識），β（DNA 結合と σ 因子結合），β'（触媒活性），ω（酵素の成熟）からなる**コア酵素**に σ 因子が結合した**ホロ酵素**の構造をとる（図 12・1）．σ 因子には強いプロモーター識別能と結合能があり，7 種類ある（例：普遍的 σ^{70}，窒素飢餓応答用の σ^{54}，熱ショック応答用の σ^{32}）．細菌の一般的プロモーターには −35 領域，−10 領域という強いシスエレメントがあり，−60 から −40 にわたる領域は α サブユニットによっても認識される．プロモーターにホロ酵素が結合すると DNA 二本鎖が閉じた閉鎖型複合体から開いた開放型複合体への異性化が起こり，ヌクレオチドの添加で転写が開始する．転写開始後 σ 因子はコア酵素から離れ，次の転写のために遊離のコア酵素に結合する．この過程を**シグマサイクル**という．

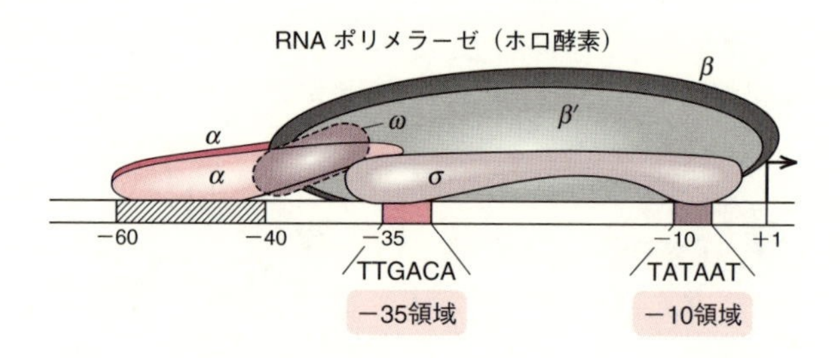

図 12・1　細菌の典型的プロモーター構造と RNA ポリメラーゼ

12・2 転写の伸長と終結の制御

転写伸長中，RNA ポリメラーゼの進行速度が遅くなる転写減衰がしばしば起こるが，そのような場所には**アテニュエーター**（attenuator）とよばれる特徴的な構造が見られる．転写減衰は遅い翻訳速度に転写速度をあわせるという意味と，転写終結の前段階という二つの意義がある．細菌の転写終結には転写終結因子 ρ（ロー）因子に依存する機構と，ターミネーター配列が関わる ρ 因子に依存しない機構がある（詳細は§9・3を参照）．ターミネーターとアテニュエーターは基本的に同じ構造をもつが，強さや使われ方で呼び名が異なる．

12・3　オ ペ ロ ン

細菌では複数の関連する遺伝子が隙間なく縦列に並び，それらが一つのプロモーターから一気に転写される**ポリシストロニック転写**という現象が見られる．このような転写システムにおいて，関連する転写の開始が**オペレーター**といわれるシスエレメントで制御される仕組みを**オペロン**（operon）という．オペレーターはプロモーター近傍にあり，そこに制御タンパク質が結合し，さまざまな機構で転写の開始を司る．アミノ酸代謝，糖代謝に関わる遺伝子など，オペロンで制御される例は多い．以下で代表的な三つのオペロンについて説明する．

12・3・1　ラクトースオペロン

ラクトース（lactose，乳糖：Lac）を利用するオペロンで，図12・2にあるような3種類の遺伝子がまとめて転写される．*lac* オペロンでは，通常はプロモーターの直下にあるオペレーターに *lac* リプレッサーが結合してRNAポリメラーゼを不活化しているが，ラクトースが加わると代謝物のアロラクトースがリプレッサーに結合し，DNAとの結合を阻害することによって転写が始まる（注意：ラクトースを取込んで

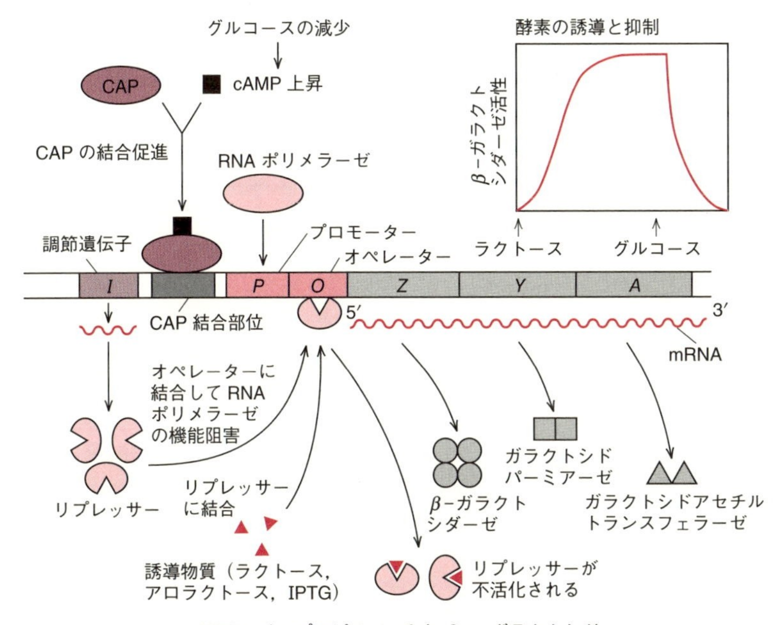

図12・2　ラクトースオペロンにみられる遺伝子発現制御機構

オペロンを起動させるために，ラクトース非存在時もごく弱い転写が見られる）．このように，*lac* オペロンは負の制御を基本にする．培地にグルコースを添加すると利用効率のよいグルコースを優先的に利用するため，*lac* オペロンの発現は急速に低下する（**グルコース効果**あるいは**カタボライトリプレッション**という）．これはグルコースの異化産物（カタボライト）の濃度が増加することによって cAMP 濃度が下がり，cAMP 結合によって活性化状態になるアクチベーターの **CAP**（カタボライト活性化タンパク質．CRP ともいう）が減少するためである．

12・3・2　アラビノースオペロン

アラビノース（Ara）の代謝に関わるものにアラビノースオペロンがあり，内部に *araB, A, D* という遺伝子が含まれる．このオペロン（*araBAD* オペロン）の制御因子は AraC タンパク質で，二量体となり通常時はプロモーター近傍の *ara I* 部位とさらに上流の *araO*$_2$ 部位の 2 箇所を結ぶように結合しているが，この状態の AraC は転写リプレッサーとしての作用を発揮する（図 12・3）．しかし，細胞にアラビノースが取込まれると AraC に結合し，AraC の立体構造を変化させる．構造の変化した AraC は *araO*$_2$ から外れて *ara I* に二量体として結合し，アクチベーター能を発揮する．つまり，*ara* オペロンは正の誘導のかかるオペロンである．

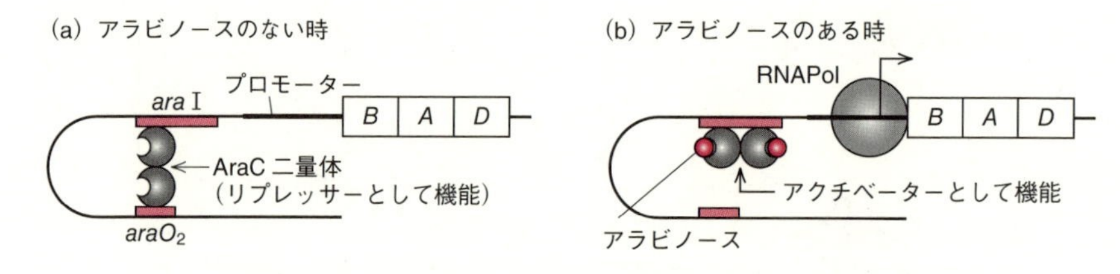

図 12・3　アラビノースオペロン（*araBAD*）における転写制御

12・3・3　トリプトファンオペロン

トリプトファン（Trp）合成に関わる *trp* オペロンでは 6 個の遺伝子が並ぶコード領域があり，その上流には順にリーダーペプチド（L）をコードする領域，アテニュエーター，そしてオペレーターとプロモーターがある（図 12・4）．トリプトファンが少ない状態では遊離 *trp* リプレッサーはオペレーターに結合できない．しかしトリプトファン濃度が上がるとそれがリプレッサーに結合し，リプレッサーは DNA 結合能をもつ転写抑制因子として機能する．つまりトリプトファンはリプレッサーの機能発現に必要な因子コリプレッサーとして振舞う．この機構は代謝の最終産物であるトリプトファンが最初の遺伝子発現段階を抑制することによってトリプトファン自身のつくりすぎを防ぐ，自己制御系であり，*trp* オペロンはフィードバック阻害がかかるオペロンということができる．*trp* リプレッサー遺伝子の制御領域にも *trp* リプレッサー結合部位があり，リプレッサーがつくられすぎてトリプトファンが欠乏状態になることを防いでいる．

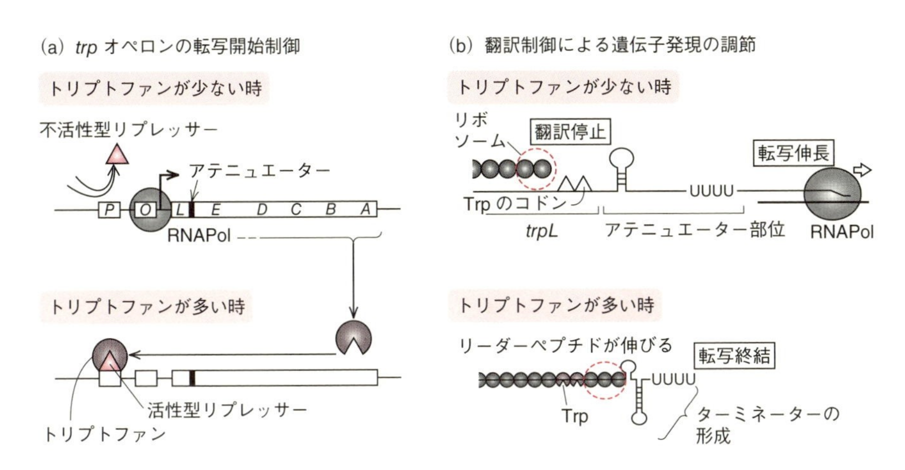

図 12・4 トリプトファンオペロン（*trp* オペロン）に見られる二つの負の遺伝子発現制御機構

トリプトファンが十分あると L 領域の翻訳が最後まで進むが，進行したリボソームによる位置効果によって，アテニュエーターから転写されたRNAがターミネーターとして働き，転写は停止する．しかしトリプトファン不足の状態になると L の途中（Trp コドンの手前）で翻訳が停止し，mRNA もターミネーター構造をつくらない．このため転写は先まで伸び，*trp* オペロン中のそれぞれの遺伝子の翻訳が起こることになる．このようにトリプトファンはターミネーター形成の誘導因子として働く．以上のような複数の機構により，トリプトファンが十分にあると上記の転写開始の抑制のみならず，翻訳を介した転写伸長停止によってもトリプトファンのつくりすぎが防止されることになる．

12・4 レギュロン

ある転写制御因子や転写制御機構で一群の遺伝子やオペロンが転写調節されるようなシステムを**レギュロン**（regulon）という．レギュロンでは特定の化学的・物理的な要因によって複数のプロモーターが活性化や抑制を受け，転写が一斉に誘導的に変化する．誘導要因になるものには，リン酸，浸透圧，SOS 応答などさまざまあり，前節で述べたグルコース効果をもたらすグルコースもこの一つで，cAMP が結合したCAPが実際の転写活性化因子となって機能する．リン酸の枯渇で誘導されるリン酸（Pho，フォー）レギュロンはリン酸脱着酵素活性をもつPhoRと，リン酸化されて活性をもつ転写制御因子PhoBの二つが関わる**二成分系**でできている（図12・5）．低リン酸状態ではPhoRはプロテインキナーゼとして挙動してPhoBを活性化し，それがリン酸ボックスというエンハンサーに結合してリン酸利用に関わる遺伝子群の転写を高めるが，高リン酸状態ではホスファターゼとして働き，PhoBは不活化する．

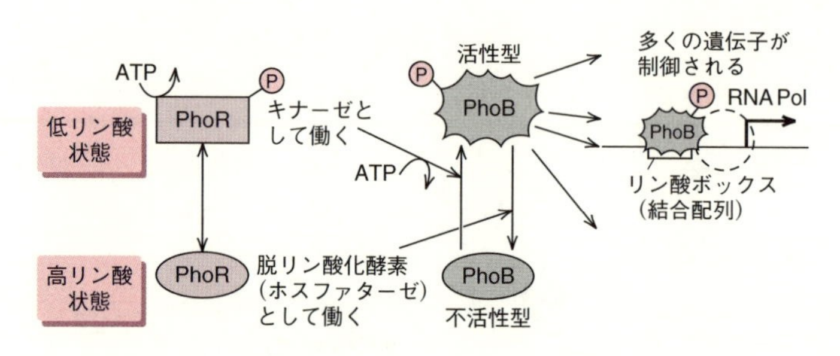

図12・5　二成分系によるリン酸（*pho*）レギュロンの制御

第 III 部
生命現象と転写制御

13

発 生 と 分 化

13・1 細胞の初期化に関わる転写因子

13・1・1 人工多能性幹細胞（iPS 細胞）の樹立

多細胞生物を構成する多種多様な細胞は，一つの受精卵が細胞増殖，細胞分化を繰返す発生過程を経て生み出されるものである．1950 年代，英国の発生生物学者 C. Waddington は，発生過程における細胞分化過程を，“ワディントン地形”の中でボールが転がっていく光景に例えた（図 13・1）．現在では，地形の頂点に位置する細胞は，あらゆる細胞に分化できる細胞（**多能性幹細胞**，multipotent stem cell）と考えることができる．頂上付近にあるボール（多能性幹細胞）がこの地形を転がり落ち（分化能力を落としながら），いろいろな谷底へ向かっていく（種々の体細胞へと分化する）わけである．このモデルで重要なことの一つは，通常の発生過程において，受精卵から種々の細胞へ分化する過程は一定方向であり，決して逆行することはないということである．1981 年，M. Evans，M. Kaufman，G. Martin のグループが，発生最初期の胚盤胞とよばれる時期の内部細胞塊から多能性幹細胞を樹立した．この内部細胞塊からつくられた多能性幹細胞は，生体外で維持培養が可能であり，**胚性幹細胞**（**ES**

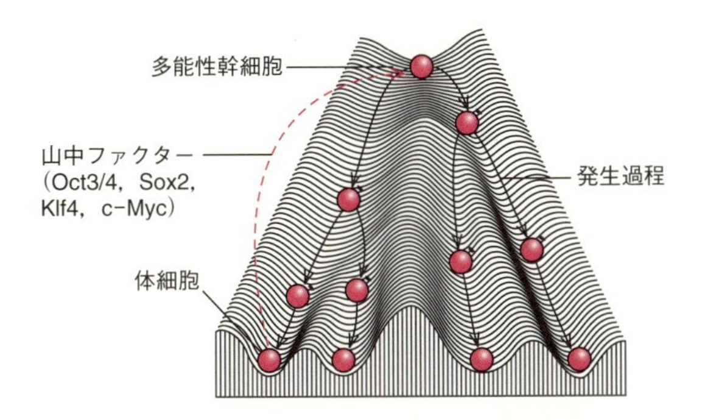

図 13・1 細胞分化過程 発生過程における細胞分化は一定方向．山中ファクターは山を登るように体細胞を多能性幹細胞へと変化させる．［C. H. Waddington, “The strategy of the Genes A Discussion of some Aspects of Theoretical Biology” Allen & Unwin, London (1957) より改変］

細胞，embryonic stem cell）とよばれている．

分化した細胞が発生過程を逆行して多能性幹細胞に戻る（ワディントン地形を登る）ことはないと考えられていたが，山中伸弥らが，2006年マウスの細胞を用いて，また2007年にはヒトの細胞を用いて，**山中ファクター**とよばれる四つの転写因子（Oct3/4，Sox2，Klf4，c-Myc,）を終末分化した体細胞に導入することによって，ES細胞と同等の性質をもつ多能性幹細胞を作製することに成功した．2007年，山中のグループと同時にJ. Thomsonのグループも別の遺伝子セット（Oct3/4，Sox2，Nanog，Lin28）を用いてヒトの体細胞から多能性幹細胞を作製することに成功している．これら人工的に作製した多能性幹細胞は，**人工多能性幹細胞**（**iPS細胞**，induced pluripotent stem cell）と名付けられた．体細胞をiPS細胞にすること，つまり，体細胞を発生の最も初期の段階に戻すことを**細胞の初期化**とよぶ．

13・1・2　体細胞初期化過程における転写因子の役割

マウスの線維芽細胞を用いた研究から，体細胞の初期化過程は，段階的な過程であり，それぞれの段階で特徴的な変化を示すことが明らかとなってきた．これら段階的な過程は，初期化因子（コラム13・1参照）導入直後の初期段階，多能性幹細胞の性質を徐々に獲得する中間段階，さらに，安定的な多能性を獲得する最終段階と大きく三つに分けることができる（図13・2）．初期段階では，体細胞マーカーが減少する

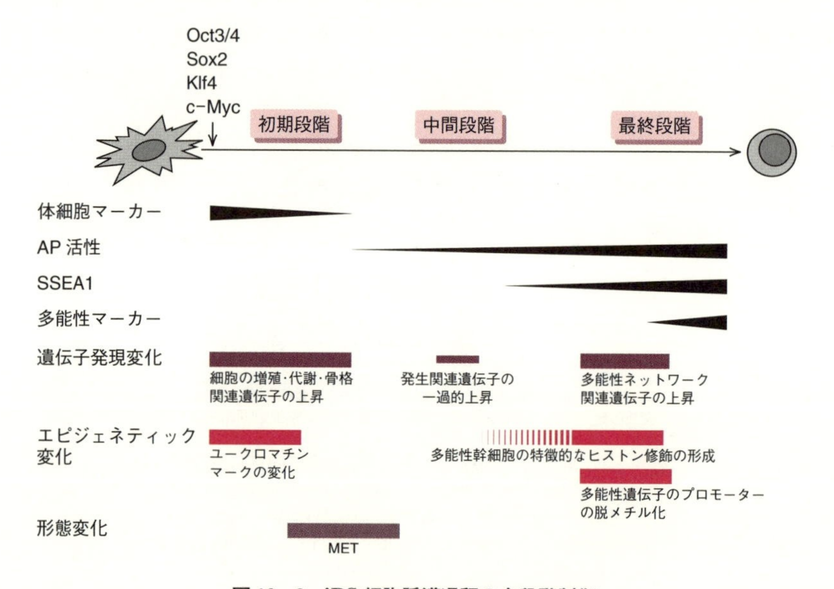

図13・2　iPS細胞誘導過程の多段階制御

コラム 13・1

山中ファクター(初期化因子)の発見

山中ファクターの発見は，それまでの多くの知見をもとに成し遂げられたものである．特に，次の三つのことが，山中ファクターの発見へ大きく前進させた．

1. クローン動物の作製実験や細胞融合実験から未受精卵やES細胞に体細胞核を初期化する因子が存在すると予想されていた．
2. いくつかの**マスター制御因子**とよばれる因子が細胞の運命を変換することが報告されていた．
3. マウスやヒトのES細胞の培養条件が確立されていた．

上記1,2の知見から，ES細胞の中に体細胞を多能性幹細胞へ誘導する因子の存在を仮定し，実験が計画された．まず，ES細胞で高い発現を示すあるいは重要な働きをする24個の候補遺伝子を抽出し，それらの遺伝子を一つずつ体細胞に導入したが，多能性幹細胞へと変化はしなかった．そこで，24個の遺伝子をすべて体細胞に導入したのである．これが最初のキーポイントである．結果，24個の遺伝子をすべて導入すると，驚くべきことに多能性幹細胞の性質をもつ細胞へと変化した．上記3で述べたようにES細胞の培養条件が確立されていたことも多能性幹細胞を誘導できた大きな要因である．さらに，24個の遺伝子のうちどの遺伝子が重要なのかを調べる方法が次のキーポイントである．しらみつぶしの方法で行うと，24個の中から1個，2個，3個…24個選ぶ総数は，${}_{24}C_1 + {}_{24}C_2 + {}_{24}C_3 + \cdots + {}_{24}C_{24} = 16{,}777{,}216$ 通りとなり，研究人生がいくつあっても正解にたどり着くことはできない．ここでの工夫は，24因子からそれぞれ1個ずつ因子を除き，1個除いた23因子で誘導を行ったことである．ある因子を一つ除いて多能性幹細胞ができなければその因子が重要であることがわかるという手法である．このようにして，24個それぞれの因子を抜く24回の実験によって，候補因子が絞り込まれ，iPS細胞を誘導する山中ファクターの発見に至った．

と同時に，細胞増殖，細胞代謝，細胞骨格に関連する遺伝子群の発現上昇が見られる．また，この初期の段階には，間葉系細胞で特異的に発現している遺伝子群の発現減少および上皮系細胞で特異的に発現している遺伝子群の増加が観察され，間葉系細胞である線維芽細胞が上皮細胞の性質を獲得する**間葉上皮転換**（mesenchymal-epithelial transition：MET）が生じる．さらに，ユークロマチンのマーカーであるH3K4me2の分布が大きく変化する．中間段階では，多能性幹細胞の指標の一つであるアルカリホスファターゼ（AP）活性が上昇し，多能性マーカーの一つであるSSEA1（stage-specific embryonic antigen 1）陽性細胞が増加する．また，発生関連遺伝子群の一過的発現上昇が見られ，一部の多能性関連遺伝子群の発現も観察される．多能性幹細胞では，発生関連遺伝子の転写制御領域の多くで，転写活性化の指標であるH3K4me3と転写抑制の指標であるH3K27me3の相反する二つの修飾（**バイバレント修飾**）を受けていることが知られている．このバイバレント修飾のような多能性幹細胞に特徴的なエピジェネティック修飾も体細胞初期化の中間段階から徐々に確立されていく．体細胞初期化の最終段階では，多能性関連遺伝子群のプロモーターのDNA脱メチル化が促進され，それら遺伝子群の発現が上昇し，多能性転写ネットワークが安定的に形成されることによって，完全な多能性幹細胞へと移行する．

上記に述べたように，初期段階と最終段階は遺伝子発現が特に大きく変化する時期であるが，c−Mycは初期段階の，Oct4，Sox2は最終段階の，Klf4は両方の段階の転写制御に関わっている．また，Klf4は初期段階に起こる間葉上皮転換にも重要な役割を果たしている．山中ファクターは転写を制御するだけでなく，ゲノム上のさまざまな場所に結合して，クロマチンの状態を大きく変化させているということも知られている．

13・1・3　細胞の初期化を誘導する転写因子群

J. Thomsonのグループが，山中ファクターのうちKlf4とc−MycをNanogと

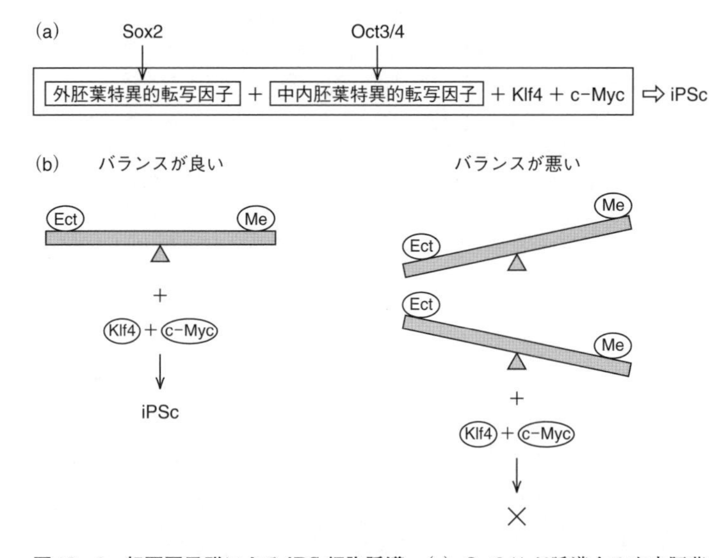

図13・3　転写因子群によるiPS細胞誘導　(a) Oct3/4が誘導する中内胚葉（ME）特異的転写因子およびSox2が誘導する外胚葉（ECT）特異的転写因子によって，Oct3/4とSox2は代替可能である．(b) iPS細胞誘導には，ME特異的転写因子およびECT特異的転写因子のバランスが重要である．

Lin28に置き換えたことからわかるように，初期化を誘導する種々の遺伝子セットが報告されている．たとえば，単一細胞遺伝子発現解析をもとにした転写ネットワークモデルの構築により，Oct3/4，Sox2，Klf4，c-Mycの下流のターゲットが同定され，山中ファクターを含まないそれらの一部のターゲット因子のみでも体細胞を初期化できることが報告された．このことは，多能性状態を規定する転写ネットワークの再活性化がリプログラミング過程で重要であることを示している．一方で，リプログラミング初期に，Oct3/4とSox2がそれぞれ誘導する中内胚葉（mesendoderm，ME）特異的転写因子および外胚葉（ectderm，ECT）特異的転写因子が，それぞれOct3/4およびSox2と代替可能であるが，それらの発現が一方に偏ると，別の細胞状態に移行し，細胞は初期化されない（図13・3）．つまり，細胞を完全な多能性状態へ移行させるためには，下流の因子を適切なバランスで誘導する必要があるということを意味している．上記以外にも，エピジェネティック制御因子，miRNA，低分子化合物を組合わせた初期化誘導法が数多く明らかになっている．

13・2 体制と器官形成決定に関わる転写因子

13・2・1 Hox

体制形成に関わる転写因子として，Hox（ホックス）遺伝子群によってコードされる，ホメオドメインをもつ転写因子**Hoxタンパク質**があげられる．Hox遺伝子群は，ショウジョウバエのホメオティック突然変異の原因遺伝子として同定され，後生動物で広く保存された遺伝子ファミリーを形成する．Hox遺伝子は，染色体上に10程度が並んで存在し，Hoxクラスターを形成している（図13・4）．ショウジョウバエでは，このクラスターは二分割されおり，それぞれは，触角が肢に置き換わる*Antennapedia*（アンテナペディア）突然変異を含むアンテナペディア複合体，平均棍が翅に置き換わる*bithorax*（バイソラックス）突然変異を含むバイソラックス複合体を形成している．これらをあわせて，**ホメオティック複合体**（HOM-C）とよぶ．哺乳動物では，四つのHoxクラスター（Hox-A, Hox-B, Hox-C, Hox-D）が，異なる染色体に存在する．各Hox遺伝子は，体制の形成において，前後軸に沿った体の領域ごとの特性を決定する．これは，Hoxクラスター内のHox遺伝子が，染色体上の並び順に時間的，空間的に発現制御され，並び順の3′側に位置する遺伝子ほど，発生のより早い時期に，より前方部に発現することに依存する．Hox遺伝子の並び順や，発現領域の前後軸に沿った順序も進化的に保存されている．

13・2・2 T-ボックス

動物の胚発生では，外胚葉，内胚葉，中胚葉からなる胚葉の分化が起こる．胚葉の分化に重要な役割を果たす転写因子が存在するが，そのなかでも，**T-ボックス遺伝**

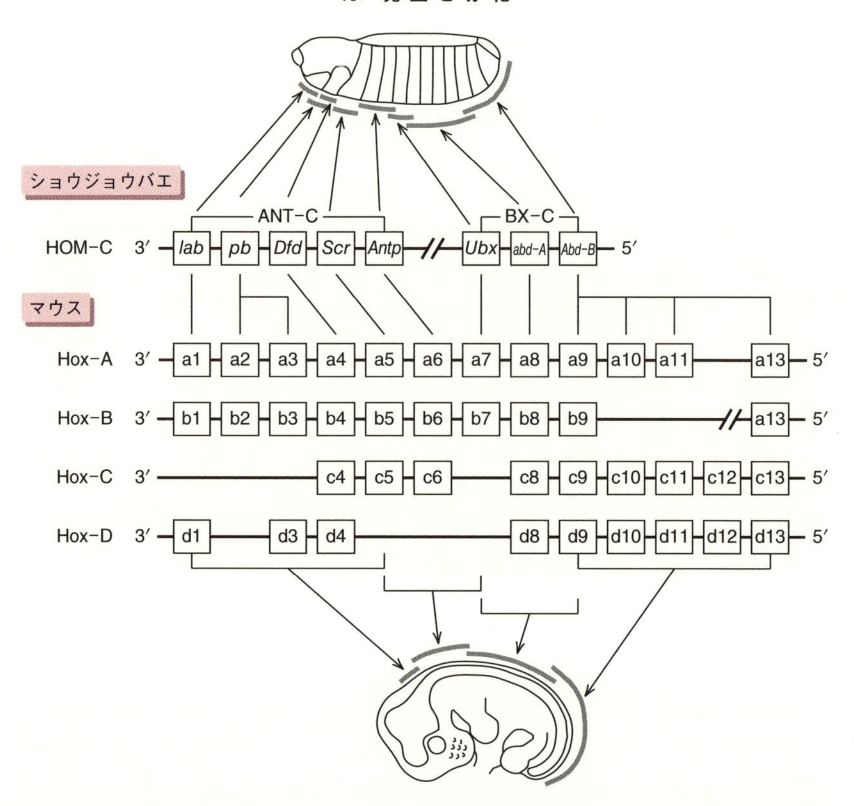

図13・4 ショウジョウバエとマウスのHoxクラスター Hoxクラスター内のHox遺伝子の並び順と，各発現の領域の順序が一致する．Hox遺伝子は前後軸に沿って，体の領域ごとのアイデンティティを決定する．

子ファミリーにコードされる転写因子は，中胚葉形成において進化的に保存された機能を有する．T-ボックスタンパク質は，転写のアクチベーターとリプレッサーの両方を含み，**T-ボックス結合配列**とよばれるコンセンサス配列に特異的に結合する．

脊椎動物では，*Eomes*（エオメス，*Eomesodermin*）が，最も早期に発現する中胚葉制御因子として知られている．*Eomes*は，初期中胚葉細胞の原条からの移動に必要な間葉上皮転換に機能している．*Eomes*とともに初期中胚葉で機能しているT-ボックス遺伝子が*Brachyury*（ブラキュリ，Tともよばれる）である．マウスおよびゼブラフィッシュの突然変異体による解析，アフリカツメガエルにおける強制発現実験から，*Brachyury*は，初期中胚葉の形成に最も重要な遺伝子の一つと考えられている．

脊索は，中胚葉に由来する細胞から形成される，脊索動物に特有の器官である．

Brachyury は，調べられたすべての脊索動物の脊索で発現している（図13・5）．また，マウスやゼブラフィッシュの *Brachyury* 突然変異体では脊索が形成されない．一方，*Brachyury* 遺伝子は脊索動物以外の後生動物に広く存在し，その共通する発現が原腸形成期における原口にあることから，その祖先的機能は細胞の形態変化や移動を制御することであったと考えられている．

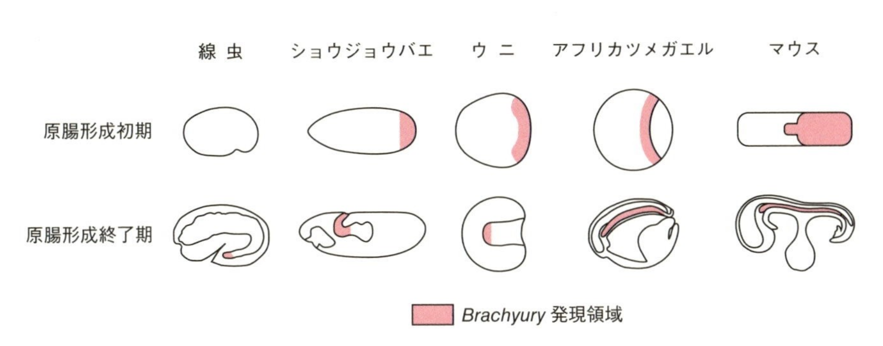

図13・5 T-ボックス遺伝子の *Brachyury* は，脊椎動物の脊索で発現する また，原腸形成期の原口における *Brachyury* の発現が，後生動物で広くみられる．

13・2・3 *Pax6/eyeless*

体制が大まかに形成された後，それに基づいて器官形成が始まる．ここでは，器官形成の例として，脊椎動物と昆虫の眼の形成について述べる．

脊椎動物の眼は，前脳の一部から形成される．はじめに，眼特異的転写因子をコードする *Pax6* 遺伝子などが神経板の前方部で一様に発現し，予定眼細胞が決定される．Pax6 タンパク質は，ペアードボックスとホメオボックスという二つのDNA結合ドメインをもっている．その後，正中線上で活性化するSonic hedgehog（ソニックヘッジホッグ，Shh）シグナルによって，正中線領域でのPax6の発現が抑制され，眼形成領域は二つに分割される．これによって前脳の両側に形成された眼形成領域は，突出して眼胞を形成し，その後の連続的な誘導によって眼が完成する．ヒトでは，Pax6 突然変異ホモ接合体のとき眼が形成されず，ヘテロ接合体のときにはさまざまな眼の形成異常が見られる．また，Shh シグナルが阻害されると，眼形成領域が左右に分離されず，結果として眼が顔の中心部に一つしか形成されない単眼症を発症する．

昆虫の眼は，眼成虫原基とよばれる上皮細胞層から形成される．ショウジョウバエ *eyeless*(アイレス)は *Pax6* のオルソログである．*eyeless* を他の成虫原基で異所的に発現させると，翅，脚，触覚などで異所的に眼が形成される．マウス Pax6 をショウジョウバエで強制発現させると眼が形成される．さらに，いろいろな動物門において，*Pax6/eyeless* が眼の原基で発現していることがわかっている（図 13・6）．これらのことから，*Pax6/eyeless* は，眼の形成に必要な**マスター制御遺伝子**として進化的に保存されていると考えられている．眼の出現は，進化上多元的であることがわかっているので，*Pax6/eyeless* を中心とする原始的光受容に必要な遺伝子カスケードが，眼が出現するたびに繰返し使用されていると考えられている．

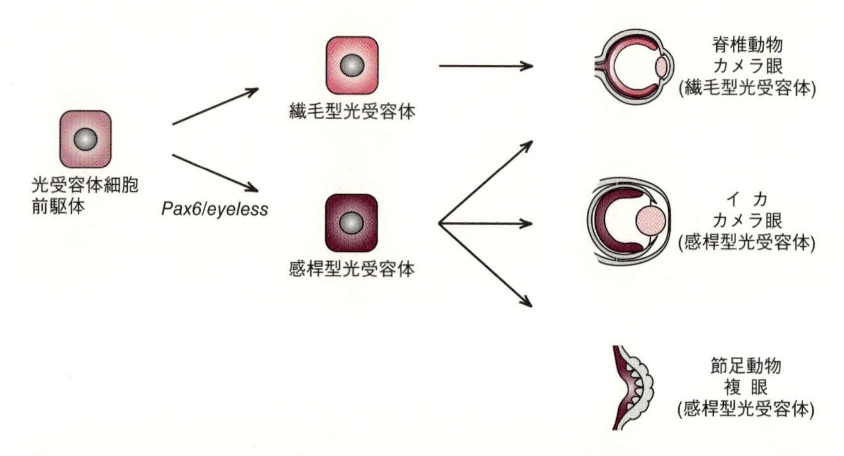

図 13・6 *Pax6/eyeless* は，節足動物，軟体動物（イカ），脊椎動物などの光受容体細胞で発現し，眼の形成に必要なマスター制御遺伝子として働く

13・2・4 器官形成決定に関わる遺伝子

脊椎動物では，器官形成を決定するいろいろな転写因子が同定されている．これらのいわゆる**マスター制御因子**は，特定の器官の形成に必要な複数の遺伝子の発現をまとめて調整している転写因子である．ここでは，肝臓と膵臓のマスター制御因子について述べる．

肝臓形成においては，**CEBPA**〔CCAAT/enhancer binding protein（C/EBP）alpha〕と **HNF4α**（hepatocyte nuclear factor 4 alpha）がマスター制御因子として機能している．この二つの転写因子は，肝組織の機能を調節する多数の遺伝子の発現調節領域に結合し，これら遺伝子の肝臓特異的な発現を制御している．

膵臓形成のマスター制御因子としては，**Ptf1a**（pancreas transcription factor 1 subunit alpha）が知られている．*ptf1a* 遺伝子の発現は，Notch（ノッチ）シグナルの下流標的遺伝子である *Hes1* によって抑制されている．*ptf1a* 遺伝子発現量がある閾値を超えると，膵臓が形成される．

13・3　細胞認識・細胞間相互作用に関わる転写制御

13・3・1　細胞認識を制御する転写制御

細胞認識においては，細胞膜表面に存在する膜タンパク質を介した細胞接着が重要な機能を果たす．その中でも，広範で多彩な役割を担っているのが**カドヘリン**（cadherin）であり，カルシウム依存的に細胞と細胞を接着させる．種類の異なるカドヘリンは結合選択性を示し，これにより，特定の細胞はしかるべき細胞・組織で定着する．カドヘリンには，クラシックカドヘリンとプロトカドヘリンがあり，これらは**カドヘリンスーパーファミリー**を形成している．また，カドヘリンスーパーファミリーに属するタンパク質には，細胞間接着によるシグナルを細胞内に伝達する受容体として機能するものも多い．

上皮組織の形態形成や維持に重要な役割を果たしているのが**E-カドヘリン**である．転写因子 Snail（スネイル）は，E-カドヘリン遺伝子のプロモーターにある E-ボックスに結合して E-カドヘリン遺伝子の発現を抑制している．このため，Snail の高発現は，間葉上皮転換を促進する．また，がんでは，Snail の高発現によって E-カドヘリン遺伝子の発現が抑制されると，転移性が獲得される．Snail と E-カドヘリン遺伝子の制御関係は，進化的に保存されている．

13・3・2　細胞間相互作用で機能する転写制御

細胞間相互作用における細胞シグナルの伝達は，転写に依存している場合と，依存していない場合がある．たとえば，古典的 Wnt（ウィント）シグナルは転写因子に依存するが，非古典的 Wnt シグナルの伝達には転写因子は関与しない．ここでは，転写因子がシグナル伝達において中心的な役割を果たす，**Notch シグナル**，**古典的 Wnt シグナル**，**Hedgehog シグナル**について述べる．これらの細胞シグナルは進化的に広く保存されており，動物の発生や恒常性維持に重要な役割を担っている．

a. Notch シグナル　Notch シグナル伝達では，1 回膜貫通型タンパク質である Notch 受容体が，同じく 1 回膜貫通型リガンド（Delta または Jagged など）と結合すると，細胞外ドメイン，膜貫通ドメインで順次切断される（図 13・7）．その結果，Notch の細胞内ドメインが細胞膜から切り離され，核内へと移行し，CSL（CBF1/Su(H)/Lag-1）ファミリー転写因子や，進化的に保存された転写因子 Mastermind（マスターマインド）と複合体を形成して下流標的遺伝子の転写を活性化する．つまり，受容体である Notch の細胞内ドメインは，転写共活性化因子として機能する．

Notch シグナルは細胞が接触することで活性化されるため，これを介した細胞間相互作用は局所的に起こる．Notch シグナルは，二者択一の細胞運命の決定で働くことが多く，特定の運命をたどる細胞が細胞集団から選別される側方抑制（§ 13・4・

3）で機能している．

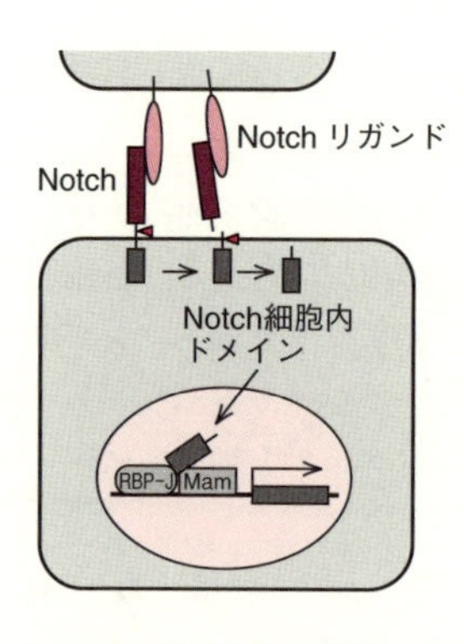

図 13・7　Notch 受容体が膜貫通ドメインで切断されることで，Notch の細胞内ドメインは核移行して転写共活性化因子として働く

b. Wnt シグナル　Wnt シグナルでは，**β-カテニン**が，転写共役因子としてシグナル伝達で重要な役割を担っている．β-カテニンは多機能タンパク質であり，Wnt シグナルにおける機能とは別に，E-カドヘリンの細胞内ドメインに結合し，細胞接着を制御している．

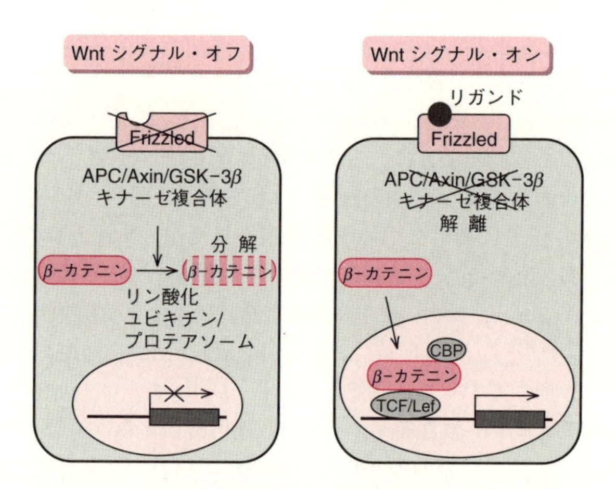

図 13・8　Wnt シグナルでは，転写共役因子として機能する β-カテニンの安定性が亢進することで，シグナル伝達が起こる

Wnt シグナルがオフの場合，キナーゼ複合体（APC/Axin/GSK-3β 複合体）により β-カテニンがリン酸化され，それに依存してユビキチン化されて分解される（図 13・8）．一方，分泌型リガンドである Wnt タンパク質が，7 回膜貫通型タンパク質である Frizzled 受容体に結合すると，APC/Axin/GSK-3β 複合体が解離して β-カテニンがリン酸化を受けなくなる．その結果，β-カテニンは安定化されて，核内で転写因子 CBP や Tcf/Lef と複合体を形成して下流標的遺伝子の転写を活性化する．

Wnt リガンドはモルフォゲンであり，組織内でのその濃度の勾配に応じて Wnt シグナルが活性化され，各細胞が置かれた位置特有の応答が起こる．たとえば，脊椎動物の初期胚における前後軸形成では，Wnt シグナルの強度が高い方が後方化する．

c. Hedgehog シグナル　Hedgehog（Hh）シグナルでは，Zn フィンガー転写因子 Ci/Gli が働いている．Ci/Gli は，その切断の状況に応じて，転写活性化因子としても，転写抑制因子としても機能しうる（図 13・9）．

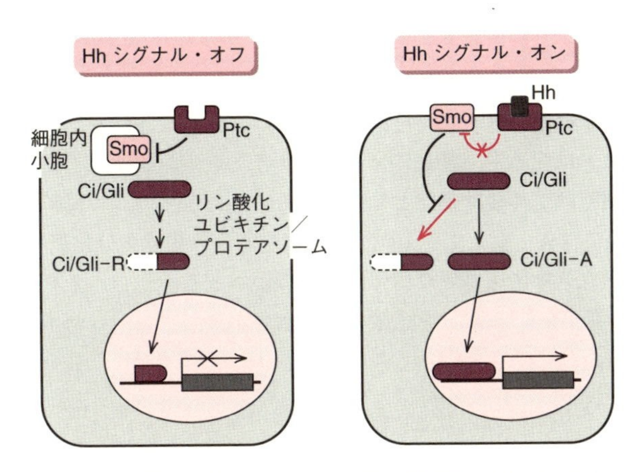

図 13・9　Hedgehog シグナルでは，転写因子 Ci/Gli の分解，切断が抑制されることでシグナル伝達が起こる

分泌型リガンドである Hh の受容体は Patched（Ptc）である．Hh が Ptc に結合していないシグナルがオフの状態では，Ptc は Smo（Smoothened）タンパク質を抑制している．このとき，Smo は細胞内の小胞に存在する．この状態では，Ci/Gli は，PKA，GSK-3β，CK1 などのプロテインキナーゼによりリン酸化され，ユビキチン/プロテアソーム依存的に分解されるか，あるいは切断された Ci/Gli-R となり，DNA 配列に結合して標的遺伝子の転写を不活性化する．Hh が Ptc に結合して，Hh シグナルが活性化されると，Ptc による Smo の抑制が解除され，Ci/Gli の分解，切断過程が抑えられる．そのとき，Smo は細胞膜に移行する．これにより，全長の Ci/Gli-A が増え，これが転写共活性化因子とともに DNA に結合して標的遺伝子の転写を活性化する．脊椎動物では，Hh シグナルの伝達は繊毛で起こることが明らかになっている．Hh は，モルフォゲンとして機能し，四肢の前後軸形成や神経管の分化などを制御している．

13・4 神経分化と転写制御

13・4・1 神経幹細胞

大脳，小脳，脊髄といった中枢神経系は神経管から発生するが，神経管は一層の**神経上皮細胞**によって形成される（図 13・10）．この神経上皮細胞は，神経管の内腔側から外側まで伸びた形態をしている．神経上皮細胞は増殖を続けることで神経管はどんどん分厚くなっていくが，それとともに神経上皮細胞の形態は伸びていき，やがて**放射状グリア細胞**とよばれる形態になる．放射状グリア細胞は，神経管の内側の脳室帯に細胞体をもち，細長い放射状突起を神経管の表層の軟膜まで伸ばしている．放射状グリア細胞は非対称分裂によって 2 個の娘細胞のうちの片方はニューロン前駆細胞に分化し，もう片方は放射状グリア細胞にとどまる．ニューロン前駆細胞は，数回分裂して成熟ニューロンへと分化する．放射状グリア細胞は，非対称分裂を繰返すことによって順番に多様なニューロンを生み出す．ニューロン形成を終了すると，上衣細胞，オリゴデンドロサイト，最後にアストロサイトを生み出す．神経上皮細胞および放射状グリア細胞は，**神経幹細胞**と総称される．したがって，神経幹細胞は自己増殖しつつ，経時的に性質を変えて多くの種類の細胞を生み出す多分化能をもつといえる．成熟したニューロンは情報処理や情報伝達をつかさどる．一方，オリゴデンドロサイトはニューロンの突起（軸索）を絶縁する役割があり，アストロサイトはニューロン

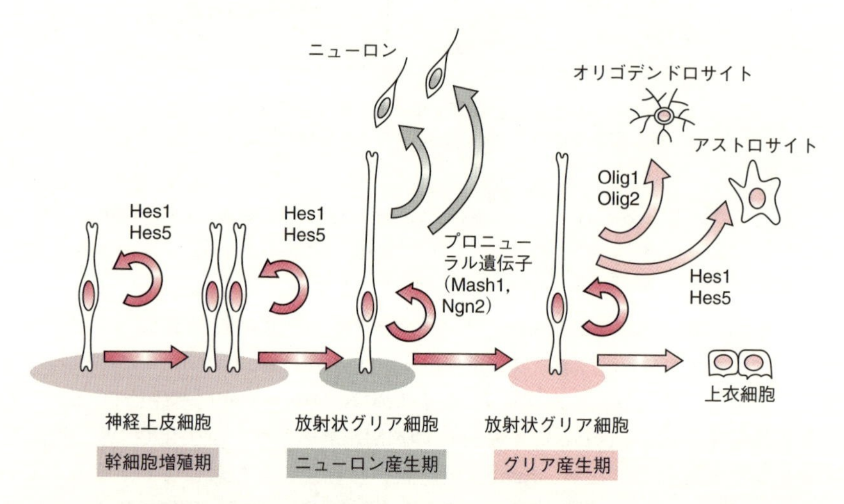

図 13・10 神経発生過程と bHLH 因子による制御 神経幹細胞（神経上皮細胞や放射状グリア細胞）は，bHLH 因子である Hes1 や Hes5 によって維持される．bHLH 因子 Mash1 や Ngn2 はニューロンの分化を決定し，bHLH 因子 Olig1 や Olig2 はオリゴデンドロサイトの分化を決定する．発生後期には，Hes1 や Hes5 はアストロサイトの分化を決定する．

の生存に重要である．

13・4・2　神経幹細胞を制御する bHLH 因子群

神経幹細胞の自己増殖能や多分化能は，塩基性領域-ヘリックス-ループ-ヘリックス（bHLH）構造をもつ **bHLH 因子**によって制御される．転写抑制活性をもつ bHLH 因子 Hes1 および Hes5 は神経幹細胞の増殖や維持に重要な役割を担う（図 13・10）．これらの因子の標的は，いわゆる**プロニューラル遺伝子**とよばれるニューロンへの分化を決定する bHLH 因子をコードした遺伝子群である．プロニューラル因子の代表例は，Mash1 や Neurogenin2（ニューロジェニン 2，Ngn2）で，いずれも bHLH 因子 E47 とヘリックス-ループ-ヘリックス構造を介してヘテロ二量体を形成して E-ボックス（CANNTG）に結合し，ニューロン分化に必要な遺伝子群の発現を誘導する．一方，Hes1 や Hes5 は，ヘリックス-ループ-ヘリックス構造を介してホモ二量体を形成して N-ボックス（CACNAG）に結合し，プロニューラル因子の発現を抑制する．Hes1 や Hes5 を欠損すると，プロニューラル因子の発現が増加するため神経幹細胞は十分に増えないうちにニューロンに早期分化して枯渇し，その結果，無脳症や小頭症になる．したがって，Hes1 のような抑制性の bHLH 因子とプロニューラル因子間の拮抗的作用が，神経幹細胞の増殖とニューロン分化のバランスに重要である．

Hes1 や Hes5 は，発生後期になると神経幹細胞からアストロサイトの分化を誘導する．一方，別の bHLH 因子 Olig1 や Olig2 は，オリゴデンドロサイトの分化を決定する．このように，神経幹細胞の増殖やニューロン，オリゴデンドロサイト，アストロサイトの分化は，いずれも bHLH 因子によって制御される．

13・4・3　bHLH 因子群の発現を制御する Notch シグナル

胎児脳から神経幹細胞を調整して分散培養すると，いずれもすぐにニューロンへの分化を開始する．したがって，神経幹細胞の維持には細胞間相互作用が非常に重要である．この細胞間相互作用を担うのが Notch シグナルである．プロニューラル因子は Notch リガンドである膜タンパク質 Delta（Dll1）の発現を誘導する（図 13・11）．Delta は隣接細胞の膜タンパク質 Notch を活性化する．Notch は活性化すると，膜貫通領域でプロセシングが起こり，Notch の細胞内ドメイン（Notch intracellular domain，NICD）が遊離する．NICD は核に移行して Hes1 や Hes5 の発現を誘導する．したがって，プロニューラル因子によって分化しつつある幼弱なニューロンは，Delta を発現して隣接細胞の Notch を活性化する．その結果，隣接細胞は Hes1 や Hes5 を発現し，ニューロンへの分化が阻害されて神経幹細胞にとどまる．この制御は**側方抑制**とよばれ，側方抑制によってニューロン分化と神経幹細胞維持がバランス良く制御される．側方抑制が働かないと，神経幹細胞が維持されずに枯渇する．

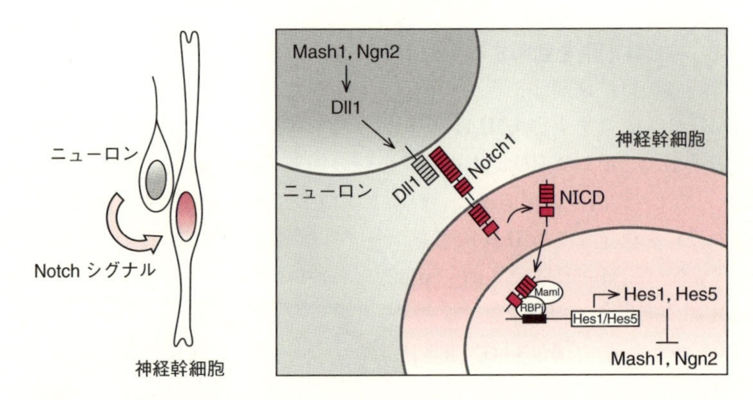

図 13・11　Notch シグナルによる側方抑制　ニューロンは Delta（Dll1）を発現し，隣接細胞の Notch を活性化する．活性化されると，Notch intracellular domain（NICD）が遊離して核に移行し，Hes1 や Hes5 の発現を誘導する．その結果，隣接細胞はニューロンへの分化が阻害されて神経幹細胞にとどまる．

13・4・4　bHLH 因子群の発現オシレーション

最近になって，Mash1 や Olig2 はそれぞれニューロンとオリゴデンドロサイトの分化決定だけでなく，神経幹細胞の増殖・維持にも働くことが明らかになってきた．同様に，Hes1 も神経幹細胞の増殖・維持だけでなく，アストロサイトの分化決定を制御する．したがって，Hes1, Mash1, Olig2 のような bHLH 因子は特定の細胞への分化決定だけでなく，神経幹細胞の増殖・維持という相反する機能をもつことがわかってきた（図 13・12）．発現イメージングの解析から，これらの bHLH 因子群はいずれも神経幹細胞では発現が増減を繰返すこと（**オシレーション**）がわかった．

Hes1 は，自身の遺伝子プロモーター上にある N-ボックスに直接結合して自分自身の発現を抑制する（ネガティブフィードバック）．Hes1 の mRNA およびタンパク質ともに非常に不安定なので，ネガティブフィードバックによって新たな合成が抑制されるとすぐに分解されてなくなる．Hes1 タンパク質がなくなると，ネガティブフィードバックが解除され，また Hes1 の発現が誘導される．その結果，Hes1 の mRNA およびタンパク質の発現量はともに約 2 時間周期でオシレーションする．神経幹細胞では Hes1 の発現がオシレーションしており，そのため Mash1 の発現は Hes1 によって周期的に抑制されてオシレーションする．同様に，Olig2 の発現も神経幹細胞ではオシレーションしている．

一方，Hes1 の発現がなくなると Mash1 は持続発現して，神経幹細胞は増殖を止

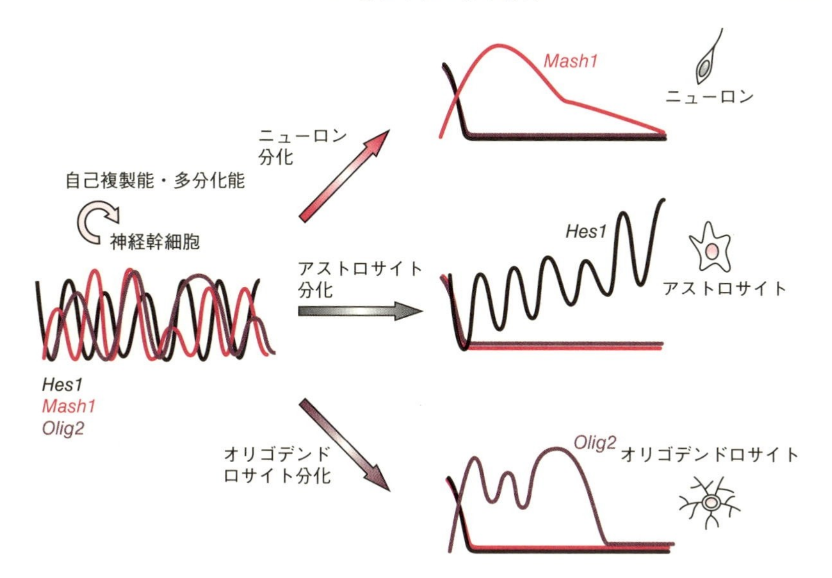

図 13・12 bHLH 因子群の発現オシレーション 神経幹細胞では，Hes1, Mash1, Olig2 といった複数の bHLH 型分化決定因子の発現がオシレーションして互いに拮抗しあう．選ばれた一つの bHLH 因子が持続発現すると分化決定が起こる．

コラム 13・2

光遺伝学を用いた遺伝子発現操作法：Light ON

LightON システムは，GAVPO という人工タンパク質を利用しており，青色光で遺伝子発現を誘導することができる．GAVPO は，二量体化能を減弱した UAS（upstream activation sequence，GAL4 が結合して転写を活性化するエンハンサー配列）結合因子 GAL4 の DNA 結合ドメイン，青色光で二量体化する LOV ドメイン（light-oxygen-voltage-sensing domain，光・酸素・電位センシングドメイン）をもつ VVD，そして転写活性化因子 p65 の転写活性ドメインをタンデムに連結してある．暗条件では GAVPO は UAS 配列に結合できないが，青色光照射によって LOV ドメインを介して二量体になると，GAL4 の DNA 結合ドメインは UAS 配列に結合する．その結果，p65 の転写活性ドメインによって UAS 配列の下流遺伝子の発現が誘導される．暗条件に戻すと，LOV ドメインは一量体に戻り，GAVPO は UAS 配列から解離して下流遺伝子の発現はなくなる．したがって，青色光照射のパターンを変えることによって，オシレーションや持続発現を自在に制御することが可能である．

めてニューロンに分化する．また，オリゴデンドロサイトの分化時にはOlig2が，アストロサイトの分化時にはHes1が持続発現する．したがって，Hes1, Mash1, Olig2はいずれも発現がオシレーションすると神経幹細胞の増殖が活性化され，どれか一つが選ばれて持続発現すると分化決定が起こることが示唆された．

発現動態の重要性を調べるために光遺伝学的操作（コラム13・2）でMash1の発現操作実験が行われた．その結果，Mash1の発現がオシレーションすると神経幹細胞の増殖が活性化されたが，持続発現すると神経幹細胞は増殖を止めてニューロンに分化した．したがって，Mash1は発現動態を変えることによって相反する機能を発揮することがわかった．したがって，多分化能とは，Hes1, Mash1, Olig2といった複数種類の分化決定因子の発現がオシレーションしてお互いに拮抗しあった状態であるといえる．

14

細胞増殖とがん化

14・1 細胞増殖と転写制御

14・1・1 細胞周期の概要

細胞増殖は生物にとって欠かすことのできないものであるとともに，最も厳格に制御されなければならない機構である．ヒトの培養細胞の場合，およそ24〜30時間で1回の分裂が完了する．細胞分裂は G_1 期（DNA合成準備期），S期（DNA合成期），G_2 期（分裂準備期）からなる間期と，M期とよばれる分裂期で1サイクルとなっている．そのため，この約1日という短い期間の中で，さまざまな転写因子およびその調節因子が各時期に応じて作用することで，適切な細胞増殖が行われている．**サイクリン**（cyclin）とよばれるセリン/トレオニンキナーゼ群が主としてその細胞増殖の制御を担っており，多数のタンパク質をリン酸化することで細胞周期の進行を調節している．本節では細胞増殖，とりわけがん化の制御に関わっている転写因子について説明する．

14・1・2 E2FファミリーとRb

E2Fはヒトアデノウイルスの*E2*遺伝子プロモーターに結合することから，その名前をつけられた転写因子である．E2FはE2F1〜8およびDP1, 2からなる転写因子ファミリーを形成している．これらは構造が似たタンパク質群であり，E2F1〜6は**DP**（dimerization partner）**タンパク質**とヘテロ二量体を形成することでさまざまな遺伝子の上流に存在する認識配列に結合する．とりわけE2F1〜3は G_1 期からS期へと進行させる遺伝子の転写を活性化するアクチベーターである．これらのE2Fアクチベーターは C 末端に転写活性化ドメインをもっており，転写活性化に関与するヒストンのアセチル化を触媒するアセチルトランスフェラーゼを標的プロモーター上に呼び込む．このE2Fアクチベーターを完全に欠損させると，細胞周期が完全に進行しなくなることから，E2Fは細胞増殖に必要不可欠な因子であることがわかっている．一方で，E2F4〜8は転写を抑制する働きをもつE2Fリプレッサーであり，細胞周期を抑制する．E2F7〜8を除くE2Fファミリーには**ポケットタンパク質結合ドメイン**（pocket protein binding domain）をもっており，このドメインがE2Fの制御の鍵である．このドメインに結合するのが，p107やRbといったE2Fの機能を制御するタンパク質である．E2Fリプレッサーはp107と結合することでクロマチン上にHDAC

といった脱アセチル化酵素を呼び込み，転写を抑制する．

Rb は1986年に小児の網膜芽細胞腫（retinoblastoma）の責任遺伝子として同定された，ヒトにおける最初の**がん抑制遺伝子**である．Rbはほとんどすべての細胞で恒常的に発現しており，Rbの機能が失われるとがん化へとつながる異常な細胞増殖の亢進がひき起こされる．正常な細胞増殖制御，いいかえれば，細胞が増殖の準備をしているG_1期において準備が完了するまでその状態を保つことがRbの機能である．G_1期ではRbはE2Fアクチベーターに結合することでそれらの機能を抑制している（図14・1）．一方で，進行の準備が整うと，cyclin DやCDK4/6がRbをリン酸化することで，RbはE2Fから解離する．これらのキナーゼはG_1期からS期に移る時に急激に活性化し，Rbを高度なリン酸化状態へと導く．その結果，E2Fアクチベーターは転写因子としての機能を果たすことができるようになる．このRb−E2F経路は細胞増殖において欠かすことのできない経路であり，ほとんどのがんではこの経路，すなわちRb遺伝子自体もしくは，Rbを調節するサイクリン，さらにこれらの上流に位置しているp16のいずれかに変異がみられる．

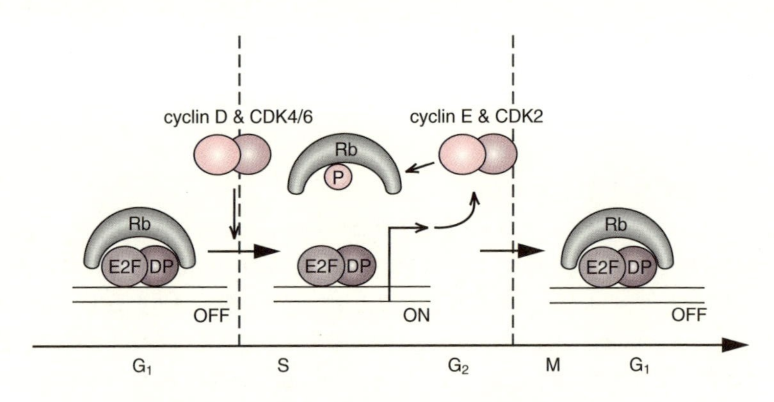

図14・1 細胞周期に伴うRbのリン酸化とE2Fの活性化 G_1期において，RbはE2Fと結合してE2Fの転写活性を抑えている．S期が始まる段階で，cyclin DがRbをリン酸化し，E2Fから解離することでE2Fは転写を活性化させる．S–G_2期では，E2Fが活性化したcyclin Eによって，Rbがリン酸化される正のフィードバックがかかる．M期の後期になると，リン酸化シグナルがなくなり，Rbは再びE2Fを抑制する．

14・1・3 Mycと多様な増殖制御機構

サイクリンが働くとE2FはRbから解離し，S期進行を導く転写を活性化する．一方で，サイクリンやE2Fの転写を制御しているものもまた，転写因子である．細胞増殖を進行させる遺伝子として同定されたMycはその役割を担っていることが知られている（図 14・2）．**Myc** という名前は骨髄細胞腫（myelocytomatosis）に由来する．ヒトにおいて，Myc は MYC, MYCN, MYCL1 からなる Myc ファミリーを形成している．とりわけ *Myc* 遺伝子がコードしている Myc（c-Myc）はいくつかの組織において発現がみられる．Myc はロイシンジッパーをもつ bHLH 型の転写因子であり，同じ型をもつ Max とヘテロ二量体を形成し，E-ボックスとよばれる 6 塩基の DNA 認識配列を認識して結合することで，標的遺伝子の転写を活性化する．cyclin D2, cyclin E1, E2F1 などは初期に標的遺伝子として同定された遺伝子であり，前述のように細胞周期を進行させるものである．一方で p21 や p27 などの CDK の抑制因子の転写を抑制することが明らかになり，Myc は細胞増殖を促進する遺伝子の転写を活性化し，抑制する遺伝子の転写を抑えていることが示されている．

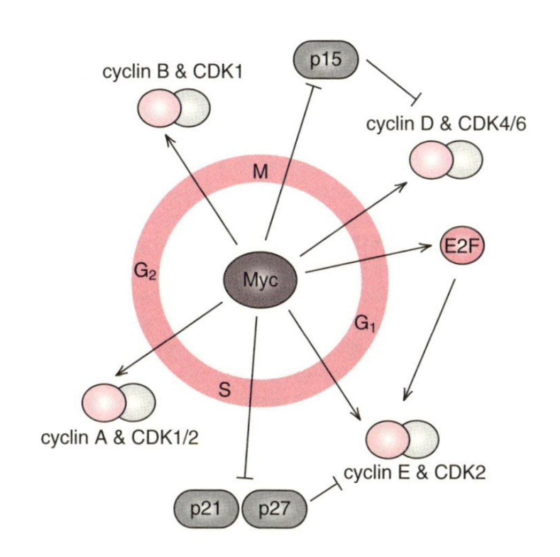

図 14・2 Myc と細胞周期調節因子
Myc は細胞周期の進行に関わる因子を多数制御している．

Myc は 1982 年に *c-Myc* がクローニングされてから非常に多くの研究がなされてきたが，多様な機能をもつため，いまだに全容解明には至っていない．近年，ゲノムワイドの研究から，Myc は 1000 を超える遺伝子の制御領域に結合していることが明らかにされている．そのため Myc の機能について，特異的な遺伝子に機能する転写調節因子であるとするモデルと，すべての活性化遺伝子の増幅を行うアクチベーター因子であるとするモデルが提唱され，現在もはっきりとは答えは出ていないままである．

14・1・4 その他の細胞増殖制御因子

NF-Y は CCAAT ボックスとよばれる遺伝子の上流に位置する配列に結合する三つ

のサブユニットからなる転写因子である．NF-Y の標的遺伝子には，E2F1 や H3 などの G_1/S 期進行遺伝子や cyclinB や CDK1 などの G_2/M 進行遺伝子など多数の細胞周期遺伝子が含まれる．一方で，細胞増殖を抑制する転写因子としては，p16 の発現を制御する Ets1, 2 や，細胞増殖抑制遺伝子を軒並み制御する p53 がある（§ 14・3 で詳しく説明）．

コラム 14・1

Myc と合成致死

Myc が過剰発現すると，ミトコンドリアからシトクロム *c* の放出を促し，アポトーシスが誘導される．この制御によって正常細胞では Myc による異常な細胞増殖が抑えられていると考えられている．多くのがん細胞では，Myc の過剰発現に加え，Ras シグナル伝達経路などの増殖促進経路が過剰に働いており，Myc が誘導するであろうアポトーシスから免れている．これを利用して，Myc の過剰発現がみられるがんにおいては，細胞周期を G_2–M に進行させる CDK1 の阻害剤を処理することによって合成致死をひき起こすことができることが 2007 年に明らかになった．**合成致死**は，ある遺伝子単独の異常のみでは致死性がみられないときでも，他のある遺伝子の異常という二つの条件が揃うことで細胞が死ぬという現象である．このように，近年，がんの治療法として副作用の少ない合成致死遺伝子の探索およびそれを利用した薬剤の開発が進められている．

14・2 がんとがん抑制に関わる転写因子

14・2・1 がん化促進に働く転写制御因子

a. 核内がん遺伝子とそのがん原遺伝子 細胞増殖性の亢進に関わる遺伝子が変異によって高活性型に変化したものを一般に**がん遺伝子**（**オンコジーン** oncogene）という．がん遺伝子の中にはゲノム中の遺伝子が病的に高活性型に変異したものもあるが，大部分はがんウイルスがもつ遺伝子として認められ，とりわけレトロウイルスのがん遺伝子は一般に ***v-onc*** とよばれる．*v-onc* のもとになったものはゲノムにある遺伝子で，これを**がん原遺伝子**（**プロトオンコジーン**）といい，***c-onc*** と総称される．がん遺伝子の産物が核内に存在するものを**核内がん遺伝子**といい，作用は DNA 結合性の転写制御因子で，以下のようなものがある．

（i）AP-1 ファミリー：Jun, Fos, ATF, MAF という各因子ファミリーで構成される bZIP 型転写因子の大きなファミリーで，二量体として機能し，分化，増殖，アポトーシスなどに幅広い機能をもつ．AP-1 ファミリーによる二量体を AP-1 というが，典型的なものは Jun/Fos 二量体で（Jun の二量体も機能をもつが），TPA 応答配列

（*TRE*：TGACTAC）に結合する（TPAは発がん剤ホルボールエステルの一種）．ATFを含む二量体はcAMP応答配列（CRE：TGACGTCA）に優先的に結合する．

（ⅱ）Mycファミリー：c-Myc, n-Myc, l-Mycなどを含む．bHLHZモチーフでE-ボックス（CACGTG）に結合する．二量体パートナーはMaxで，活性化の場合はヒストンアセチルトランスフェラーゼなどの結合が見られる．一方，MycにはMadファミリー因子やMxiも二量体パートナーとして結合するが，この場合は転写が抑制され，ヒストンデアセチラーゼを含むコリプレッサーが結合する．Mycは細胞周期進行に関わる遺伝子の転写を高め，S期の進行や細胞の増殖に必要であり，がん進行との関連が認められる．

（ⅲ）その他の核内がん遺伝子産物：

Myb：トリの骨髄芽球症ウイルス由来v-Mybをもとにc-Mybが同定された．bZIP型のモチーフをもち，AACNGに結合する．造血系細胞の増殖・分化に役割を果たす．

Ets：約80アミノ酸のEtsドメイン（ウィングドHTHモチーフ）でGGA(A/T)配列に結合する．血管新生などに関する機能をもつ．

Rel：c-Relに含まれるRelホモロジードメインをもつ多数の因子からなるRel/NF-κBファミリーを形成している．免疫系を中心に，機能発現，分化や増殖，アポトーシス，炎症に関わる．

RUNX：TGTGGTT配列に結合する．造血系サイトカインや種々の酵素・受容体遺伝子を制御し，発がんにも関わる．

b．HIF1-α　HIF1-αはbHLHモチーフの転写制御因子で，HIF-1βの二量体となって標的配列に結合する．がん進展ではがん組織周囲に血管が形成される必要があり，これに関わる転写制御因子としてHIF-1αがある．本来は低酸素ストレスで機能を発揮する転写因子で，解糖系酵素の発現を高めるが（がん細胞でみられる

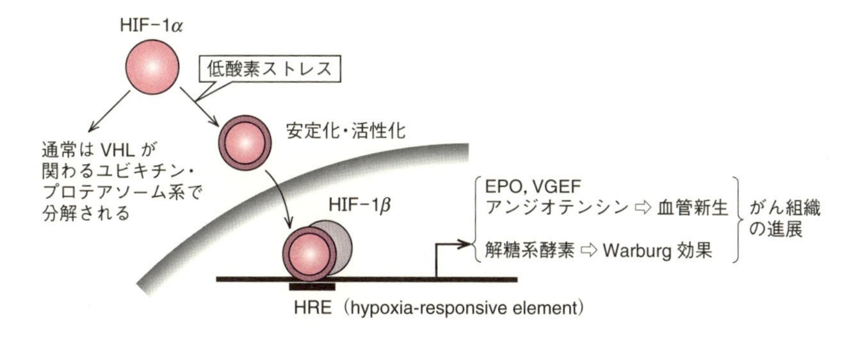

図14・3　低酸素状態ではがん組織が進展する

Warburg 効果に関連がある)，さらにアンジオテンシン，*VEGF*（血管内皮増殖因子）*EPO* 遺伝子などの発現も高め，これらが結果的に血管新生を誘導する（図 14・3）.

14・2・2 がん抑制的に働く転写関連因子

a. がん抑制遺伝子 多くのがん細胞は正常細胞に対し劣性の性質をもつが，これは正常細胞ではがん化を抑える**がん抑制遺伝子**（tumor suppressor gene）が働いているためと説明され（注意：p53 のように変異タンパク質が四量体に組込まれるため，変異優性になる場合もある）．これまでに多数のがんで，原因遺伝子の異常が検出されている．がん抑制は DNA 修復遺伝子や細胞死関連遺伝子でも見られるが，その中心は細胞増殖制御に関するものである．がん抑制遺伝子の半数近くが転写制御を作用点としている（表 14・1）.

表 14・1 転写制御に働くがん抑制遺伝子

がん抑制遺伝子	異常のみられるがん	変異が検出された疾病
RB†	網膜芽細胞腫，肺がん，乳がん，骨肉腫	家族性網膜芽細胞腫
p53	大腸がん，乳がん，肺がん	Li-Fraumeni 症候群
WT1	Wilms 腫瘍	Wilms 腫瘍
APC†	大腸がん，胃がん，膵臓がん	家族性腫瘍性ポリポーシス
p16	悪性黒色腫，食道がん	家族性悪性黒色腫
NF1	悪性黒色腫，神経芽腫	神経線維症 I 型
VHL	腎臓がん	Von Hippel-Lindau 病
BRCA1†	家族性乳がん	
BRCA2†	家族性乳がん	
DPC-4/SMAD4	膵臓がん，大腸がん	
SMAD2	大腸がん	
MEN1（メニン）	膵臓がん，下垂体腺腫	多発性内分泌腫瘍症 1 型

† 転写因子それ自身ではないが間接的に転写制御に影響する．*RB* は転写因子 E2F，*APC* は転写共役因子 β-カテニンと結合する．*BRCA1/2* は DNA 修復関連因子であるが，いくつかの転写関連因子と結合することが知られている.

b. 転写に直接関わるがん抑制遺伝子

RB：網膜芽細胞腫で検出されたがん抑制遺伝子で，転写制御因子ではないが，S 期進行に働く転写因子の E2F と結合し，阻害する（§ 14・1 参照）.

p53：p53 は多数のがんで変異が認められ，細胞増殖抑制やアポトーシスなどに関わる多くの遺伝子の発現制御に関わる（§ 14・3 参照）.

WT1：Wilms 腫瘍で検出された遺伝子．Zn フィンガーモチーフタンパク質で GC に富む配列に結合する．Wilms 腫瘍を含む多くのがんでの関与が示唆されている.

VHL: 本遺伝子は種々の腫瘍が関わる Von Hippel–Lindau 病の原因遺伝子として同定された．ユビキチンリガーゼで，低酸素ストレスで活性化される転写因子 HIF（§ 14・2・1 参照）の分解に関わる．転写伸長因子 S3 の成分の一つと置換して転写伸長に拮抗するという観察もある．

Smad4: Smad は分化因子である TGF-β やアクチビンをリガンドとするセリン-トレオニンキナーゼ受容体に繋留されている因子で，リガンド結合によってリン酸化されて核移行し，標的配列に結合する．*Smad4* はヒトのがん抑制遺伝子 *DPC* として同定された．

MEN-1: 遺伝子産物メニンは多発性内分泌腫瘍症 1 型で検出され，副甲状腺腫瘍，膵臓がんや下垂体腺種で異常がみられた．細胞増殖抑制に作用する．

14・2・3　発がんと関連の深い転写共役因子

a. Wnt シグナル伝達経路と TCF　このシグナル伝達経路は細胞裏打ちタンパク質の β-カテニンとがん抑制遺伝子である *APC*（adenomatous polyposis coli），そしてリガンドの **Wnt**（ウイント）が関わる（図 14・4）．リガンドのない時，β-カテニンは GSK-3β などのキナーゼでリン酸化されてプロテアソームで分解される．リガンドが受容体の Frizzled に結合すると，Dishevelled を介して GSK-3β が抑えられ，その結果 β-カテニンが安定化する．安定化した β-カテニンは核内で転写因子 TCF/LEF の転写共役因子として働き，その結果標的遺伝子の活性化が起こる．TCF/LEF は細胞増殖や T 細胞機能に関与し，標的遺伝子には *c-Myc* や *cyclinD1* などがある．*APC* 遺伝子の変異は大腸がん発症と関連するが，β-カテニンのリン酸化部位が変異した場合は，大腸がんのみならず，多様ながんの発症につながる．

コラム 14・2

DNA がんウイルスによる発がん機構

DNA がんウイルスのがん遺伝子は直接転写制御には関わらず，p53 や RB に結合し，それらを不活化することで細胞を発がんへ誘導する（図参照）．

(a) SV40

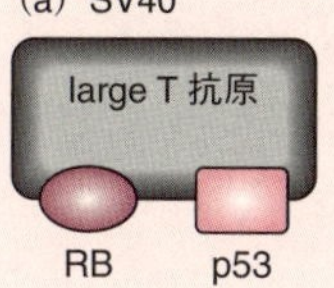

(b) アデノウイルス

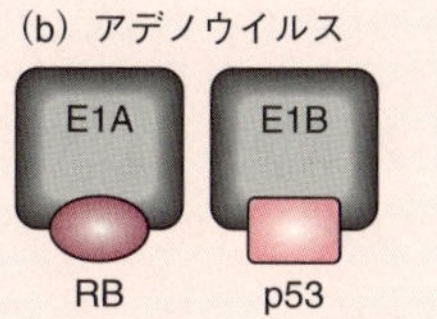

(c) ヒトパピローマウイルス

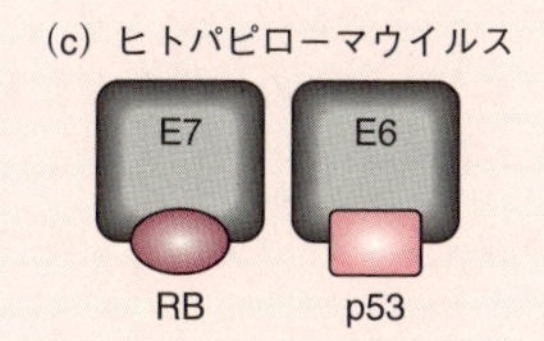

DNA がんウイルスの発がん関連タンパク質はがん抑制タンパク質と結合する

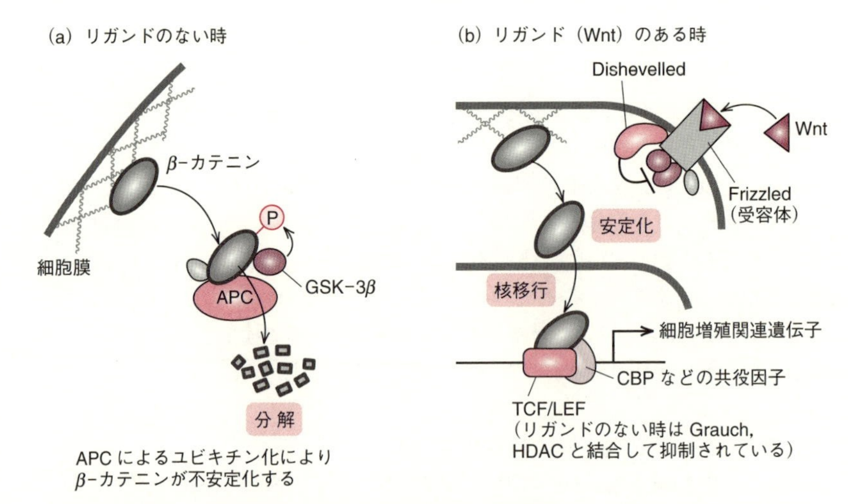

図 14・4　β-カテニンと Wnt シグナル伝達経路を介した転写の制御

b. ウイルスの転写共役因子　一般にがんウイルスは宿主遺伝子発現の活性化を起こし，ウイルスの中にはそのための転写共役因子をもつものがある．このような機能を示す転写共役因子として，アデノウイルスの E1a, B 型肝炎ウイルスの pX，ヒト T 細胞白血病ウイルスの TAX などが知られている．

14・3　p53：ゲノムの守護神

14・3・1　p53 の発見

p53 は最も有名ながん抑制因子であり，最も研究されてきた転写因子の一つである．p53 は 1979 年に SV40 の largeT 抗原と結合するタンパク質として同定されたが，クローニングされたマウス p53 は，初代培養のラット胎仔由来線維芽細胞を不死化させたことから，当初はがん原遺伝子であると考えられていた．これは，このとき使用されていた p53 が変異 p53 であったことに原因があり，そのことが明らかになるとともに，ヒトのがんの約半数で変異がみられることが明らかになった．そのため，非常に重要な機能をもつであろうがん抑制遺伝子として p53 研究は爆発的に進展していった．本節では p53 の機能やがんとの関係について説明する．

14・3・2　p53 とその抑制因子 MDM2

p53 は 393 個のアミノ酸から構成され，転写活性化ドメインを含む N 末端ドメイン，

DNA結合能をもつコアドメイン，四量体の形成に必須なC末端ドメインと三つのドメインに大別することができる（図14・5）．p53は特定のDNA配列（RRRCWWGYY-YN(0−13)RRRCWWGYYY）に結合する転写因子であり，非常に多くの遺伝子の発現を制御している（図14・5）．おもに四量体として働くため，ゲノムの片方のみの変異でも，変異p53が野生型p53を巻込んで機能を損なわせる，ドミナントネガティブな作用を示す．正常な細胞増殖を行うため平常状態においてp53はユビキチン−プロテアソーム経路による分解を受け，低レベルに抑えられている．それをおもに担っている酵素が**MDM2**であり，この因子もp53の標的遺伝子の一つである．そのため，p53が活性化するとMDM2が上昇してきてp53を抑制するといった強力なフィードバックがかかる．MDM2によるp53の抑制機構は非常に複雑であり，p53−MDM2経路がp53の多岐にわたる機能の根幹部分である．またMDM2のノックアウトマウスは胚性致死になるが，p53のノックアウトによってその表現系は消失することから，いかに両者が密な関係にあるかがわかる．MDM2のp53に対する機能としては，p53の転写活性化の抑制，p53のC末端へのポリユビキチンの付加による分解促進およびモノユビキチン付加による核外輸送促進が知られている．一方で，MDM2はp53特異的なユビキチンリガーゼだと考えられてきたが，近年，p53に依存しないMDM2のがん化促進能が明かされてきている．

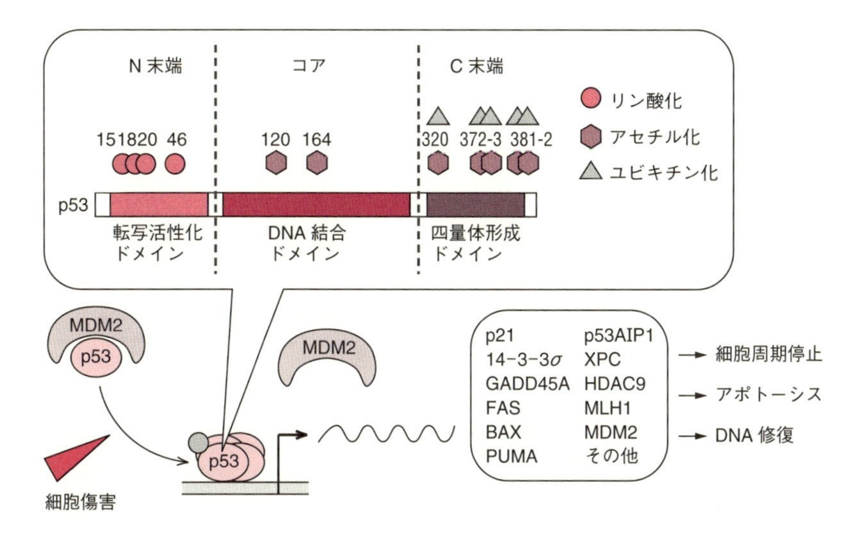

図14・5　p53の基本的な機能　p53は常時MDM2によって分解制御を受けている．細胞傷害が入ると，p53は多数の修飾を受けることで活性化する．その修飾の一部を図上部に示す．活性化したp53は四量体となり特定のDNA配列へ結合し，標的遺伝子を活性化する．その結果，細胞増殖の停止やアポトーシスなどがひき起こされる．

p53はさまざまな化学修飾を受けることが知られている．最も顕著なものはリン酸化であり，p53のN末端領域にリン酸が付加することで，MDM2から解離し，活性化することができる．また，ヒストン以外のタンパク質で初めてアセチル化されることが示されたのはp53であり，p53のC末端ドメインのアセチル化により，転写活性化能の促進がひき起こされる．そのほかにもSUMO化やNedd化（Nedd8が結合する）などが知られている．

14・3・3　変異p53と機能の獲得

ヒトのがんで変異しているp53のうち，ほとんどは一塩基置換変異である．一般的に*RB*や*NF*など他のがん抑制遺伝子にみられる変異の大多数は欠失かミスセンス変異であり，その点においてもp53は特徴的ながん抑制遺伝子であるといえる．さらに，p53にはDNA結合ドメイン内にホットスポットとよばれる約6個の塩基が存在し，p53の塩基置換変異のうち，その点変異がおよそ30%を占める．

p53のホットスポット変異をもつマウスは，p53を欠損させたマウスと比べて，内皮性のがんの誘発率が増加する．また，誘発したがんは高い転移能，すなわち高い悪性度をもつ．この結果は，変異したp53ががんを抑制するどころか，がんの悪性化に関わるということを示している．この本来とは違う機能の獲得を**機能の獲得**（gain of function）といい，がんにおけるp53の機能を知るうえでなくてはならないことである（図14・6）．がんの悪性化の原因としてこれまでに，(1) p53ファミリーである

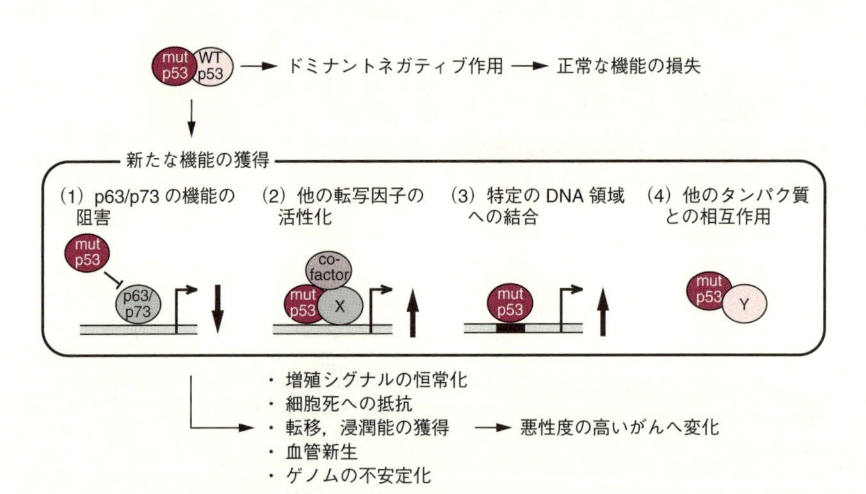

図14・6　変異p53の作用　変異したp53は野生型p53を巻込んでその機能を消失させる．また，さまざまな機能を獲得する．結果として，悪性度の高いがんへと進行する．

p63 や p73 と結合し，これらがもつがん抑制機能を阻害すること，(2) NF-Y など結合する転写因子とのタンパク質複合体を変化させ，正常な p53 では抑制していた遺伝子を活性化すること，(3) 本来とは異なるプロモーターに結合してその遺伝子の転写を活性化すること，(4) PML などの転写因子ではないタンパク質と結合し，より悪性度の高いがんをつくりやすい状態にすること，がわかっている．さらにはヒストンのメチルトランスフェラーゼである MLL1, 2 やアセチルトランスフェラーゼである MOZ と結合し，クロマチン上のヒストン修飾をゲノムワイドで変化させるという報告もなされている．正常な p53 が非常に多機能であるがゆえ，変異 p53 もまた多機能なのである．

14・3・4　p53 アイソフォームと p53 ファミリー

ヒトの *p53* 遺伝子は 17 番染色体短腕上の 19200 塩基対からなり，11 個のエキソンが存在する．その中で，10 を超える p53 アイソフォームが発現している．最も有名なものははじめの 40 アミノ酸が欠損した ΔN-p53 であり，p53mRNA の二つ目の開始コドン（AUG）から IRES（internal ribosomal entry site，内部リボソーム結合配列）によって合成される．ΔN-p53 は転写活性化ドメインをもたないため，当初，p53 に対してドミナントネガティブに働き，その機能を抑制すると考えられていた．しかし，多くの研究から，ΔN-p53 自体がユニークな標的遺伝子をもつことや，p53/ΔN-p53 のヘテロ四量体は老化を促進させることが明らかになった．このアイソフォームの存在が，個体内で組織の新生と，がんの抑制のバランスの制御をより厳密に保っていると考えられている．

p53 は p63 と p73 というタンパク質とともに **p53 ファミリー**を形成している．p63,

コラム 14・3

p53 を標的としたがん治療

p53 は多くのがんに関わっているため，それを標的とした治療は古くから考えられてきた．MDM2 との結合領域が明らかになり，MDM2 の p53 結合ポケットとよばれる場所に入り込むことで p53-MDM2 結合を阻害する薬剤として開発されたのが **Nutlin-3a** である．しかし，がん細胞にこの薬剤を投与しても，期待通りの成果を得ることができなかった．これは，p53 が正常だとしても，その下流に変異が入ってしまっていたりするためであった．そのため現在，Nutlin-3a に加えて p53 経路を活性化させるようなものの開発がなされている．一方，変異した p53 を標的とする薬剤として，APR-246 などの p53 の構造を正しいものへとリフォールディングし，野生型と同等の機能をもたせられるものの開発も進んできている．

p73 ともに p53 と類似した DNA 結合ドメインをもっており，p53 の認識配列に結合して標的遺伝子の転写を活性化することができる．p63 は上皮の形態形成や四肢形成に必須である．p63, p73 の変異はがんにおいてまれであり，がんとの相関はあまりわかっていない．これは p63, p73 も p53 と同様に多数のアイソフォームをもち，そのアイソフォームの機能によってがんに対してさまざまな側面を見せることが一因としてある．

15

中胚葉組織の形成

15・1　筋分化に関わる転写因子

15・1・1　筋分化と MyoD ファミリーに属する転写因子

骨格筋は，多数の筋線維が束ねられてできており，発生初期の体節（皮筋節）に由来する組織である．筋分化において，未分化状態の細胞はまず筋肉の前駆細胞へと運命決定され筋芽細胞となる．その後，複数の筋芽細胞が融合して多核の筋管細胞となり，筋管細胞が集まって筋線維が形成されるというように，**筋分化**の過程は複数のステージに分けられる．これらの過程ではそれぞれの時期に特異的な転写因子がタイミングよく働いて筋分化が実行される（図 15・1）．筋分化に特異的に働く転写因子は，おもに **MyoD ファミリー**に属する複数の転写因子である．MyoD ファミリーには，**MyoD**，Myf5，myogenin（**マイオジェニン**，**ミオゲニン**ともいう），MRF4 が含まれる．これらの転写因子は bHLH（basic–helix–loop–helix）型の転写因子に分類され，**E–ボックス**とよばれる DNA 配列（CANNTG）に直接結合して標的遺伝子の転写を活性化する．この中でも特に MyoD は筋分化にとって重要な転写因子であり，前駆細胞に MyoD を導入するだけで筋分化を誘導することができる．このような性

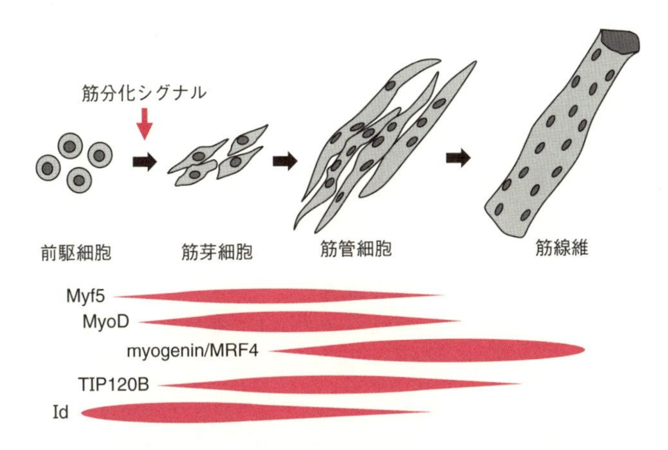

図 15・1　筋分化に関与するさまざまな因子が働く時期　前駆細胞から筋線維ができあがるまでに働く MyoD ファミリーに属する転写因子と，それらの因子が作用する時期を示している．

質から，MyoD は筋分化のマスター制御因子として認識されている．筋分化の中でこれらの転写因子が働く時期を大まかに分けると，まず筋前駆細胞から筋芽細胞への運命決定には MyoD と Myf5 が働き，続いて筋芽細胞から筋管細胞が形成される過程では myogenin と MRF4 が働くと考えられている．トロポニン I，ミオシン重鎖，ミオシン軽鎖，筋クレアチンキナーゼ，α-アクチンといった筋形成に関連する遺伝子群が MyoD ファミリーの転写因子の主たる標的遺伝子であり，これらの筋構造タンパク質を発現させることによって筋肉ができあがっていく．

筋分化は，マウス筋芽細胞由来の培養細胞である C2C12 を使って解析される場合が多い．C2C12 細胞は培地中の血清濃度を変化させることで試験管内で簡単に筋分化を誘導することができ，C2C12 を使った解析からこれまで非常に多くの知見が得られている．C2C12 細胞で観察される筋分化現象と実際の胚発生における筋形成とでは多少の食い違いはあるものの，MyoD と Myf5 が筋分化初期における筋芽細胞形成とその維持に必要であり，かつ，myogenin は筋分化中期から後期における正常な筋管形成に必須であるという認識が現在では広く受入れられている．

15・1・2　筋特異的転写因子の抑制

筋分化促進因子が筋分化を正に制御する一方で，筋分化を抑制する因子も存在しており，転写調節因子 **Id** はその一つである．Id はファミリーを形成しており，Id1～Id4 の存在が報告されている．HLH モチーフをもつ Id は，MyoD などの bHLH 型転写因子に結合してヘテロ二量体を形成する．Id は DNA 結合能をもたず，Id とヘテロ二量体を形成した bHLH 型転写因子にその DNA 結合能と転写活性化能を発揮させなくする，いわゆるドミナントネガティブな効果を示す．Id タンパク質の発現量は細胞内シグナルによって変動する．血清刺激によって誘導される BMP シグナルのような筋分化抑制シグナル下では Id の発現が誘導され，Id が MyoD ファミリーの転写因子を抑制することで筋分化が抑制される．反対に，筋分化シグナル下では Id の発現は抑制されて MyoD ファミリーの転写因子が機能できるようになり，筋分化が進行する．

15・1・3　筋特異的転写因子の分解と保護

筋組織は代謝回転の非常に速い組織の一つであり，骨格筋形成に必要なタンパク質である MyoD や myogenin などの転写因子もまた，急速に分解される．MyoD と myogenin は **SCF**（Skp1/Cullin-1/F-box）**複合体**とよばれる複合体型ユビキチンリガーゼによってポリユビキチンが付加され，付加されたポリユビキチン鎖を目印にプロテアソームが分解を行う．このため，MyoD と myogenin の細胞内での半減期は数十分から数時間と短い．筋分化を遂行するための重要な転写因子である MyoD

とmyogeninが常に不安定な状態にあることは筋分化にとって不利であり，そのため筋分化を実行したいときにだけMyoDやmyogeninを安定化させるための機構が存在している．**TIP120B**（**CAND2**）は，筋分化の進行に伴ってその発現レベルが上昇し，筋分化を促進させる働きをする．MyoDやmyogeninとは異なり，TIP120Bは転写因子ではないためDNAに結合することはないが，TIP120BはMyoDおよびmyogeninタンパク質を安定化することで筋分化に寄与している．TIP120BによるMyoDおよびmyogeninの安定化は，TIP120BがSCF複合体形成を阻害することでひき起こされる．TIP120BはSCF複合体の構造的プラットホームとなるCullin-1と結合してSCF複合体形成を干渉し，その結果MyoDとmyogeninの分解ができなくなる．

筋分化を決定づける転写因子の素早い分解はおそらく，細胞外部からの刺激に敏感に応答しながら慎重に分化を進めるために必要な機構なのであろう．そして，TIP120Bは筋芽細胞から筋管細胞ができあがるまでの期間にMyoDとmyogeninのタンパク質安定性を高めることで，筋分化の異なるステージへ橋渡しをしていると考えられる．

コラム 15・1

分化において細胞はただ一つの方向性を選択する

生体内では，未分化状態の細胞はさまざまな細胞外シグナルにさらされながら一つの運命を選択し，脂肪細胞や筋細胞などに分化する．

細胞に複数のシグナルが入るなか，細胞が脂肪細胞と筋細胞の中間体のような中途半端な形質を獲得せずに，一つだけの形質を選択する仕組みが存在することが2014年に京都大学の西田栄介らによって明らかにされた．たとえば脂肪細胞と筋細胞は同じ間葉系細胞から生じるが，脂肪細胞へと運命決定した細胞は筋分化プログラムが働かないように筋分化因子MyoDを分解する．また，筋分化の運命を選択した細胞では，脂肪分化に必要なPPARγが細胞内で発現しないようにその転写を抑え込む．

このように二つの分化プログラムは互いに排他的に作用し合うことで，脂肪と筋肉のハイブリッド細胞が生体内で生まれないようにしていると考えられる．

15・2 血球分化と転写制御

15・2・1 血球分化

赤血球，血小板，白血球（B細胞，T細胞，単球/マクロファージ，好中球など）などに代表される血球（血液細胞）は，骨髄の中に存在する**造血幹細胞**から分化する．

造血幹細胞は，すべての血球に分化できる多分化能と自己を再生できる自己複製能をもち，普段はほとんど増殖しておらず，骨髄内で静止期にとどまっている．造血幹細胞は，多分化能をもつが自己複製能をもたない細胞である**多能性前駆細胞**へと分化し，さらにそれぞれの細胞系列へと分化していく．

従来の細胞の形態に基づいた分類では，まずリンパ球系と骨髄球系に運命決定され，リンパ球系はさらにB細胞とT細胞へ，骨髄球系は赤血球/巨核球系と単球/好中球系へと運命決定されると考えられていた．しかしながら，解析法の進歩により，1個の細胞の運命をたどることができるようになり，血球の系統図が書き換えられつつある．血球分化系統図の詳細な部分は，まだ議論の余地があるが，大まかな流れは次の通りである（図15・2）．多能性前駆細胞から，まず赤血球・巨核球系列となる細胞が分岐し，次にB細胞系列とT細胞系列の細胞が分岐する．これらの系列の細胞は，分岐した後も骨髄球系列（好中球，マクロファージ）への分化能を有している．さらに分化が進むと，骨髄球系への分化能を失い，それぞれの細胞系列へと運命決定される．

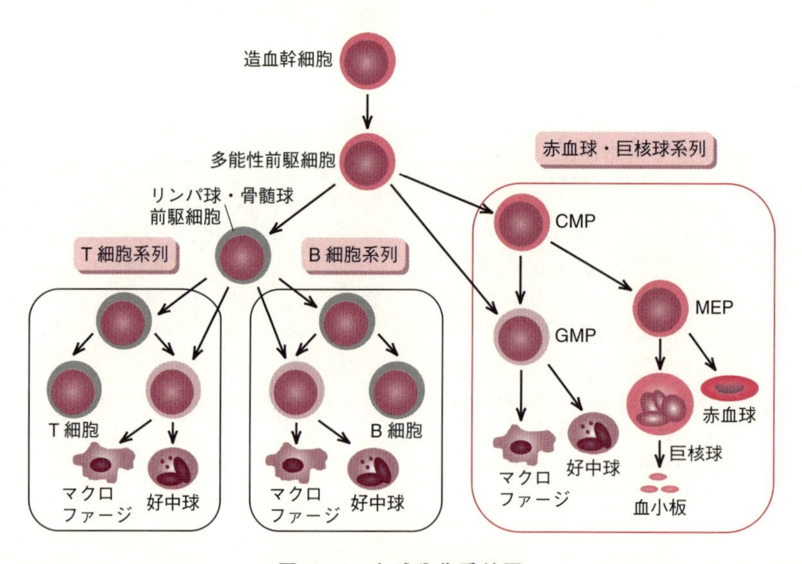

図15・2　血球分化系統図

15・2・2　赤血球・巨核球分化と転写制御

多能性前駆細胞から分岐した共通骨髄球前駆細胞（CMP）は，顆粒球・単球前駆細胞（GMP）と巨核球・赤血球前駆細胞（MEP）へと分化する（図15・3）．赤血球および巨核球はMEPから分化する．これらの分化に重要な役割を果たす転写因子がGATA1である．GATA1は，造血幹細胞や前駆細胞で働いている転写因子GATA2によって活性化される．GATA1は，自身の遺伝子を活性化するとともに，GATA2の発現を抑制することによって，分化を促進する．また，GATA1は，骨髄球系列において重要な転写因子PU.1を抑制することで，骨髄球への分化を抑制する．

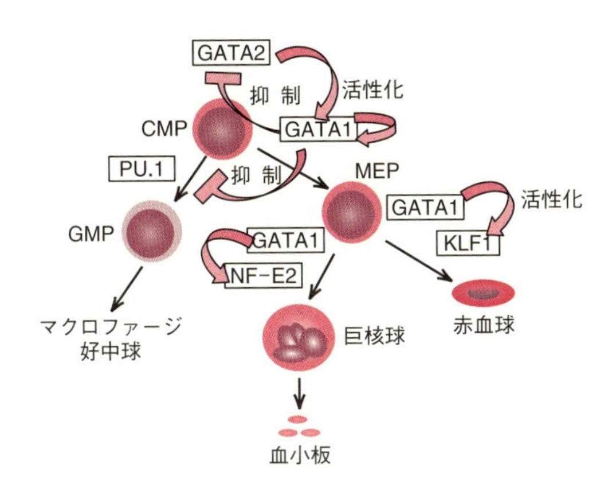

図15・3　赤血球・巨核球分化と転写因子

赤血球では，GATA1はヘモグロビンを形成するαグロビンとβグロビン遺伝子の発現を活性化する．さらに，ヘムを合成するための酵素群の発現も活性化する．GATA1は転写因子であるKLF1の発現を活性化する．KLF1もGATA1と同様にグロビン遺伝子を活性化する．

巨核球からの血小板産生には，転写因子NF-E2が重要である．NF-E2は，NF-E2 p45と小Maf群転写因子（MafG, MafK, MafF）との二量体からなる．NF-E2 p45とMafKは，どちらもGATA1の制御下にある遺伝子である．NF-E2は血小板形成に関わる遺伝子や血小板機能に関わる遺伝子の両者を活性化する．

15・2・3　B細胞と転写制御

B細胞は，抗体を産生することによって異物を排除する免疫細胞である．B細胞は，骨髄内でプロB細胞，プレB細胞，未熟B細胞へと分化し，さらにリンパ節などで成熟B細胞へと分化する．B細胞への分化は，三つの転写因子E2A, EBF1, PAX5によって行われる（図15・4）．リンパ球系前駆細胞においてE2AはEBF1の発現を活性化する．EBF1は，自身の遺伝子を活性化するとともに，E2AやPAX5の発現を活性化することによって，B細胞への分化を促進する．さらに，EBF1や同じく転写因子であるBACH2は骨髄球の遺伝子の発現を抑制することで，骨髄球系への分化を抑制し，B 細胞への運命決定を確立する．

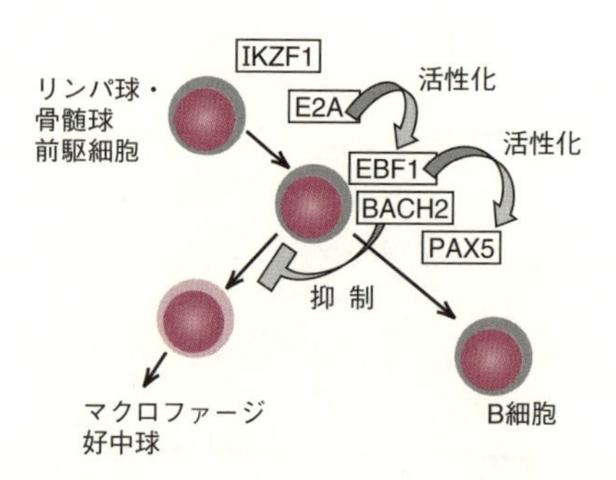

図 15・4　B 細胞分化と転写因子

15・2・4　T 細胞分化と転写制御

T 細胞分化は胸腺内で行われる．胸腺内で T 細胞は，細胞表面マーカーである CD4 と CD8 のどちらも発現していない DN（double negative）細胞，CD4 と CD8 を両方発現する DP（double positive）細胞を経て，CD4 のみを発現するヘルパーT 細胞か CD8 のみを発現する細胞傷害性 T 細胞へと分化する（図 15・5）．細胞が骨髄球への分化能を失い，完全に T 細胞へと運命決定されるのは，DN 細胞の段階である．この運命決定は，転写因子 BCL11B によってなされる．ヘルパーT 細胞と細胞傷害性 T 細胞の選択に重要な転写因子が，ThPOK と RUNX3 である．ThPOK はヘルパーT 細胞へ，RUNX3 は細胞傷害性 T 細胞への分化をそれぞれ促進するとともに，互い

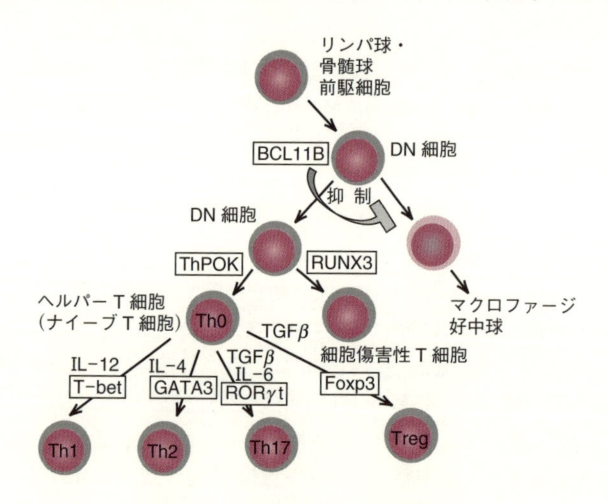

図 15・5　T 細胞分化と転写因子

を抑制することで，分化系列を決定する．

ヘルパーT細胞は，ナイーブT細胞（Th0）として産生され，さまざまなサイトカインのシグナルによって，Th1細胞，Th2細胞，Th17細胞，制御性T（Treg）細胞へと分化する（図15・5）．Th1細胞は，インターフェロン（INF）γを産生し，マクロファージや細胞傷害性T細胞などの細胞性免疫を活性化する．Th2細胞は，IL-4，IL-5，IL-3，IL-13を産生し，B細胞による液性免疫を活性化するとともに，アレルギー性疾患に関与する好酸球や肥満細胞を活性化することも知られている．Th17細胞は，IL-17，IL-22を産生し自己免疫疾患に関与する．Treg細胞は自己に対する過剰な免疫応答を抑制する免疫寛容に関与している．

Th1細胞とTh2細胞への分化は，それぞれサイトカインであるIL-12とIL-4によって誘導される．IL-12のシグナルは，STAT4を介して転写因子T-betの発現を活性化し，Th1細胞への分化を促進する．また，IL-4のシグナルは，STAT6を介して，転写因子GATA3の発現を活性化し，Th2細胞への分化を促進する．T-betとGATA3は互いに抑制する作用があり，Th1細胞とTh2細胞との分岐を確実なものとしている．

Treg細胞は，TGFβのシグナルで分化する．TGFβシグナルによって，転写因子FOXP3の発現が活性化され，Treg細胞への分化が促進される．FOXP3は転写因子RORγtの発現を抑制して，Th17細胞への分化を抑制する．一方で，Th17細胞の分化には，TGFβに加えて，IL-6のシグナルが必要である．IL-6のシグナルは，FOXP3によるRORγtの抑制を解除し，Th17細胞への分化を促進する．

15・2・5 骨髄球系細胞の分化と転写制御

好中球と単球/マクロファージは，他の系列との共通の前駆細胞を経て顆粒球・単球前駆細胞から分化する（図15・6）．転写因子C/EBPαは，顆粒球・単球前駆細胞から好中球への分化を促進する．一方で，転写因子IRF8は，顆粒球・単球前駆細胞

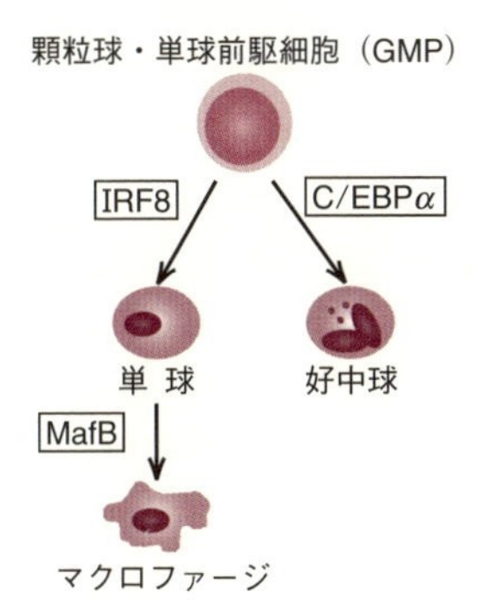

図15・6 骨髄球系細胞の分化と転写因子

から単球への分化を促進し，好中球への分化を抑制する．単球からマクロファージへの最終分化には，転写因子 MafB が必要である．

15・3 骨形成と転写制御

15・3・1 骨形成の様式と由来

哺乳類の骨は，結合織内骨化と軟骨内骨化の二つの様式により形成される．結合織内骨化は頭蓋の扁平骨（前頭骨や頭頂骨），顔面骨，鎖骨の一部などに見られ，凝集した間葉系細胞から直接分化した骨芽細胞によって骨がつくられる．一方，軟骨内骨化は脊椎，肋骨といった体幹の骨や手足の骨で見られる様式で，最初に軟骨細胞によって軟骨が形成され，その一部が骨に置き換わっていく．骨への置換においては，軟骨を取囲む軟骨膜に存在する間葉系細胞が骨芽細胞へと分化し，骨殻（将来の皮質骨）を形成するとともに，血管を伴って肥大軟骨細胞層に侵入し，破軟骨細胞による軟骨基質の分解と共役しながら一次骨化中心を形成する．

15・3・2 骨芽細胞の発生と転写制御

骨芽細胞は間葉系細胞からいくつかの前駆細胞を経て形成される（図 15・7a）．軟骨内骨化においては，インディアンヘッジホッグ（indian hedgehog-Ihh）タンパク質によるシグナルが間葉系細胞に入力し，転写因子 Gli による転写制御を介して，転写因子 Runx2（runt-related transcription factor 2）を発現する骨芽細胞前駆細胞（$Runx2^+$前駆細胞）が形成されると考えられている．Runx2 は，ショウジョウバエの体節形成遺伝子の一つ *runt* にホモロジーをもつ Runx ファミリーに属する転写因子である．*Runx2* 欠損マウスでは全身の骨形成が消失することから，Runx2 は骨芽細胞分化のマスター制御因子（骨芽細胞の分化に関わる遺伝子群を制御する因子）である．ヒトにおいては，*RUNX2* 遺伝子のヘテロ接合体変異が鎖骨頭蓋異形成症をひき起こす．Runx2 は転写共役因子である Cbfb（core binding factor beta）とヘテロ二量体を形成し，*Col1α1*（I 型コラーゲン α1 鎖），*Col1α2*（I 型コラーゲン α2 鎖），*Spp1*（secreted phosphoprotein 1），*Bglap*（bone gamma-carboxyglutamate protein）などの骨基質タンパク質遺伝子周囲のエンハンサー領域に存在する Runx 認識配列に runt ドメインを介して結合し，これらの遺伝子の転写を上昇させる．

$Runx2^+$前駆細胞はさらに Sp7 も発現する前駆細胞（$Runx2^+;Sp7^+$前駆細胞）となる．Sp7 は他の Sp ファミリー転写因子と同様に，DNA 上の GC ボックス配列を認識する Zn フィンガードメインを有する．*Sp7* 欠損マウスにおいても全身の骨形成が消失することから，Runx2 と同様に Sp7 も骨形成のマスター制御因子である．*Runx2* 欠損マウスの骨格では *Sp7* 遺伝子の発現が消失する一方，*Sp7* 欠損マウスでは $Runx2^+$前駆細胞が存在する．したがって，Sp7 は Runx2 よりも下位で骨芽細胞の分

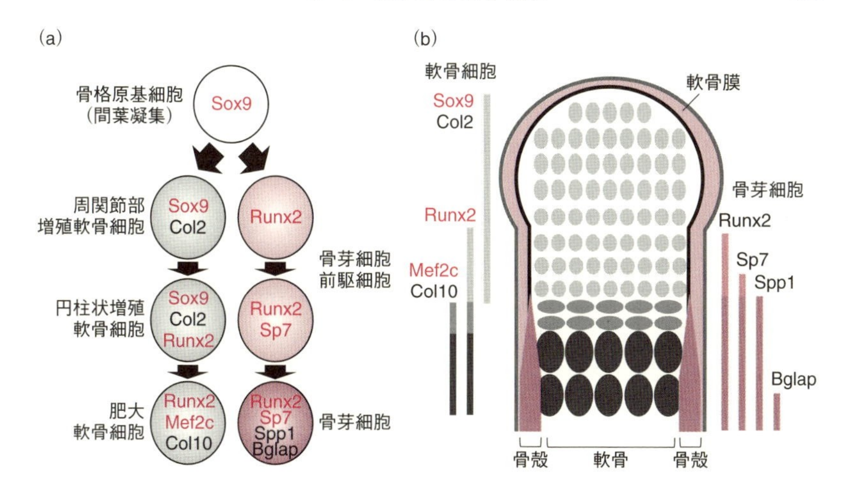

図 15・7 骨芽細胞と軟骨細胞の分化と各段階のマスター制御因子 (a) 骨芽細胞と軟骨細胞の分化過程のモデル．軟骨内骨化において，骨芽細胞と軟骨細胞は凝集した間葉系細胞から生じる．各段階のマスター制御因子（赤字）をはじめ，特徴的な因子を発現しながら分化が進行する．(b) 軟骨内骨化における骨端部の様子．発生途中の骨端部では，軟骨膜から骨殻にわたる骨芽細胞の分化過程と，軟骨細胞の異なる分化段階が観察できる．(a) における各分化段階に特徴的な因子の発現パターンを左右に示す（転写制御因子は赤字）．

化を制御しているといえる．Sp7 は，*Col1α1* や *Col1α2* といった骨基質タンパク質遺伝子のほか，*Mmp13*（マトリックスメタロプロテアーゼ 13）や血管内皮増殖因子（vascular endothelial growth factor：VEGF）などの転写制御に関わる．Runx2$^+$;Sp7$^+$ 前駆細胞は，*Bglap* や *Spp1* を発現する骨芽細胞へ分化し，骨形成を誘導する．

Runx2$^+$;Sp7$^+$ 前駆細胞の形成と骨芽細胞への分化の段階には，Wnt/β-カテニン経路の活性化が必須であることがわかっている．Wnt/β-カテニン経路の下流では，β-カテニンが転写因子 Tcf（transcription factor，T cell specific）や Lef（lymphoid enhancer binding factor）と働くことで，標的遺伝子の転写を制御する．

15・3・3 軟骨細胞の発生と転写制御

軟骨内骨化では，凝集した間葉系細胞（間葉凝集）が軟骨細胞へ分化する．発生途中の骨の両端に認められる軟骨は，周関節部増殖軟骨細胞，円柱状増殖軟骨細胞，前肥大軟骨細胞，肥大軟骨細胞の各層に分けられる（図 15・7b）．

HMG ボックス型転写因子 Sox9 は軟骨内骨化のマスター制御因子であり，間葉凝集から軟骨細胞の形成・成熟にわたって必須である．マウス胎仔において，*Sox9* 欠損細胞は軟骨内骨化の間葉凝集に寄与できない．*Sox9* を肢芽（胎生期にみられる手足の原器）特異的に欠損させたマウスでは四肢が消失する．さらに，*Sox9* を軟骨前駆細胞や軟骨細胞で欠損させると，正常な軟骨の形成とその成熟が著しく抑制される．ヒトにおける *SOX9* の変異は，カンポメリック骨異形成症をひき起こす．

軟骨細胞において，Sox9 はホモ二量体を形成し，*Col2α1*（II 型コラーゲン α1 鎖），*Col9α1*（IX 型コラーゲン α1 鎖），*Col11α2*（XI 型コラーゲン α2 鎖），*Acan*（aggrecan，アグリカン）といった軟骨基質タンパク質遺伝子周辺のエンハンサー領域の Sox 二量体認識配列に HMG ボックスドメインを介して結合し，これらの遺伝子の転写を上昇させる．また，同じ Sox ファミリーに属する Sox5 および Sox6 は，Sox9 結合領域の近傍にヘテロ二量体として結合することで，Sox9 の転写活性化能をさらに上昇させる．Sox の HMG ボックスドメインは，DNA 二重らせんの副溝に結合する．

増殖軟骨細胞から前肥大・肥大軟骨細胞への分化（肥大化）においては，転写因子 Runx2 と Mef2c（myocyte enhancer factor 2C）がマスター制御因子である．*Runx2* 欠損マウスでは骨形成に加えて軟骨の肥大化が抑制される．Runx2 は，肥大軟骨細胞に特異的に発現する *Col10α1*（X 型コラーゲン α1 鎖）や，後期肥大軟骨細胞で発現する *Ibsp*（integrin binding sialoprotein），*Spp1*，*Mmp13* の転写に関わる．肥大化における Runx2 の役割は Runx3 と重複することがわかっている．*Mef2c* の欠損マウスにおいても軟骨の肥大化が著しく抑制され，Mef2c は *Col10α1* 遺伝子上流の認識配列に結合してその転写を制御する．クラス II ヒストンデアセチラーゼである HDAC4（histone deacetylase 4）は Mef2c の作用に拮抗的に働く．

Wnt/β–カテニン経路も軟骨細胞の肥大化に関与することがわかっている．また，周関節部増殖軟骨細胞で発現する副甲状腺ホルモン関連ペプチド（PTHrP）は，円柱状増殖軟骨細胞に作用して肥大化を抑制する．前肥大軟骨細胞層で発現する Ihh が PTHrP を誘導することでネガティブフィードバックループを形成し，骨の長軸方向の成長を調節すると考えられている．しかしながら，これらのシグナルの下流で行われる転写調節についてはいまだ不明な点が多い．

16

ストレス応答制御

16・1　転写因子のタンパク質分解によるストレス応答制御

私たちの体は常に化学物質，酸素，放射線，細菌やウイルスなど，外界からさまざまなストレスにさらされている．細胞はこれらに対する防御機構を備えており，そのおかげで私たちは健康な生活を維持できる．

細胞のストレス応答において最も重要なことは，迅速に対応することである．ストレスに対して迅速に応答するシステムの一つとして，細胞は“転写因子のタンパク質分解による制御”を採用している（図 16・1）．細胞は，ストレスの有無にかかわらず，ストレス応答を制御する転写因子のタンパク質合成を常に行っている．しかし，ストレスが存在しない場合は，合成した後，すぐにその転写因子を分解してしまう．これによって，転写因子の活性は抑制されている．一方で，細胞がストレスにさらされると，細胞はこのタンパク質分解を停止する．これによって，転写因子が細胞内に蓄積し，さらに核内へ移行して，標的遺伝子の発現を活性化する．この機構は，ストレスがない場合はタンパク質の合成と分解を繰返すことになるため，一見，無駄が多いようにみえる．しかし，転写因子自体の転写や翻訳を介さずに大量の転写因子を効率的に蓄積することができるため，迅速な標的遺伝子の活性化を実現できる．

この機構によって制御されているのが，酸化ストレスなどに応答する転写因子

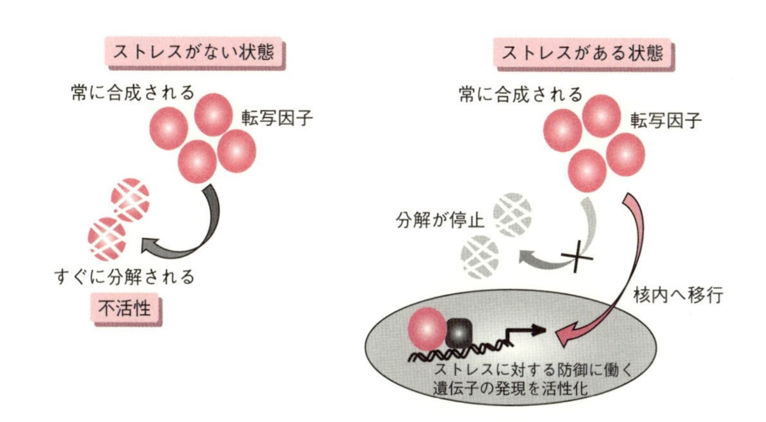

図 16・1　タンパク質分解による転写因子の制御

Nrf2 と低酸素ストレスに応答する転写因子 **HIF**（hypoxia inducible factor）である（図 16・2）．どちらの転写因子の場合も，ストレスを感知するセンサーとして働くタンパク質が存在し，そのセンサータンパク質によって分解が制御されている．Nrf2 の場合は，Keap1 タンパク質がセンサーとなっており，酸化ストレスや毒性化学物質ストレスを感知して Nrf2 の分解を停止する．すると，Nrf2 タンパク質が蓄積し，解毒，還元，排出に関わる標的遺伝子を活性化して，これらのストレスから細胞を防御する．HIF の場合は，プロリンヒドロキシラーゼ（PHD）がストレスセンサーとして働いている．PHD がストレスを感知すると，pVHL を介した HIF の分解が停止し，HIF タンパク質が蓄積する．HIF は酸素消費の少ない系へと代謝を転換させる代謝リプログラミングに関わる遺伝子群や，赤血球増生や血管形成に関わる遺伝子群の発現を活性化する．これによって，細胞は低酸素ストレスから守られる．

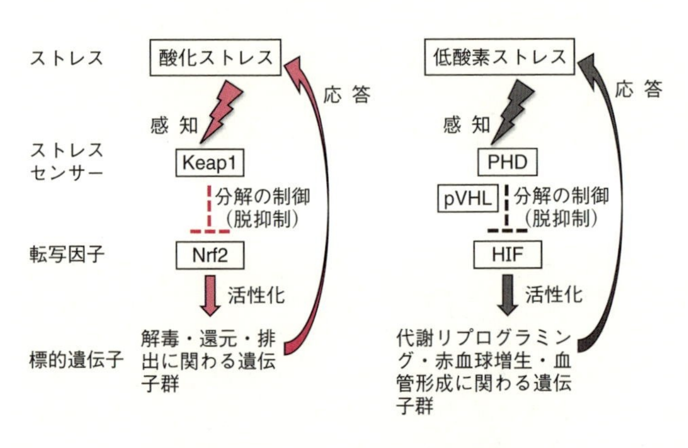

図 16・2　ストレスセンサーと転写因子

本章では，転写因子 Nrf2 と HIF を中心に，細胞の生体防御機構に関わる転写制御について解説する．

16・2　ユビキチン–プロテアソーム系によるタンパク質分解

Nrf2 や HIF の分解による制御には，**ユビキチン–プロテアソーム系**によるタンパク質分解が用いられている（図 16・3 左）．この系では，分解の標的となるタンパク質にユビキチンを鎖状につなげていく（ポリユビキチン化する）ことで，タンパク質に標識を付ける．それが目印となり，標的タンパク質がプロテアソームで分解される．標的タンパク質へのユビキチンの付加は，3 種類の酵素（E1, E2, E3）が行っている．まず，E1 がユビキチンを活性化し，活性化したユビキチンは，E2 へ移される．次に，E3 が E2 から標的タンパク質にユビキチンを付加する．タンパク質分解を行う複合体であるプロテアソームは，付加された鎖状のユビキチンを目印として，標的タンパク質を認識し，分解する．

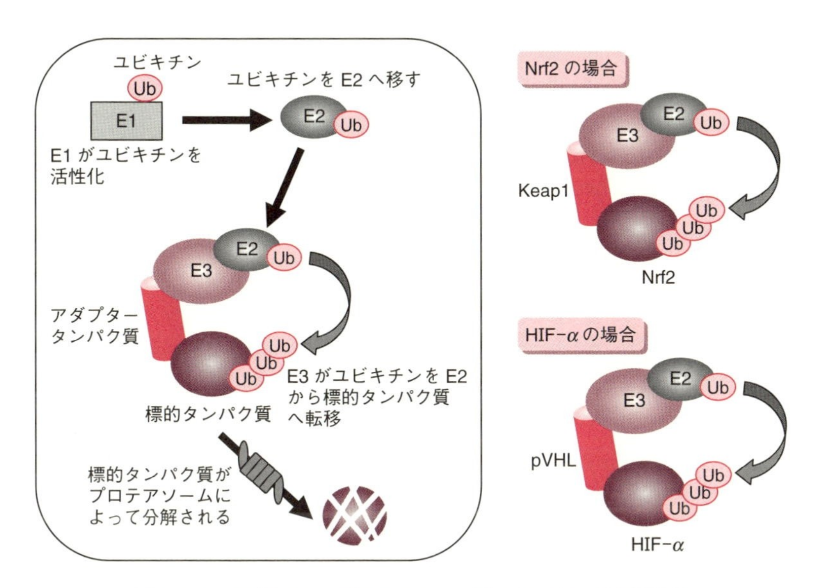

図 16・3　ユビキチン-プロテアソーム系によるタンパク質分解

あるタンパク質がプロテアソームで分解されるか否かは，ユビキチンを転移する酵素である E3 がそのタンパク質を認識して結合するか否かに依存する．ここで重要な役割を果たしているのが，E3 と標的タンパク質とをつなぐ役割をする**アダプタータンパク質**である（図 16・3）．このアダプタータンパク質は，標的となるタンパク質によってさまざまな種類がある（図 16・3 右）．転写因子 Nrf2 の場合は，センサーでもある Keap1 がアダプタータンパク質として働く．HIF の場合は，pVHL がアダプタータンパク質となる．これらのアダプタータンパク質は，ストレス刺激の有無を感知して，E3 と転写因子との橋渡しを行う．

16・3　酸化ストレス応答と Nrf2

16・3・1　酸化ストレス

大気，食品，薬剤などにはさまざまな化学物質が含まれている．その中でも，**求電子性物質**（分子中に電子密度が低い部分をもつ物質）は，細胞内の DNA やタンパク質などの生体高分子と結合しやすく，これらを傷害するので，求電子性物質には毒性化学物質になるものが多い．さらに，**活性酸素種**も生体高分子を傷害する．活性酸素種は，紫外線や放射線被ばくなどの外的要因でもつくられるが，ミトコンドリアでのエネルギー代謝の副産物として，細胞内でも産生される．このような求電子性物質や活性酸素種を**酸化ストレス**といい，がんやさまざまな組織障害の原因となっている(図 16・4)．細胞は酸化ストレスにさらされた際に，これらの求電子性物質や活性酸素種の解毒，還元や排出をすることで防御を行っている．求電子性物質には，おもにグルタチオンやグルクロン酸などの水溶性分子が結合し（抱合という），細胞外に排出される．活性酸素種は酵素によって還元されることによって，無毒化される．転写因子 Nrf2 は，これらの役割を担う酵素群の発現を制御している．

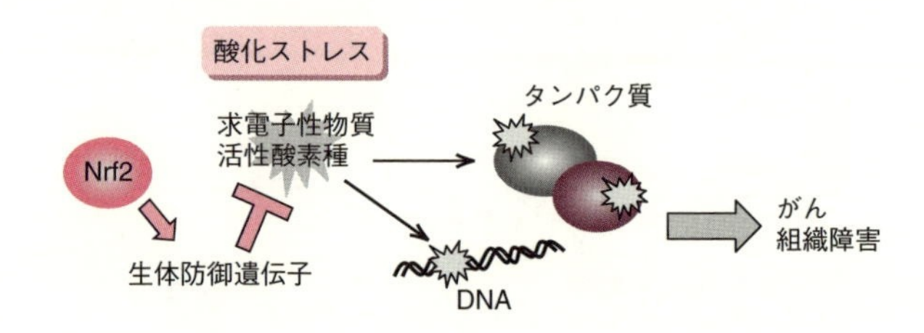

図 16・4　酸化ストレス応答

16・3・2　Keap1 による転写因子 Nrf2 の制御

Nrf2 は，酸化ストレスに依存的に活性化し，標的遺伝子の発現を活性化する．これらのストレスの有無を感知し，Nrf2 タンパク質の分解を制御しているのは **Keap1** タンパク質である（図 16・5)．Keap1 はおもに細胞質に存在し，酸化ストレスがない場合は，合成された Nrf2 タンパク質を次々に捕捉して，分解へと誘導している．Keap1 タンパク質には 25 個のシステイン残基が存在する．システイン残基は，求電子性物質と結合しやすい性質をもつ．求電子性物質が Keap1 のシステイン残基に結合すると，Nrf2 の分解が停止する．すると，Nrf2 タンパク質が蓄積し，核へと移行する．核内で，Nrf2 は小 Maf 群（sMaf）転写因子（MafG, MafK, MafF）のいずれかとヘテロ二量体を形成し，DNA 上の抗酸化応答配列（ARE）または求電子性物質応答配列（EpRE）に結合して標的遺伝子の発現を活性化する．Nrf2 の標的遺伝子には，抱合反応を触媒するグルクロン酸トランスフェラーゼ（UGT）やグルタチオン *S*–トランスフェラーゼ（GST)，グルタチオン合成酵素群，トランスポーターである多剤耐性関連タンパク質（MRP)，活性酸素種の還元に関わるカタラーゼ，グルタチオンペルオキシダーゼ，グルタチオンレダクターゼなどが含まれる．

16・3・3　AhR による薬物代謝の第一相反応

大気汚染物質として知られるベンゾピレンやダイオキシンなどの**多環芳香族炭化水**

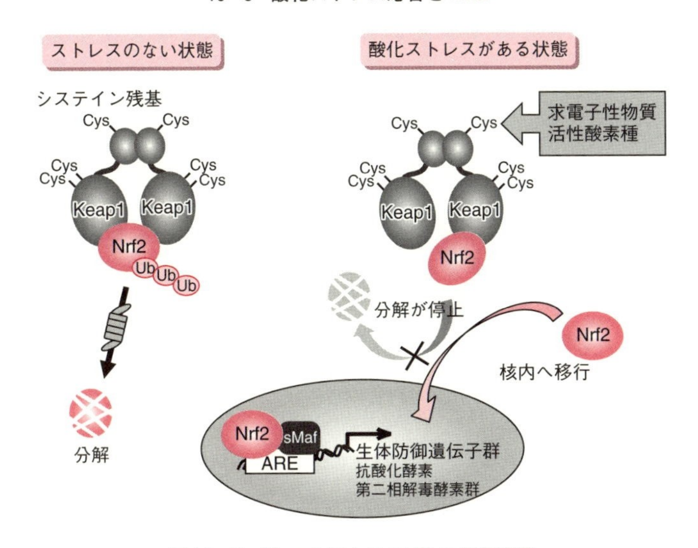

図 16・5　**Keap1 による Nrf2 の制御機構**

素（PAHs）は，それ自身が求電子性物質ではない．このような性質の分子でも，体内に取込まれると酸化，還元，ヒドロキシ化などの反応により求電子性物質に変換する．この過程は，これらの分子のさらなる解毒代謝に必須である．求電子性物質に代謝変換されると，これらの分子が次に抱合反応を介して，水溶性になり，解毒，排出することができる．この第一段階の酸化，還元，ヒドロキシ化などの反応は，**シトクロム P450**（**CYP**）**酵素群**によって行われている．この CYP 酵素群による反応を薬物代謝の第一相反応といい，つづいて行われる抱合反応を第二相反応という（図 16・6）．

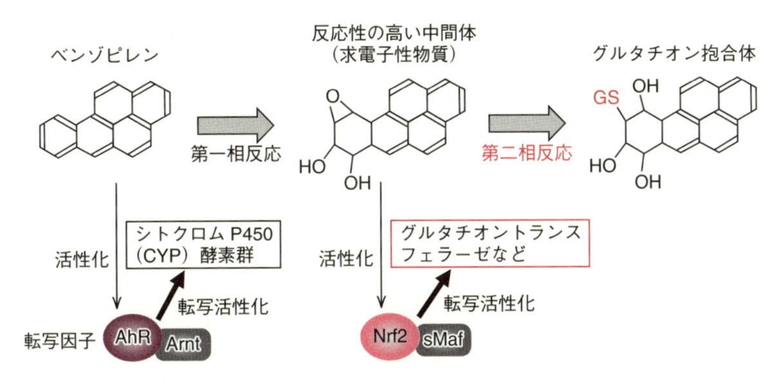

図 16・6　**薬 物 代 謝**

CYP 酵素群の発現は，芳香族炭化水素受容体（aryl-hydrocarbon receptor：AhR）によって制御されている（図 16・7）．AhR は，核内受容体の一種であり，自身が転写因子として機能する．AhR はリガンド依存的に，CYP 酵素群の発現を誘導する．ダイオキシンなどのリガンドとなる物質が存在しないときには，AhR は細胞質に存在し，HSP90 などのタンパク質と結合して，不活性な状態となっている．AhR のリガンドとなるダイオキシンなどの化学物質は細胞膜を透過して細胞内に入る．細胞質で，リガンドが AhR に結合すると，AhR は核内へ移行する．核内で，AhR は Arnt（AhR nuclear translocator）とヘテロ二量体を形成して，DNA 上の異物応答配列（XRE）に結合し，標的遺伝子である CYP 酵素群の発現を活性化する．

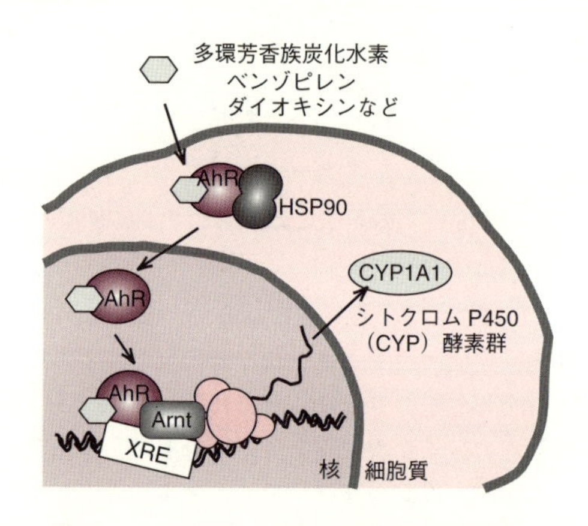

図 16・7 **AhR による第一相酵素群の活性化**

CYP 酵素群による第一相反応は，グルクロン酸およびグルタチオン抱合に必要な反応である．その一方で，第一相反応によって生成された中間産物は求電子性物質となるため，すぐに第二相反応が起こらなければ，中間産物が生体高分子を傷害し，がん，奇形，肝障害などの原因となる．これらは AhR が CYP 酵素群の発現を活性化することに依存している．さらに，皮膚炎は AhR の活性化のみでもひき起こされることもわかっており，AhR は細胞にとって良い面と悪い面の両方をもつ．

16・4 低酸素ストレス応答と HIF

16・4・1 低酸素ストレス応答

高い山に登るなどして生体が低酸素環境に置かれたり，貧血や血管閉塞により酸素運搬が障害されたりすることで，体内の細胞は低酸素状態になる．この時に細胞は，低酸素状態を感知して，エネルギー代謝経路を酸素消費の少ないものへと変更する

(代謝リプログラミング). また赤血球を増産させたり, 血管形成を促進したりすることで, 酸素運搬を促す. これが**低酸素ストレス応答**である (図16・8).

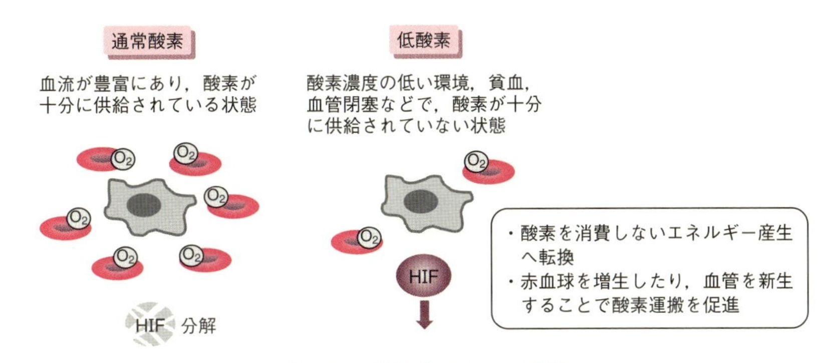

図16・8 低酸素ストレス応答

16・4・2 転写因子HIF

この低酸素ストレス応答で中心的な役割を担っているのが転写因子**HIF**である. HIFには, 3種類のαサブユニット (HIF-1α, HIF-2α, HIF-3α) と1種類のβサブユニット (Arnt) が存在する. HIF-αサブユニットとHIF-βサブユニットがヘテロ二量体を形成し, 標的遺伝子の転写を活性化する. HIF-αサブユニットが転写活性化ドメインを有しており, 転写共役因子などを呼び寄せる. HIF-βサブユニットは, HIF-αサブユニットとともにDNA上の低酸素応答配列を認識して結合する機能を果たしている.

16・4・3 低酸素によるHIFの誘導機構

低酸素ストレス応答では, HIF-αサブユニットが, タンパク質分解による制御を受けている (図16・9). 通常酸素下でも, HIF-αサブユニットのタンパク質は常に合成されている. しかしながら, 通常酸素下では, プロリンヒドロキシラーゼPHDによって, HIF-αサブユニットのODDドメインに存在する二つのプロリン残基がヒドロキシ化される. ヒドロキシ化されたHIF-αサブユニットは, pVHLタンパク質によって捕捉され, ポリユビキチン化される. ポリユビキチン化されると, 速やかにプロテアソームによって分解される. このような機構によって, 通常酸素下では, HIFの活性が抑制されている. PHDによるプロリン残基のヒドロキシ化は, 酸素を必要とする. そのため, 低酸素下では, PHDがHIF-αサブユニットのプロリン残基をヒドロキシ化することができず, HIF-αサブユニットの分解が停止する. HIF-αサブユニットのタンパク質が蓄積し, 核内へと移行する. 核内では, HIF-βサブユニットとヘテロ二量体を形成し，DNA上の低酸素応答配列（HRE）に結合し，標的遺伝子の発現を活性化する．HIFは低酸素ストレス応答に関わる多数の標的遺伝子の発現を制御している．また，サイトカインであるエリスロポエチン遺伝子の発現を活性化することによって，赤血球を増やす．さらに，血管内皮増殖因子の発現を活性化し，血管新生を促進することで，酸素運搬を促す．

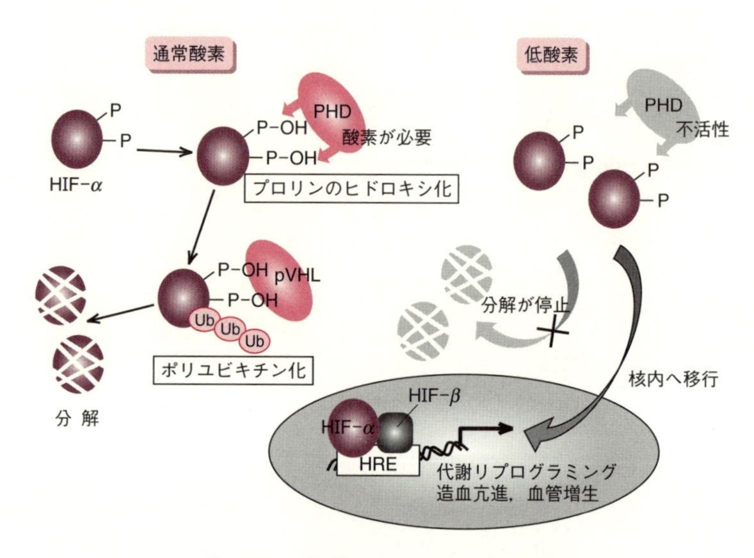

図16・9　低酸素によるHIFの誘導機構

16・5　ストレス応答と疾患

16・5・1　ストレス応答の破綻による疾患

上記のように，Nrf2やHIFによるストレスからの防御機構が破綻するとさまざまな異常が起こる．Nrf2による酸化ストレスへの応答機構が破綻すると，大気汚染物質やタバコの煙による肺への障害，紫外線による皮膚の障害が重篤化することや，化学物質による発がんが誘発されることが知られている．HIFによる低酸素ストレス応答機構が破綻すると，貧血状態からの回復が遅延し，貧血による組織障害が重篤化する．

Nrf2とHIFの両方が重要な役割を果たす病態に，虚血再灌流障害がある．心筋梗塞や脳梗塞などで血管が閉塞すると，その先へ赤血球が運搬されなくなる（虚血になる）ため，細胞が低酸素状態に陥る．このときに細胞を保護する役割をもつのがHIFによる低酸素ストレス応答である．さらに，血管が再び開通して，血流が再開（再灌流）すると，細胞は低酸素から突然大量の酸素にさらされる．この酸素から活性酸素種が生まれてしまうため，細胞は酸化ストレスにさらされることになる．この際に，細胞を防御するのがNrf2による**酸化ストレス応答**である．このように虚血再灌流障害からの防御には，Nrf2とHIFによる応答機構が必要となる．

16・5・2　ストレス応答機構のハイジャックによるがんの環境適応

ストレス応答機構が正常細胞を防御する一方で，がん細胞は転写因子Nrf2やHIFによるストレス応答機構をハイジャック（乗っ取り）して，悪性の増殖に利用している．がん細胞は正常細胞とは異なり，統制のとれた組織構造をとっておらず，また血管網が整っていないことから，正常細胞よりも酸化ストレスや低酸素ストレスにさらされやすい状態にある．そこで，いくつかのがん細胞では，Nrf2やHIFの制御系に変異を獲得することによって，常にNrf2やHIFが活性化し，ストレスからがん細胞を防御している（図16・10）．

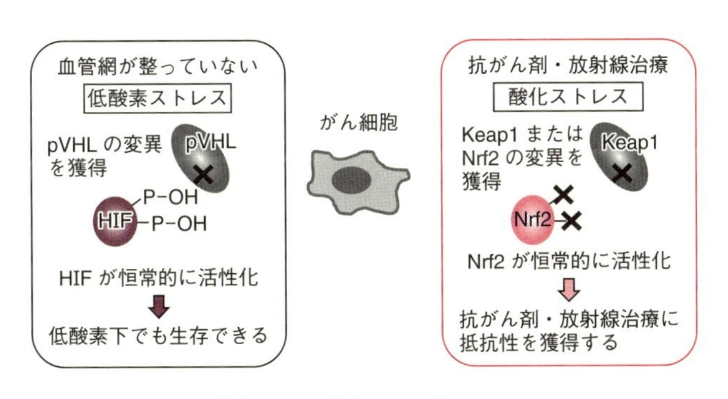

図16・10　ストレス応答とがん

Keap1の不活性型体細胞変異やNrf2の体細胞変異（Keap1と結合できなくなる変異）は，肺がんや食道がんなどでよく見られる．これらの変異によって，Nrf2は恒常的に蓄積し，解毒，還元，排出に関わる標的遺伝子の発現を活性化する．Nrf2が活性化したがん細胞は，ストレスの多い環境下でも生存，増殖できるだけではない．Nrf2の標的遺伝子には，抗がん剤の解毒や放射線による活性酸素種の解毒に働いてしまうものがあるため，これらにより治療が効かなくなってしまうことがある．実際，Nrf2が活性化したがん患者の予後は不良であることが知られている．

腎臓がんなどでは，pVHLの変異がみられる．pVHLの不活性型変異によって，常にHIFの分解が停止した状態になり，HIFが活性化する．これによって，がん細胞は血管が届いていない低酸素環境でも増殖できるようになる．さらに血管内皮増殖因子を分泌することによって，周囲の血管形成を促進し，低酸素環境を改善する．

17

核内受容体

17・1　はじめに

ステロイドホルモン（エストロゲン，プロゲステロン，アンドロゲン，グルココルチコイド，ミネラルコルチコイド），甲状腺ホルモン，ビタミンDやレチノイン酸などは細胞の増殖や分化，機能の調節ばかりでなく，さまざまな疾患やがんにも関与している．これらのホルモンは低分子量の脂溶性物質であり，ホルモン産生細胞から標的組織に運ばれた後，細胞内の核または細胞質まで浸透し，そこに存在するそれぞれのホルモンに特異的な受容体と結合する．これらの受容体は，核内受容体とよばれており，タンパク質の一次構造が類似した基本的特徴を有する．核内受容体はさまざまな生物種で保存されており，ショウジョウバエにおいては21種，線虫では270種以上，ヒトでは48種のメンバーが見いだされており，**核内受容体スーパーファミリー**（nuclear receptor superfamily）を形成している．核内受容体は転写因子として機能し，特異的なホルモン（リガンド）の結合によって転写活性が制御され，標的遺伝子の発現を介してホルモン作用を発揮する．核内受容体スーパーファミリーにはリガンドが存在しない核内受容体も多く存在しており，これらは**オーファン受容体**（orphan receptor）とよばれている（表17・1）．

17・2　核内受容体の構造的特徴

核内受容体はそのアミノ酸配列の特徴から六つの機能ドメイン（A～F）を有して

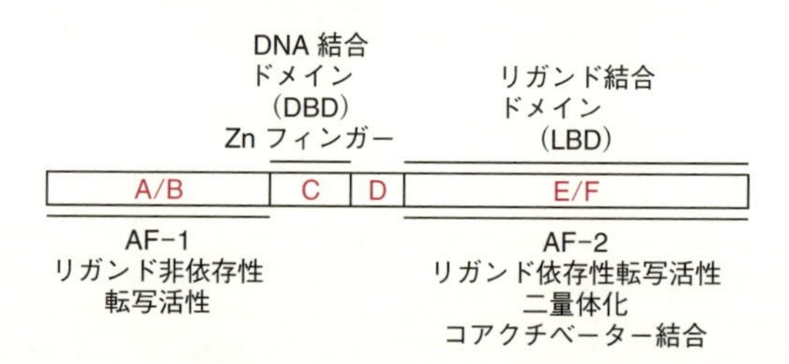

図17・1　核内受容体の構造　核内受容体スーパーファミリーは共通のドメイン構造を有する．A/Bドメインはリガンド非依存性の転写活性能（AF-1）を有し，CドメインはDNA結合領域である，Dドメインはヒンジ領域であり，E/Fドメインはリガンド結合領域であるとともにリガンド依存性の転写活性化能（AF-2）を有する．

表17・1 ヒトのおもな核内受容体

名　称	遺伝子サブタイプ	リガンド
エストロゲン受容体	ERα ERβ	エストロゲン エストロゲン
グルココルチコイド受容体	GR	グルココルチコイド
ミネラルコルチコイド受容体	MR	アルドステロン
プロゲステロン受容体	PR	プロゲステロン
アンドロゲン受容体	AR	アンドロゲン
甲状腺ホルモン受容体	TRα TRβ	甲状腺ホルモン 甲状腺ホルモン
レチノイン酸受容体	RARα RARβ RARγ	レチノイン酸 レチノイン酸 レチノイン酸
ペルオキシソーム増殖剤応答性受容体	PPARα PPARβ PPARγ	脂肪酸, ロイコトリエン B_4 脂肪酸 脂肪酸, プロスタグランジン J_2
レチノイドX受容体	RXRα RXRβ RXRγ	レチノイン酸 レチノイン酸 レチノイン酸
肝臓X受容体 (liver X receptor)	LXRα LXRβ	酸化コレステロール 酸化コレステロール
ファルネソイドX受容体 (farnesoid X receptor)	FXRα FXRβ	胆汁酸 胆汁酸, ラノステロール
ビタミンD受容体	VDR	ビタミン D_3
プレグナンX受容体 (PXRのこと, pregnane X receptor)	PXR	二次胆汁酸, ビタミンK
構成的アンドロスタン受容体 (CARのこと, constitutive androstane receptor)	CAR	アンドロステロール
エストロゲン関連受容体 (ERR 3種のこと, estrogen receptor-related receptor)	ERRα ERRβ ERRγ	オーファン† オーファン† オーファン†
ステロイド産生因子1 (steroidogenic factor 1)	SF-1/Ad4BP	オーファン†
肝受容体相同体1 (liver receptor homologous protein 1)	LRH1	オーファン†

† リガンドが同定されていない受容体.

いる（図 17・1）．A/B ドメインはリガンドとの結合とは関係なく，常に転写活性化能（activation function−1，AF−1）を有する．C ドメインは二つのジンク（Zn）フィンガー構造を有し，DNA 結合領域（DBD）として機能する．それぞれの核内受容体はゲノム DNA 上の特異的な配列（ホルモン応答配列，HRE）を認識して結合する．D ドメインは比較的保存性の低い領域であり，DBD と E/F ドメインとのヒンジ領域である．E/F ドメインは疎水性アミノ酸を多く有する約 250 アミノ酸からなり，リガンドを結合する領域（リガンド結合領域，LBD）である．この領域はリガンドを結合することによって核内受容体の立体構造的な変化をひき起こし，核内受容体の二量体形成，転写共役因子との結合を促進することによってリガンド依存性の転写活性化能（AF−2）を発揮する重要な領域である．

17・3　核内受容体の DNA 結合様式

核内受容体はホモ二量体もしくはヘテロ二量体を形成して機能するものが多く，DBD に存在する Zn フィンガー構造を介して DNA に結合する．二つある Zn フィンガー構造のうち，N 末端側にある P−ボックスとよばれる領域が DNA の特異的な認識に重要であり，C 末端側の D−ボックスとよばれる領域は二量体形成に関与している（図 17・2）．核内受容体の DNA 結合配列としては，AGAACA または AGGTCA の 6 塩基配列をハーフサイトし，二つのハーフサイトが任意の 3 塩基を挟んでパリンドローム（回文状）に位置する配列，もしくは二つのハーフサイトが任意の 1〜5 塩基を挟んで直列に並んだ配列に大別することができ，それぞれの核内受容体で異なっている（図 17・3）．**ステロイドホルモン受容体群**〔グルココルチコイド受容体（GR），ミネラルコルチコイド受容体（MR），プロゲステロン受容体（PR），アンドロゲン受容体（AR），エストロゲン受容体（ER）〕はリガンドと結合するとホモ二量体を形成

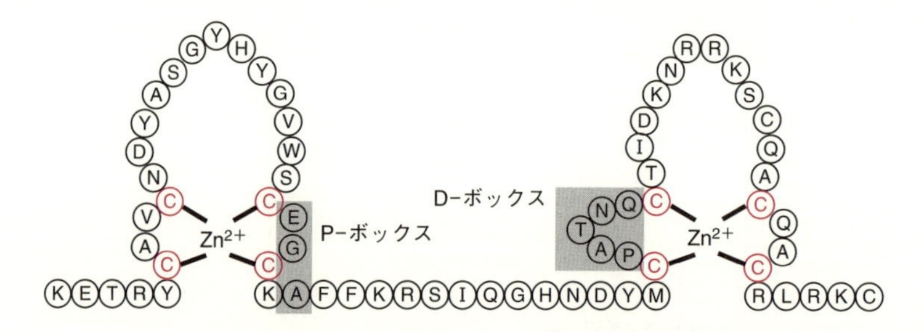

図 17・2　エストロゲン受容体（ERα）の DNA 結合領域に存在する Zn フィンガー構造　二つある Zn フィンガー構造のうち，N 末端側にある P−ボックスとよばれる領域が DNA の特異的な認識に重要であり，C 末端側の D−ボックスとよばれる領域は二量体形成に関与している．

し，ハーフサイトが3塩基のスペーサーを挟んでパリンドロームに位置する配列を認識する．**非ステロイドホルモン受容体群**〔レチノイン酸受容体（RAR），甲状腺ホルモン受容体（TR），ビタミンD受容体（VDR），ペルオキシソーム増殖剤応答性受容体（PPAR）など〕はリガンドと結合すると**レチノイドX受容体**（RXR）とヘテロ二量体を形成し，1〜5塩基のスペーサーを挟んでハーフサイトが直列に並んだ配列を認識する．また，核内受容体の中には単量体で機能するものも存在している．これらの他にも，ハーフサイトがいくつか集積してHREとして機能するものや，核内受容体がその他の転写因子AP-1やSP-1などと結合することによって，HRE以外の応答配列を介して転写調節を行うことも知られている．ゲノムDNA上の核内受容体が結合する配列はホルモン応答配列（HRE）とよばれ，転写活性化に必要なDNA領域であるエンハンサーとして機能する．

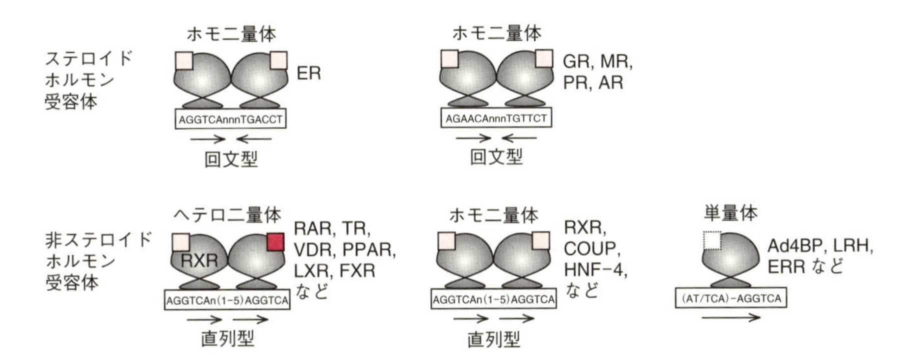

図17・3　核内受容体のDNA結合配列　ステロイドホルモン受容体はホモ二量体にて特異的HREに結合する．非ステロイドホルモン受容体はRXRとヘテロ二量体を形成するものおよびホモ二量体を形成するもの，または単量体でDNAに結合するものに大別される．□はそれぞれリガンドを表す．

17・4　リガンド結合による転写活性の制御

ステロイドホルモンなどに対する核内受容体はホルモンと結合することによって活性化され，転写活性化能を発揮する．すなわち，核内受容体のLBDは，リガンドが結合していない状態では12番目のヘリックス（ヘリックス12）は外にのびたような状態になっているが，リガンドと結合することによってこの12番目のヘリックスがLBDを覆うような位置にシフトし，後述のコアクチベーターによって認識されるようになる（図17・4）．核内受容体はリガンドが結合していない状態ではAF-2がAF-1の活性を抑制するような立体構造をとっているが，リガンドが結合することによってAF−2のAF−1に対する抑制が解除されるとともに，AF−2の転写活性化機能が発揮される．

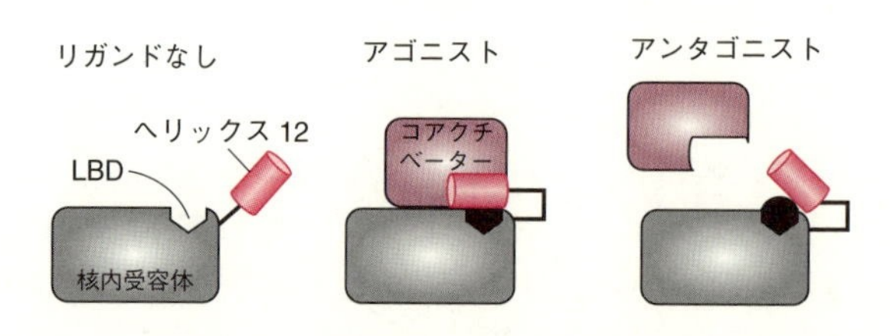

図17・4 リガンド結合に伴う核内受容体の構造変化 核内受容体のリガンド結合領域（LBD）は12個のヘリックスからなり，リガンドが結合すると12番目のヘリックス領域は大きくシフトし，コアクチベーターが結合できるようになる．

17・5 転写共役因子

核内受容体による転写制御には核内受容体と基本転写因子群とを橋渡しする役割を担う**転写共役因子（コファクター）**が必要である．転写共役因子には転写を活性化するコアクチベーターと，転写を抑制するコリプレッサーがある．リガンドが結合していない状態の核内受容体にはコリプレッサーが結合して転写を抑制しているが，リガンドが結合すると核内受容体の立体構造が変化することによって，コリプレッサーは解離し，代わりにコアクチベーターが結合できるようになり，転写の活性化が起きる．

コアクチベーターにはp160ファミリー（SRC−1, TIF−2, AIB1），CBP/p300，TRAP/DRIP複合体，PGC−1ファミリー（PGC−1α, PGC−1β）などがある．p160ファミリーは核内受容体のAF−2領域にリガンド依存的に結合し，さらにCBP/p300と複合体を形成する．CBP/p300はHAT活性を有しており，ヒストンがアセチル化を受けるとクロマチン構造が緩み，プロモーター領域に転写因子が結合しやすくなり転写が活性化される．TRAP/DRIP複合体はHAT活性ももたない転写共役因子複合体として機能しており，リガンド依存的に核内受容体に結合する．PGC−1ファミリーもそれ自身HAT活性ももたない転写共役因子であるが，PPAR, ERRをはじめとするいくつかの核内受容体と結合し，転写調節に関わっている．PGC−1ファミリーはp160ファミリーと結合することでHAT活性を誘引する．また，ER，ARなどの核内受容体においては，FOXA1, GATA3などの核内受容体ではない別の転写因子が重要な働きをしており，クロマチン構造を緩めることによって核内受容体のHREへの結合を促進することから**パイオニア因子**とよばれている．このような核内受容体の転写共役因子群やパイオニア因子が，相互に協調して作用することにより，クロマチン構造の変換を誘導し，転写に必要な基本転写因子群とRNAポリメラーゼをプロモーター領域に導くことにより，転写が促進される（図17・5）.

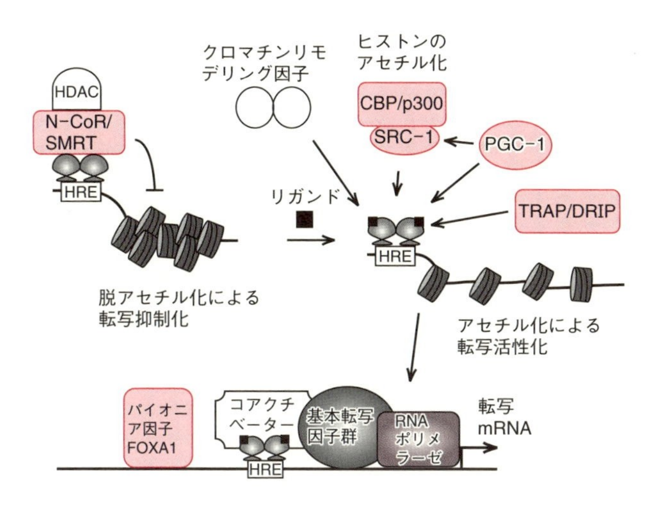

図17・5　転写共役因子による核内受容体の制御　コリプレッサーはヒストンデアセチラーゼ（HDAC）と結合し，クロマチン構造を締まった状態にし，転写を抑制する．核内受容体にリガンドが結合するとコリプレッサーは解離し，HAT活性をもつCBPならびにp160ファミリー，PGC-1ファミリーと結合する．さらに，HAT活性をもたないTRAP/DRIP複合体がクロマチンリモデリング因子などと協調して作用することにより，転写に必要な基本転写因子群とRNAポリメラーゼが呼び込まれる．FOXA1などの別の転写因子は核内受容体よりも先にゲノムに結合し，クロマチン構造を緩める働きを担っていることからパイオニア因子とよばれている．

一方で，コリプレッサーとしてはN-CoRとSMRTなどが知られている．これらのコリプレッサーはリガンドが結合していない核内受容体もしくはアンタゴニストと結合した核内受容体に結合し，転写活性を抑制している．N-CoRとSMRTはヒストンデアセチラーゼ（HDAC）と複合体を形成しており，転写が抑制される．

17・6　核内受容体とクロストーク

核内受容体の転写活性はリガンド結合とは別のその他の細胞内シグナルによっても制御されており，クロストークが存在する．多くの核内受容体はリン酸化修飾を受けて，転写活性が調節されることがわかっており，ユビキチン化修飾やアセチル化修飾を受ける核内受容体もある．たとえば，ERαはエストロゲン誘導性にAF-1領域に存在する118番目のセリン残基（Ser-118）がリン酸化を受けるが，一方で，細胞増殖因子からの細胞内リン酸化シグナルの活性化によりSer-118やSer-167がリン酸化を受ける．その他，DBD領域のSer-263やLBD領域のTyr-537もそれぞれプロテインキナーゼAやSrcの細胞内リン酸化シグナルによってリン酸化を受ける．逆に，脱リン酸化を行う酵素も同定されておりPP5はSer−118の脱リン酸化に関与している．さまざまなシグナル経路とのクロストークを介して核内受容体の転写活性は包括的に制御されている．

17・7 応答遺伝子とネットワーク

核内受容体は転写因子として働き，応答遺伝子の転写調節を介してその機能を発揮する（図17・6）．特に，種々のステロイドホルモン，甲状腺ホルモン，ビタミンD，レチノイン酸，胆汁酸，脂肪酸などをリガンドとする核内受容体は，このようなリガンドのもつ個体発生，細胞分化・増殖・機能制御，代謝などの重要な生理機能や，さまざまな病気・がんにおける役割を媒介している．ここでは代表的な核内受容体についてその例を述べる．

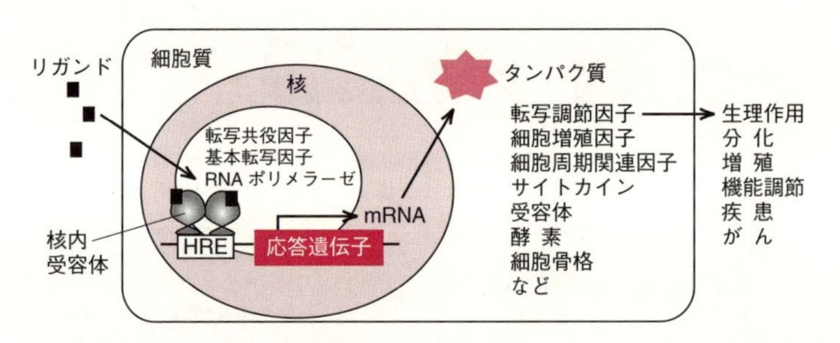

図17・6 核内受容体の作用メカニズム リガンド（ホルモン）と結合した核内受容体はホルモン応答配列（HRE）に結合し，コアクチベーターなどの転写共役因子および基本転写因子群などを呼び込んで応答遺伝子の転写を活性化させる．

ステロイドホルモンである男性ホルモン（アンドロゲン）と女性ホルモン（エストロゲン，プロゲステロン）はそれぞれアンドロゲン受容体（AR），エストロゲン受容体（ER），プロゲステロン受容体（PR）に結合して作用を発揮する．ARは男性生殖系臓器の発達・制御に重要であるが，前立腺がんの進行にも関与しており，アンドロゲン応答遺伝子である前立腺特異抗原（PSA）は前立腺がんのバイオマーカーとして臨床応用されているほか，細胞周期を制御するTACC2などがアンドロゲン応答遺伝子として機能している．ER, PRは女性生殖系臓器の発達・制御に重要であるが，乳がんや子宮がんの進行にも関与している．細胞周期進行に関わるcyclinD1，Efpなどがエストロゲン応答遺伝子として機能しているほか，PRもエストロゲンによって発現制御を受ける．

PPARγは脂肪細胞特異的脂肪酸結合タンパク質（aP2）などの転写を促進し，脂肪細胞分化に関わる．血糖降下薬であるチアゾリジン系薬はPPARγを介して作用する．レチノイン酸をリガンドとするRARは神経系の形成，軟骨形成，骨髄球系の分化などに関与している．RARの転座によって生ずるRAR融合タンパク質は，白血病の原因となる．オキシステロールをリガンドとするLXRはコレステロールから胆汁酸への変換の律速酵素であるコレステロール7αヒドロキシラーゼ（CYP7A）などの転写を活性化する．また，胆汁酸（ケノデオキシコール酸）をリガンドとするFXRは小腸胆汁酸結合タンパク質（I-BABP）などの転写を制御し，胆汁酸代謝を調節するセンサーの役割を有する．

オーファン受容体は内在性リガンドをもたないことから，ホルモンなどによる制御を受けないが，転写共役因子と結合することによって転写を制御している．ERRα, ERRβ, ERRγはERαとの相同性に基づいて同定された核内受容体であるが，エストロゲンをリガンドとしていない．これらERRはミトコンドリア呼吸鎖の遺伝子や脂肪酸酸化に関わる遺伝子の転写などを制御することでエネルギー代謝を調整している．Ad4BPは副腎，生殖腺の組織発生に必須の役割を担っており，cyclinD1の発現制御を通じて，細胞増殖を制御する．LRH-1はマウスの初期発生に重要な役割を担っており，Oct4などの未分化関連遺伝子の発現を制御している．

DNA塩基配列解析手法の革新的な発達により，核内受容体の応答遺伝子を全ゲノムにわたって網羅的に解析することが可能となった．その結果，核内受容体はさまざまな作用をもつ多数の応答遺伝子の転写を制御していることが判明してきた．応答遺

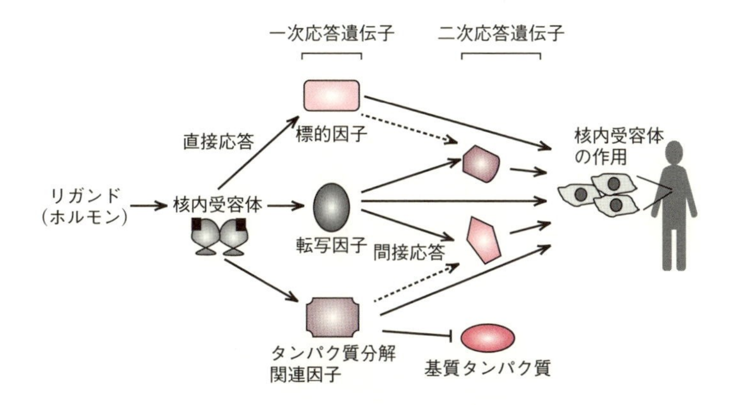

図17・7 核内受容体による応答遺伝子のカスケード 核内受容体は，転写因子，増殖因子，サイトカイン，受容体，酵素，構造タンパク質など，さまざまな機能を有する応答遺伝子の発現を制御している．特に，転写因子とユビキチンリガーゼはさらなる転写調節，タンパク質間相互作用，タンパク質分解系などを介して間接応答に関わる．

伝子には転写調節因子，細胞周期関連因子，細胞増殖因子，酵素，受容体，タンパク質分解関連因子など，多彩な作用を有するものが含まれており，複雑なネットワークを構成している（図 17・7）.

コラム 17・1

核内受容体標的薬

核内受容体の生理的な内在性のリガンドは代謝，ホメオスタシス，発生などの重大な生物学的機能を制御するばかりでなく，さまざまな疾病，がんにも深く関与している．核内受容体のリガンドは低分子化合物であり化学修飾も容易なことから，創薬のターゲットとして誘導体（アゴニスト，アンタゴニスト）の開発が盛んに行われており，臨床応用されている．さらに，各リガンド(ホルモン)がもつ種々の臓器に対する特異的な作用のみを発揮するような誘導体の開発も進んでいる．たとえば，エストロゲンは骨に対して骨量減少の抑制効果があり骨粗鬆症の治療・予防に用いられているが，一方で子宮内膜に対しては増殖作用がある．また，乳がんの治療薬として開発された抗エストロゲン剤であるタモキシフェンは，乳がんの抑制効果を有するが，ほてり，のぼせ，月経異常などの副作用や長期服用によっては子宮内膜がんのリスクが増えるといわれている．このようなことから望ましい作用のみを組織特異的に発揮する副作用のない核内受容体標的薬の開発が進んでいる.

18

高次システムの制御

18・1　高次神経機能に関わる転写因子

18・1・1　高次神経機能を支える遺伝子発現制御

動物は発生過程でゲノムに組込まれた遺伝情報を読み出し，行動を支配する脳構造をつくりあげる．しかしながら，生まれたての脳は“未熟”な器官であり，“成熟”した脳になるためには，経験に基づく情報を書きこまなければならない．新たに獲得した情報は，長い年月の間，時には一生涯にわたって記憶され，行動に影響し続ける．このような長期的な記憶の固定化を可能にするのは新たな遺伝子発現誘導であることが，無脊椎動物から哺乳類にわたるさまざまなモデル生物で明らかとなった．その過程で主要な役割を果たすのは，サイクリックAMP（cAMP）応答性転写因子であるCREBを含めた複数の転写調節因子である．

18・1・2　記憶の固定化に寄与する遺伝子発現の誘導機構

脳は感覚神経から絶えず情報を受取っている．しかし脳は，すべての知覚情報を記憶するわけではない．記憶するかの判断には，情報に付加される報酬や罰といった価値，あるいは注意が大きな影響を与える．これらがどのように転写因子の活性化に結びつくのだろうか？　図18・1に示すように，まず知覚情報に関わる神経が興奮し，その神経にカルシウム（Ca^{2+}）が流入する．それに加え，価値や注意などをつかさどる，ドーパミンやアセチルコリンといった神経修飾物質が作用し，神経細胞内セカンドメッセンジャーであるcAMPの増加を促す．Ca^{2+} の流入はカルシウム/カルモジュリン依存性プロテインキナーゼ（CaMキナーゼ）Ⅳを活性化し，またcAMP増加はcAMP依存性プロテインキナーゼ（Aキナーゼ）を活性化することで，相乗的にCREBをリン酸化する．またcAMP増加はマイトジェン活性化プロテインキナーゼ（マップキナーゼ）の活性化も促し，CREBのリン酸化に寄与する．リン酸化されたCREBは転写のコアクチベーターであるCREB結合タンパク質（CBP）と結合し，CBPがさらにRNAポリメラーゼⅡを呼び込むことで転写を活性化させる．CBPはヒストンをアセチル化する酵素としても機能し，DNA–ヒストン結合を緩和することにより，転写を促進する．CREBは定常状態でもcAMP応答配列（CRE）に結合し，待機状態にあるが，CBPがリン酸化されたCREBに結合することで，上記のような効率的な転写を開始させる．もう一つのCREB結合タンパク質であるCREB調節性転写コアクチベーター（CRTC）はCa^{2+}流入とcAMP増加により細胞質から核内に移行し，CREBと結合することで転写を開始させる．CREB依存的な遺伝子発現誘導が，このように神経興奮による情報の伝達と，神経修飾物質による価値，注意の伝達の両者を必要とすることで，脳が情報を精査し，記憶する価値のある情報を長期的な記憶として固定化すると考えられる（図18・1）．

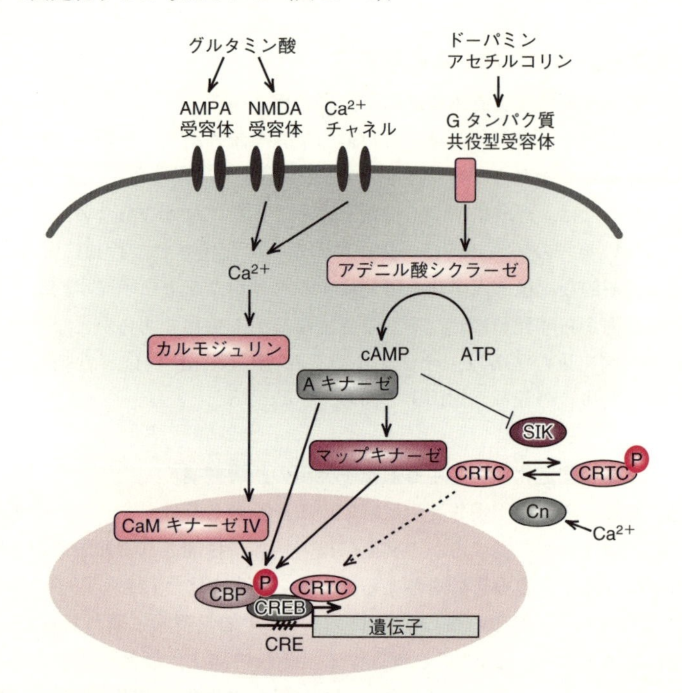

図18・1　記憶を固定化させる遺伝子発現誘導機構　脳神経において，グルタミン酸受容体であるAMPA受容体が神経を興奮させる．それに付随して，もう一つのグルタミン酸受容体NMDA受容体と電位依存性Ca^{2+}チャネルからCa^{2+}が流入する．Ca^{2+}はカルモジュリンを介してCaMキナーゼⅣを活性化し，CREB–CBP経路を活性化させる．ドーパミン，アセチルコリンといった神経修飾物質はGタンパク質共役型受容体を介してアデニル酸シクラーゼを活性化することで，cAMPの増加を促す．cAMPの増加はAキナーゼ，マップキナーゼを介して，CREB–CBP経路を活性化する．CRTCは通常，salt induced kinase（SIK）依存的なリン酸化により細胞質に局在化されている．cAMPによるSIK阻害，およびCRTCを脱リン酸化するカルシニューリン（Cn）のCa^{2+}による活性化に伴い，CRTCが脱リン酸化され，核移行することで，CREB–CRTC経路が活性化される．

CREBのほかにも，Myocyte enhancer factor–2（MEF2），MeCP2といったDNA結合タンパク質も，神経活動依存的にその活性を変化させ，記憶に寄与している．さらにCREBが発現誘導する**最初期遺伝子**（immediate early gene）とよばれる遺伝子群の中にはc-fos, Npas4, Znフィンガータンパク質 (zif) 268やCCAAT enhancer-binding protein（エンハンサー結合タンパク質，C/EBP）といった転写因子が含まれ，記憶の形成に重要であることがわかっている．複数の転写因子群の関与から，記憶に貢献する変化は神経細胞にとって非常にダイナミックなものであることが示唆される．

18・1・3　遺伝子発現の結果

転写因子の活性化の結果，どのような神経生理変化を誘導し，記憶が形成されるのだろうか？　マウスを用いた研究から，恒常活性化型CREBを人為的に発現させると，その神経の興奮性が高まる（つまり，入力に対する活動電位の発生頻度が増加する）ことが明らかにされている．CREBは神経興奮に関わるNa^+チャネルの発現を増加させ，また神経活動を抑制するK^+チャネルの発現量を低下させることからも，この知見は裏付けされた．さらに，神経回路の中でも記憶に寄与する神経は一部であるが，恒常活性化型CREBを発現する神経は，積極的に記憶に関わることが示された．これらより，CREBの活性化は神経の興奮性を高め，記憶の固定化に寄与する，あるいは記憶を引出しやすい状態にすると考えられる．一方，CREB下流因子であるNpas4は抑制性シナプスの形成，維持に関わることが示されており，神経ネットワークを修飾する機能があると考えられる．このように，CREBによる神経細胞レベルでの可塑的変化（外界の刺激などによって起こる，機能的神経生理変化），Npas4によるネットワークレベルでの可塑的変化が示されてきたが，その詳細なメカニズム，また他の転写因子の動作機序について，さらなる研究成果が待たれる．

18・1・4　遺伝子発現制御の破たん

上記のような遺伝子発現システムが破たんすると，知的障害を誘発することが知られている．たとえば，CBP変異によるRubinstein-Taybis症候群や，MeCP2変異によるRett症候群が代表例である．また，加齢に伴う記憶障害に関しても，ヒストンのアセチル化を介した遺伝子発現誘導機構の破綻が一因であることが示されている．実際に，加齢マウスにヒストンアセチル化を増加させる，ヒストンデアセチラーゼの阻害剤を投与すると，加齢性記憶障害が改善される．これらの知見からも，複雑な社会を生きぬくための高次神経機能は，記憶という可塑的変化を固定化させる遺伝子発現制御機構に支えられているといえるだろう．

18・2　時間・空間パターン形成の制御：分節時計

18・2・1　体節形成の時空間制御を行う分節時計

時間・空間パターンの形成機序が最もよく解析されてきた組織の代表例として，体節形成を制御する**分節時計**について概説する．体節は，胎児に一過性に形成される節状の細胞集団で，その後，椎骨，肋骨，骨格筋といった組織に分化する（図18・2）．体節は神経管の左右に1個ずつ頭側から尾側に向かって順番に形成されるが，これは胎児の尾側にある未分節中胚葉の頭側の先端部分が一定のサイズで周期的に分節することによる．マウスの場合は約2時間周期で分節が起こるが，この体節形成における時空間の周期性は，分節時計とよばれる生物時計によって制御される．最近になって，未分節中胚葉で働く分節時計の実体が明らかになってきた．

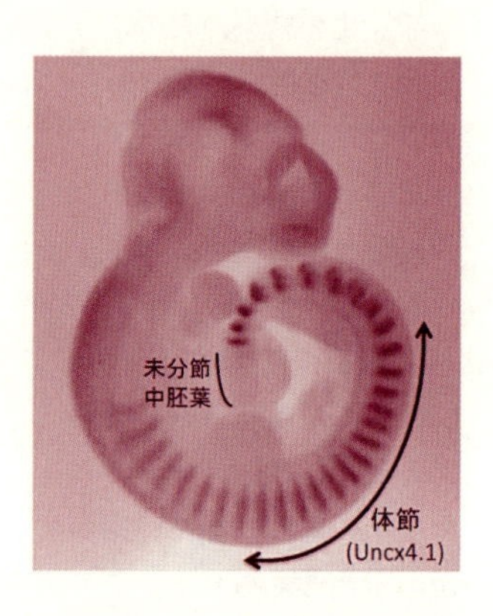

図18・2　マウス胎仔の体節と未分節中胚葉　体節は，一過性に形成される節状の細胞集団である．見やすいようにUncx4.1で染色してある．未分節中胚葉は，胎仔の尾側にある．

18・2・2　分節時計遺伝子 *Hes7* の発現オシレーション

分節時計で中心的に働くのが，*Hes7* 遺伝子である．Hes7は，塩基性領域-ヘリックス-ループ-ヘリックス（bHLH）構造をもち，ヘリックス-ループ-ヘリックスでホモ二量体を形成し，塩基性領域でN-ボックスとよばれるCACNAG配列に結合して転写を抑制する．すなわち，Hes7はbHLH型の転写抑制因子である．Hes7の発現は，体節形成時にダイナミックな変化を示す（図18・3a）．まず，未分節中胚葉の尾側から発現が始まり，発現領域が狭くなりつつ頭側へと移動する．Hes7の発現は，頭側の先端近くに着くと消え，未分節中胚葉の頭側先端部分が分節されて体節になる．その時点で，尾側では新たな発現が始まる．未分節中胚葉の頭側は約2時間ごとに体節に転換するが，細胞増殖によって尾側に成長するので，体節形成の間，未分節中胚葉はある一定の大きさを維持する．Hes7はダイナミックな発現変化を体節形成ごとに示すが，これは個々の未分節中胚葉細胞において発現が2時間周期で振動（オシレーション）することによる（図18・3a右グラフ）．

Hes7は，自身の遺伝子プロモーター上にあるN-ボックスに直接結合して自分自身の発現を抑制する（ネガティブフィードバック，図18・3b）．未分節中胚葉では，FgfシグナルおよびNotchシグナルによってHes7プロモーターが活性化されて

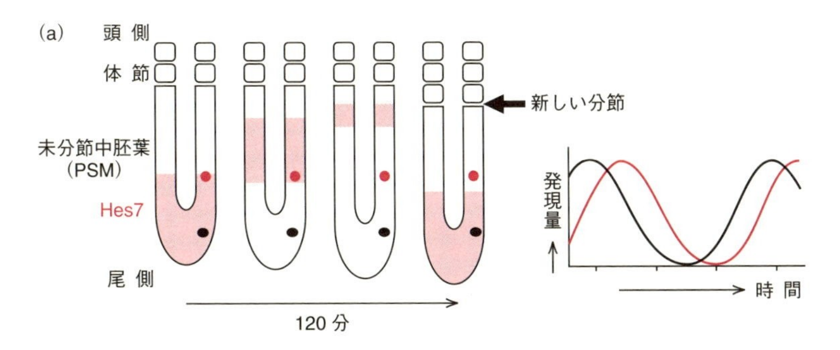

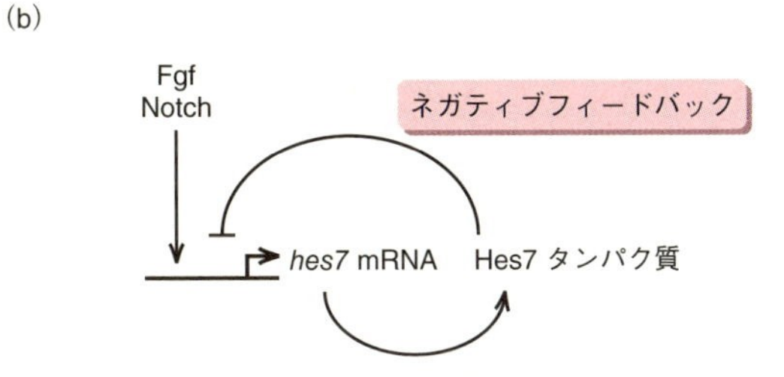

図 18・3　未分節中胚葉における Hes7 の発現動態　(a) Hes7 の発現は，未分節中胚葉の尾側から始まり，頭側へと移動する．Hes7 の発現は，頭側の先端近くに着くと消え，未分節中胚葉の頭側先端部分が分節されて体節になる．この時，新たな発現が尾側で始まる．このダイナミックな発現変動は，個々の未分節中胚葉細胞において Hes7 の発現が振動することによる．たとえば，黒色と赤色で示した未分節中胚葉細胞における Hes7 の経時的な発現変化を右側のグラフで示した．

Hes7 の発現が誘導されるが，Hes7 はネガティブフィードバックによって自身のプロモーター活性を抑制する．Hes7 の mRNA およびタンパク質ともに非常に不安定なので，ネガティブフィードバックによって新たな合成が抑制されるとすぐに分解されてなくなる．Hes7 タンパク質がなくなると，ネガティブフィードバックが解除され，また Fgf シグナルおよび Notch シグナルによって Hes7 の発現が誘導される．その結果，Hes7 の mRNA およびタンパク質の発現量はともに約 2 時間周期で増減を繰返す．*Hes7* 遺伝子を欠損させると，体節はすべて癒合し，体節由来の椎骨や肋骨も癒合する．また，逆に Hes7 のオシレーションをとめて一定量で持続発現させても，同様に体節の癒合が起こる．したがって，Hes7 の発現オシレーションが分節に必須であり，*Hes7* は分節時計における中心的な遺伝子である．

18・2・3　ゆっくりとしたネガティブフィードバックと発現オシレーション

Hes7 の発現がオシレーションするには，ある程度ゆっくりとネガティブフィードバックが起こることが重要で，素早いタイミングでネガティブフィードバックが起こるとむしろ定常発現になることが数理モデルから予測されている．これは，部屋の温度を調節するサーモスタットを考えると想像しやすい．たとえば，サーモスタットが素早いタイミングで働けば部屋の温度は一定に保たれるが，サーモスタットがゆっくりと働くと部屋の温度は上がったり下がったりと振動する．

そこで，体節形成過程でも数理モデルの予測が正しいかどうか，実際に素早いタイミングでネガティブフィードバックを起こす実験が試みられた．*Hes7* 遺伝子には 3 個のイントロンが存在するので，転写やスプライシングに余分な時間がかかる．そこで，3 個のイントロンをすべて除去したところ，転写にかかる時間は短縮し，さらにスプライシングも不要になることから，Hes7 タンパク質が約 20 分速いタイミングで発現することがわかった．その結果，ネガティブフィードバックが約 20 分速く起こり，Hes7 の発現がオシレーションしなくなって一定になることがわかった．したがって，ある程度ゆっくりとネガティブフィードバックが起こることが Hes7 の発現オシレーションに必須であることが示された．

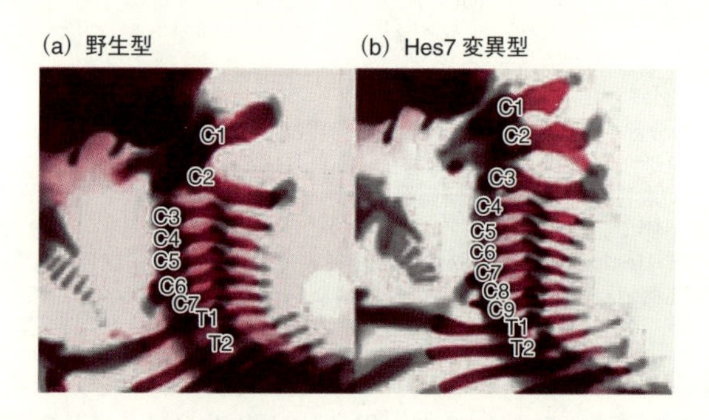

図 18・4　マウス頸椎骨　(a) 野生型マウスでは，7 個の頸椎骨（C1〜C7）が形成される．(b) *Hes7* 遺伝子から 2 個のイントロンを除去した変異型マウス．Hes7 の発現振動が加速化したため，9 個の頸椎骨（C1〜C9）が形成されている［Harima et al. *Cell Rep.* **3**, 1–7 (2013) を改変］．

一方，イントロンを 2 個削減すると，約 5 分速いタイミングでネガティブフィードバックが起こること，このとき Hes7 の発現はしばらくオシレーションするが，やがて定常になることがわかった．興味あることに，このときの Hes7 の発現オシレーションは正常よりも加速化しており，そのため 2 時間周期で起こる分節も加速化し，正常よりも多くの体節が形成されて椎骨数も増加することがわかった．たとえば，頸部形成期には Hes7 の発現は 7 回振動して 7 対の体節がつくられる．その結果，頸椎骨は 7 個形成される（図 18・4a）．しかし，この変異マウスでは Hes7 の発現は頸部形成期に 9 回振動して 9 対の体節がつくられ，頸椎骨は 9 個形成された（図 18・4b，コラム 18・1 参照). これらの結果から, 正しいタイミングで Hes7 のネガティブフィードバックが起こることが, 正常な形態形成にきわめて重要であることがわかる. さらにこの結果は, *Hes7* が分節時計における中心的な遺伝子あることを示している.

コラム 18・1

哺乳動物の頸椎骨数

哺乳動物の頸椎骨（首の背骨）の数は, 原則 7 個と進化上保存されている. たとえば, マウスやヒトの頸椎骨も 7 個, 首の長いキリンも 7 個, 首がないように見えるクジラも 7 個である. これは, 頸部形成期に Hes7 の発現が 7 回オシレーションすることによる.

しかし, *Hes7* 遺伝子のイントロンを 2 個削除すると, Hes7 のオシレーションが加速化して, 本来は 7 回のところを 9 回オシレーションするため 9 個の頸椎骨が形成される. したがって, 不要な配列と思われていたイントロンが, 正しいタイミングの遺伝子発現に非常に重要であることがわかる. 進化上重要な遺伝子はエキソンのコード配列だけでなく, イントロンの数もよく保存されている. なぜイントロンの数まで保存されているのか, その意義はよくわかっていないが, おそらく正しいタイミングの遺伝子発現に重要なのではないかと考えられる.

19

ウイルスの遺伝子

19・1 はじめに

ウイルス感染症は，過去のものとなった天然痘から，いまだに脅威となっているインフルエンザ，エイズ，これからの脅威となりうるエボラやMERSなど，人類に多大な健康被害を与えてきた．種の滅亡の危機にもなりうるウイルス感染症の流行は現在も予断を許す状況ではない．一方，ウイルスを用いた分子生物学研究により，転写機構をはじめとした生命現象が明らかになり，この知識を利用してウイルスを人類の健康増進にも貢献させてきた．ウイルスは，宿主のシステムをうまく利用しながら，足りない部分は自らの遺伝子から機能性タンパクを発現することにより増殖していく．本章ではウイルスの複製戦略と遺伝子発現調節機構について説明する．

19・2 ウイルス基本構造と増殖過程

ウイルス粒子はRNAまたはDNAの核酸からなる遺伝子（**ゲノム**）とそれを覆って保護するタンパク質の**キャプシド**からなり，さらにウイルス糖タンパク質と細胞膜に由来する膜からなるエンベロープをもつ．しかし，生物の基本的な性質である“自己複製”も“代謝”も，それ自体ではもたず，増殖のためには，細胞に感染し細胞機能を利用する必要がある．

ウイルスの一般的な増殖・複製は六段階からなる（図19・1を参照）．

ウイルスは，感染した細胞内でキャプシドからウイルスゲノムを解放する．この時点でウイルス粒子の構造は解体され，その後はウイルス自身のもつ酵素が主体となり，細胞内の酵素や基質を利用して，ゲノム遺伝子の複製が行われる．また，ウイルスゲノム情報をもとに別途合成されるウイルスmRNAより，ウイルス構造タンパク質が細胞内のリボソームを利用してつくられ，これらのウイルスタンパク質やゲノムが集合して新たな**子孫ウイルス**（progeny virus）が形成され，細胞より放出される．

図19・1は，ウイルスの細胞への感染から細胞内での複製過程を経てウイルスが放出される過程を模式的に示したものであるが，産生されるウイルス量と時間のスケールこそ違え，感染過程のシナリオはすべてのウイルスでほとんど同じである〔一部のウイルスでは“潜伏感染”（§19・5）が起こる〕．まず，感染直後のしばらくの期間，ウイルスはごくわずかにしか検出されなくなる．この期間は，**暗黒期**（eclipse）とよばれる．この間にウイルスは，細胞内でゲノムを露出し，種々の細胞内機構と相互

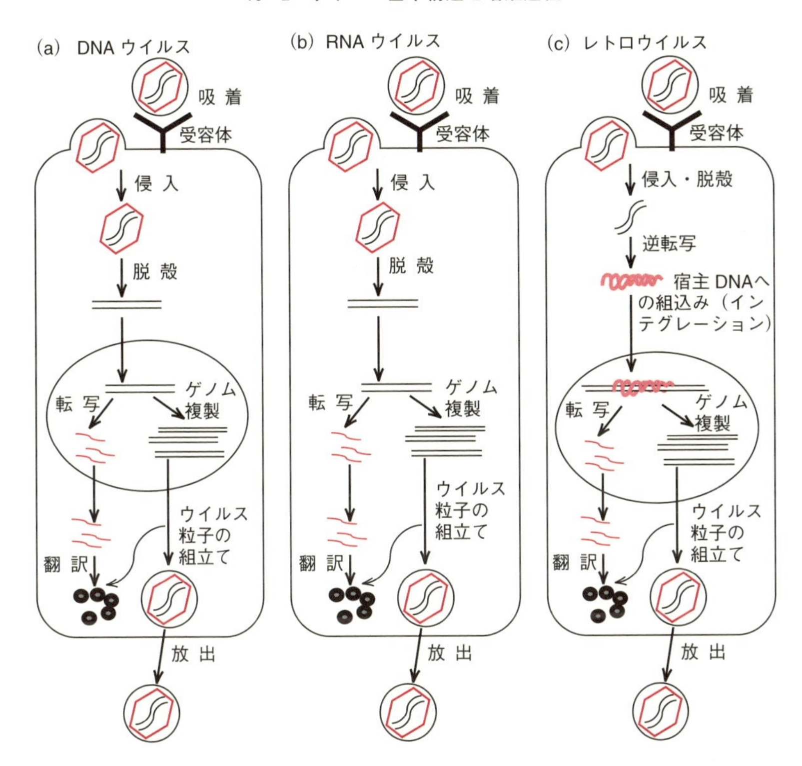

図 19・1 ウイルスの増殖サイクル (a) DNA ウイルス，(b) 通常の RNA ウイルス，(c) レトロウイルス 感染細胞内での複製サイクル共通して次の 6 段階に分けることができる．① ウイルス粒子の宿主細胞への吸着，侵入，② 脱殻，ウイルス核酸の細胞内での増殖部位への移行，③ ウイルス初期 mRNA，初期タンパク質の合成，④ ウイルスゲノムの複製および後期 mRNA，後期タンパク質の合成，⑤ ウイルス素材の集合によるヌクレオキャプシド，粒子形成，⑥ ウイルス粒子の細胞外への遊離（放出）．

作用し，ウイルス mRNA とウイルスタンパク質の合成を可能にするために個々のウイルス独自の戦略を駆使する．**潜伏期**には多くの場合ウイルスの活動が停止し，転写も翻訳も起こらないことが多い（したがって，暗黒期とは異なることに注意）．細胞への感染からウイルスゲノム複製が起こるまでを，ウイルス感染の**前期過程**とよぶ．その後，ゲノム複製の開始とともにウイルス遺伝子転写およびタンパク質の合成が細胞内で起こり，ウイルスタンパク質とゲノムが集合し，子孫ウイルスの形態形成が生じ，これが細胞質内で蓄積し，ついにウイルス放出〔**出芽**(budding)ともいう〕が起こる〔ここまでを**成熟期**(maturation phase)もしくは**後期過程**とよぶ〕．これらの各時期の背景にある分子機構はウイルスの遺伝子発現制御を考える上で重要である．

19・3　ウイルス複製と遺伝子発現

感染にひき続いて細胞内に侵入したウイルスのゲノムを鋳型にしてウイルスmRNAが合成される．ウイルスゲノムがDNAかRNAか，RNAならマイナス（−）鎖かプラス（＋）鎖か，によってウイルス複製の細胞内での分子戦略が異なる．

ウイルスmRNAが合成されると，細胞質のリボソームでウイルスタンパク質がつくられるが，感染時期に必要なウイルスタンパク質がその都度つくられる．DNAウイルスの代表としてヘルペスウイルスの例を図19・2に示す．このウイルスの遺伝子は，発現時期の違いから**前初期遺伝子**，**初期遺伝子**，**後期遺伝子**に分類され，カスケード形式で遺伝子発現とウイルスタンパク質合成が調節されている．DNAウイルスゲノムの複製と転写は宿主細胞の核内で起こり，前者はウイルスのDNA複製酵素が，後者は宿主細胞のRNAポリメラーゼⅡ（RNA PolⅡ）が利用される．DNAウイルスの多くはDNA複製時に細胞の因子を利用する．そのため，DNA複製やmRNAの合成は宿主細胞の諸酵素が局在している核内で行われ，核を増殖の場としている．

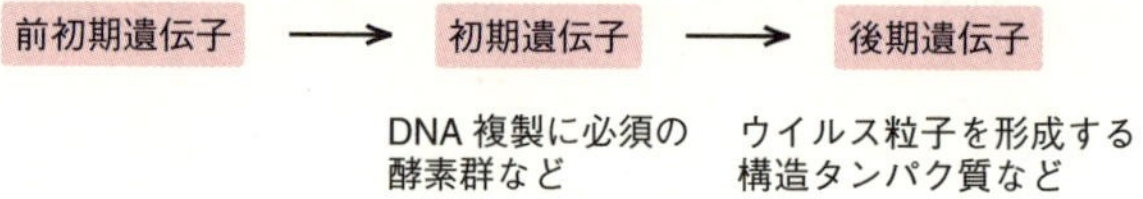

前初期遺伝子 ⟶ 初期遺伝子 ⟶ 後期遺伝子

DNA複製に必須の酵素群など　　ウイルス粒子を形成する構造タンパク質など

図19・2　ヘルペスウイルス（クラスⅠ）の遺伝子発現様式　前初期遺伝子は，まだ新たなウイルスタンパク質が合成されていない感染早期に最初に発現する．それらの転写産物により，DNA複製に必須の酵素群が含まれる初期遺伝子の発現が誘導される．後期遺伝子は，DNA複製の開始後に発現する遺伝子群であり，その産物の多くがウイルス粒子を形成する構造タンパク質である．

他方，RNAウイルスの複製と転写はゲノムRNAを鋳型として行われるため，宿主の酵素を利用することはできない．そこで，ウイルスは複製と転写を担う独自の酵素をもち，mRNAが機能する細胞質内で行われる．核内で増殖する例外的なRNAウイルスとしてインフルエンザウイルスやレトロウイルスがある．インフルエンザウイルスでは，宿主細胞のmRNAの5′末端部分を切出し，ウイルスmRNAのプライマーにするという**キャップスナッチング**が核内で起こる必要がある．さらに，インフルエンザウイルスの遺伝子の中には，イントロンをもった遺伝子が存在し，核内の細胞因子の助けを借りなければ成熟した形のmRNAが合成できない．

レトロウイルスの転写は細胞のRNAポリメラーゼⅡが用いられる．感染後，そのRNAゲノムが逆転写酵素によってRNAからDNAに逆転写され宿主細胞のゲノムの一部に組込まれる（プロウイルス，§19・5参照）．この形で長期間にわたって潜伏感染する．この間のエピジェネティックな制御が注目される（コラム19・1を参照）．

レトロウイルスの転写・複製は宿主細胞と同様に核内で行われる．これに関与する制御タンパク質は細胞質で合成されたのち，核に輸送され局在する．また，核内で転写されたレトロウイルス mRNA の中のスプライシングを受けていない“ゲノム”RNA を核から細胞質へと移送する独特の分子機構が存在する（後述）．

細胞質のリボソームでは一般に**モノシストロン性**（monocistronic）の mRNA しかタンパク質にすることはできない．これに対して，多くのウイルスゲノムでは，1 本のゲノム上に複数の遺伝子がある場合が多い．このため，ウイルスはゲノムからオープンリーディングフレーム（読み取り枠，open reading frame）を変えてそれぞれのタンパク質に対応する複数の異なる mRNA を合成するか，1 本の mRNA から大きな前駆体タンパク質をまずつくらせて，その後にプロテアーゼ（宿主またはウイルス由来）の作用で個々のタンパク質に切出してゆく，という手段をとる必要がある〔**ポリシストロン性**（polycistronic）〕．より効率よく細胞内でウイルスタンパク質合成を行うために，細胞の mRNA からのタンパク質合成を一時的にでも停止するか，もしくはウイルス mRNA がリボソームで利用されやすい構造をもっていることが望ましいことになる（この性質は細胞内で効率よく組換えタンパク質をつくる際に利用される）．

19・4　ゲノム複製戦略に基づくウイルスの分類

ウイルスの分類は，ゲノムの存在様式，その複製と mRNA 合成の方法から試みられているが，D. Baltimore による 6 種類のクラス分類に，ヘパドナウイルスの複製形式（新たに，クラス Ⅶ とされた）を加えたものが最も一般的である．本分類に

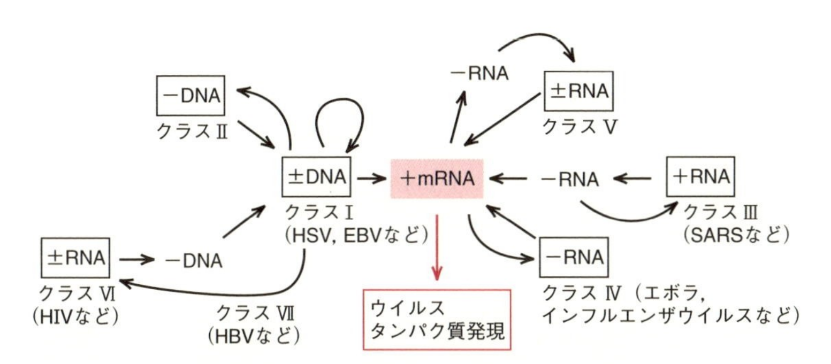

図 19・3　ゲノム複製戦略によるウイルスの分類　ゲノム核酸として DNA もしくは RNA をもつものがある．DNA ウイルスゲノムは二本鎖（+/−）または一本鎖（−鎖），RNA をゲノムにもつものでもウイルス粒子内の RNA がプラス鎖またはマイナス鎖あるいは二本鎖 RNA（+/−）がある．レトロウイルス（クラス Ⅵ）と B 型肝炎ウイルス（クラス Ⅶ）は似ているが独特なゲノム複製戦略をもつため，それぞれ別種のウイルスとして分類される．矢印は遺伝情報の流れを表している．

おいては，従来の分類法がウイルスの形態やゲノム核酸の種類をもとになされてきたのに対して，ウイルスの複製過程における遺伝情報の流れを中心にウイルスをクラス分けしている（図19・3）．

クラスⅠ 二本鎖DNAをゲノムとするウイルス．自らのDNAポリメラーゼを用いゲノム複製を行う．

クラスⅡ マイナス鎖一本鎖DNAをゲノムとするウイルス．複製には細胞のDNAポリメラーゼαを用い，二本鎖DNAを経て再びマイナス鎖DNAとなり粒子に取込まれる．

クラスⅢ 分節状（multipartite）の二本鎖RNAをゲノムとするレオウイルスなどが属する．ゲノムRNAのマイナス鎖からウイルスのRNAポリメラーゼで多数のプラス鎖RNAをつくり，これがmRNAとしてタンパク質合成に供せられる．また，ウイルスRNAポリメラーゼはプラス鎖RNAを鋳型としてマイナス鎖RNAをつくり二本鎖RNAゲノムができる．

クラスⅣ プラス鎖RNAをゲノムとするピコルナウイルス，トガウイルス，フラビウイルスなどが属する．感染後，ゲノムRNAはリボソームに移行し，直ちにウイルスタンパク質合成が起こる．前駆体タンパク質はプロセシングを受けて種々のタンパク質が切出される．ウイルスがもつRNAポリメラーゼの作用でプラス鎖RNAからマイナス鎖RNAができ，これが中間体となってプラス鎖RNAゲノムの複製が起こる．

クラスⅤ マイナス鎖RNAをゲノムとするウイルスで，ウイルス粒子内のRNAポリメラーゼの作用でプラス鎖RNAが合成され，これがmRNAとして働く．

クラスⅥ プラス鎖RNAをゲノムとし，細胞への感染後ウイルス粒子に含まれる逆転写酵素の作用でDNA（プロウイルス）が合成され，これが細胞の染色体DNAに組込まれる．レトロウイルスがこのクラスに分類される．プロウイルスDNAから細胞のRNAポリメラーゼⅡによってmRNAが合成されるとともにゲノムRNAの複製も行われる．

クラスⅦ クラスⅥに似るが，ウイルス粒子内に一本鎖DNA部分（ギャップ）のある二本鎖DNAをゲノムとする．

19・5 ヒト免疫不全ウイルス（HIV）の増殖戦略

ヒト免疫不全ウイルス（HIV）に一度感染すると，体内からウイルスが排除されることはない．その理由は，ウイルスRNAゲノムが逆転写酵素によりDNAとなり，宿主DNAへとウイルスの**インテグラーゼ**により組込まれるためである．組込まれたウイルスDNAは**プロウイルス**（provirus）とよばれる．

HIVのようにウイルスが体内から排除されることなく持続して存在することを**持続感染**という．持続感染は，感染性のあるウイルス粒子が産生される慢性感染と，ウイルスのゲノムが感染細胞内に存在するものの感染性のある完全なウイルス粒子は産生されない潜伏感染に分けられる．HIVにおいては，潜伏感染の維持と慢性感染に至る再活性化に転写制御機構が深く関与することが知られている．

HIVの転写制御は，HIVゲノムの5′末端に存在するLTR（long terminal repeat）に結合する転写因子群によって行われる（図19・4a）．このモチーフは，イニシエーター，TATAボックス，宿主転写因子結合部位（Sp1，NF-κB，NFAT1，AP4結合部位など）が含まれ，一般的な転写制御ユニットを構成している．ここで，Sp1とNF-κB，NFAT1は転写を正に，AP4は転写を負に調節する．NF-κBとNFAT1は細胞外シグナルによるHIV転写の活性化に，またAP4はHIV潜伏感染の維持に深く関わっている．

細胞外からの炎症シグナルなどでTNF受容体やTLR（Toll様受容体）などを介して細胞内に伝えられるとNF-κBやNFAT1などの“正”の転写因子が活性化される．これらが“潜伏”状態にあるHIVプロウイルスのプロモーター（LTR）に作用し，転

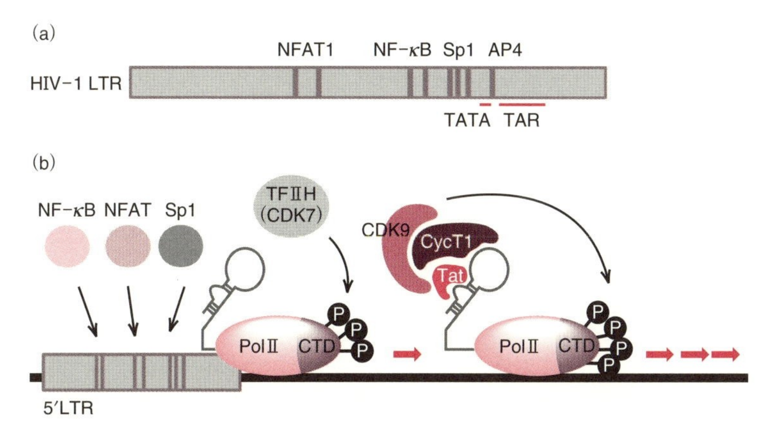

図19・4 ヒト免疫不全ウイルス（HIV）の転写制御と転写活性化機構 (a) 遺伝子発現プロモーターを構成するLTRに存在する各転写因子の結合部位．また，Tatの結合するTAR RNAはウイルスmRNA 5′末端の転写開始部位の59塩基から形成されるが途中に小さなバルジを含むステム-ループ構造をとる．Tatはこの領域にバルジを中心に結合する．(b) HIV転写活性化因子Tatによる転写伸長反応の活性化の分子機構．TatがTARに結合する際に宿主細胞の転写伸長因子P-TEFbを呼び込む．P-TEFbの酵素サブユニットCDK9がHIV mRNAを転写中のRNAポリメラーゼⅡのC末端ドメイン（CTD）をリン酸化することによってRNAポリメラーゼⅡは転写を続行することができる．すなわち，TatがなければほとんどのHIV mRNAが短い（30〜40ヌクレオチド長）ものとなって遺伝子発現には至らない．

写が開始される．しかし，開始されたHIV転写は，直ちに転写伸長の直後で止まってしまう．これは，基本転写因子のカスケードがTFⅡHに到った段階で進行中のRNA PolⅡのCTDリン酸化がホスファターゼFcp1などの作用によって途絶えるからと考えられる．これを未熟な転写終結（premature termination）とよぶ．HIVの転写活性化因子Tatはまさにここからの転写“伸長”過程で重要な役割を担う．

Tatはトランス活性化因子としてウイルスの転写活性化を起こし，HIVウイルス複製における中心的な役割を担う（図19・4b）．Tatが存在していないと，HIVプロモーターは転写伸長の阻害因子（HEXIM1，7SK RNA，DSIF，NELFなど）と結合し，不活性化状態となっている．しかしながら，Tatが存在すると，Tatはウイルス mRNAの5′末端にできるTAR（trans-activation responsive element）とよばれる一種のヘアピン（途中に突出部分をもつ）構造に特異的に結合し，宿主の転写伸長因子P-TEFbと結合することによって転写の開始と伸長反応を促進する．このTatの発現を促すのが，LTRに結合する転写因子の活性化であり，これらの制御はHIV潜伏

コラム19・1

エピジェネティック制御による HIV の潜伏感染制御

HIVをはじめとしてレトロウイルスは感染後に逆転写酵素によって一本鎖（プラス鎖）ゲノムRNAが二本鎖DNAとなって宿主細胞ゲノムに組込まれる．組込まれたプロウイルスは転写活性のないヘテロクロマチンとして通常は転写活性をほとんどもたない形で感染してもウイルス産生のない細胞として存続する．これが“潜伏感染”であり，転写抑制を担うのが転写プロモーターであるLTRのシスエレメントに結合する転写抑制因子である．HIVではAP4やYY1などの転写抑制因子が潜伏感染細胞内のHIVプロウイルスLTRに結合し，さらにHDACが呼び込まれる（リクルート）ためプロウイルス周囲のクロマチンを構成するヒストンの脱アセチル化が維持されている．

興味深いことにその際に本来は転写活性化作用のあるSp1もHDACを呼び込んでいることが明らかになった．さらにG9aなどのヒストンH3の9番目のLys（H3K9）をメチル化する酵素も呼び込まれる．メチル化されたH3K9にHP1とDNAメチルトランスフェラーゼCMT3がさらに呼び込まれると，プロウイルスDNAのシチジンのメチル化が起こるために，プロウイルスからの転写は強く安定的にシャットダウンされることになる．細胞外からのシグナル（おもに炎症シグナルやTLRを介するシグナル）がプロウイルスDNAに継続的に到達するとヒストンのアセチル化が生じ，プロウイルス領域がユークロマチンとなって再び転写活性をもつようになり，ウイルスの遺伝子発現が起こる（**潜伏感染の破綻**）．

感染再活性化にも関わる．また，これらの転写因子はTatによる転写活性制御にも関与すると考えられている．

宿主転写因子とTatによりHIVゲノムの転写活性化が起こりウイルス前駆体mRNAができるが，直ちにこれらはスプライシングを受ける．そのため，初期には，Tat, Rev, Nefタンパク質ができる．Revが産生されると，ウイルスmRNAのイントロン部分（RRE領域）と特異的に結合し，mRNAを安定化し核から細胞質への移行を促進する．RREがイントロン内に存在するため，スプライスされていないHIV mRNAも細胞質に移行し，これによりウイルス構造タンパク質ができる．合成されたタンパク質の多くは前駆体であり，ウイルスのコードするプロテアーゼによって正しく分解される必要がある．これらのウイルスタンパク質はウイルスゲノムRNAなどと特異的に結合し，細胞膜表面でウイルス粒子を形成し，出芽する．

第 Ⅳ 部
エピジェネティックな転写制御

20

位置効果バリエゲーション

20・1　位置効果バリエゲーションの発見

生物には，金魚の体色や朝顔の花の色などのように，いろいろな斑入り（バリエゲーション）が知られている．野生株のショウジョウバエでは，赤い色素の集積に関わる遺伝子が働いて眼が赤くなるが，変異を起こして働かなくなると白眼となるので，この遺伝子は *white*（*w*）と名付けられた．1930年にアメリカの遺伝学者H. Mullerは，*w* 遺伝子座が染色体の逆位によりセントロメア近傍のヘテロクロマチン領域に転座すると，*w* 遺伝子が発現したり抑制されたりして，しかもこの発現もしくは抑制状態が細胞分裂を経て娘細胞に伝達されるため，赤い細胞のクローン（ひとつの細胞の分裂から生じた細胞集団）と白い細胞のクローンができて，赤白斑入りの眼を生じることを見いだした（図20・1）．これは遺伝子の染色体上の位置の違いによって生じた斑入りなので，**位置効果バリエゲーション**（position effect variegation）とよばれ，クロマチン構造が遺伝子発現制御に関わることを示した古典的な発見である．

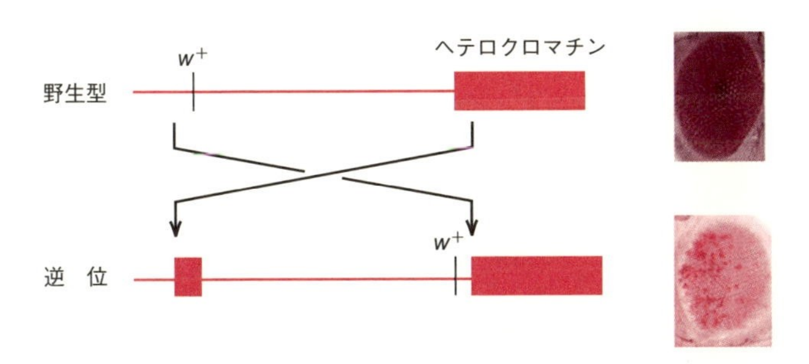

図20・1　位置効果バリエゲーション　ショウジョウバエ *w* 遺伝子の転座によって生じたバリエゲーション．w^+ は *w* 遺伝子に変異がないことを示す．

位置効果バリエゲーションはショウジョウバエだけでなく，多くの生物で知られている．たとえば，マウスの毛の色を支配している遺伝子がヘテロクロマチンの近傍に転座すると，体毛が斑入り状となる．また，染色体への遺伝子導入が盛んに行われるようになった結果，導入された遺伝子の発現が位置効果バリエゲーションを示す例が多くの生物で観察されている．位置効果バリエゲーションは遺伝子の転座に伴って初めて発見されたので，通常には見られない現象と誤解されやすいが，われわれの体の中でヘテロクロマチン近傍の遺伝子に普通に起きている現象である．それは，その遺伝子をGFP遺伝子と置き換えて発現を可視化すれば明らかとなる．

20・2 位置効果バリエゲーションのモディファイアー（変更遺伝子）

1930年というと，Watson–CrickのDNA二重らせんモデルが提唱される20年以上前のことで，位置効果バリエゲーションの分子機構解明は不可能な時代であった．しかし，生物学の多くの分野では帰納法に基づいて研究を進めていくのに対し，遺伝学では演繹法に基づいて考えるため，情報が限られていても研究を進めることができる．こうした状況の下に遺伝学でよく用いられるのが**モディファイアースクリーン**（modifier screen）である．すなわち，*w*とは別の遺伝子の機能欠損変異により，位置効果バリエゲーションを増強（眼の白い領域が増える），もしくは抑圧する（逆に，赤い領域が増える）遺伝子の探索である．こうして，機能欠損した際に位置効果バリエゲーションを増強するエンハンサー遺伝子と抑圧するサプレッサー遺伝子がそれぞれ30種類以上同定された（表20・1）．これらの解析から，位置効果バリエゲーションは多数の遺伝子機能が関わる，かなり複雑な現象であることが示唆された．

表20・1 位置効果バリエゲーションの代表的なモディファイアー

遺伝子	染色体上の位置	遺伝子産物もしくは変異株の特徴
サプレッサー		
Su(var)2-1		HDAC阻害剤感受性
Su(var)2-5	29A	HP1
Su(var)2-10		HDAC阻害剤感受性
Su(var)3-3		ヒストンH3K4デメチラーゼ
Su(var)3-6	87B	プロテインホスファターゼ
Su(var)3-7	87E	HP1と結合するタンパク質
Su(var)3-9	88E	ヒストンH3K9メチルトランスフェラーゼ
エンハンサー		
Trithorax-like(Trl)	70F	GAGA因子
spt16	62B	FACTサブユニット
brahma(brm)	72C1	クロマチンリモデリング因子サブユニット
E(var)3-4	89–93	分子機能不明
E(var)3-5	89–93	分子機能不明
E(var)3-6	89–93	分子機能不明
E(var)3-8	66	分子機能不明
E(var)3-93D	93D	BTBドメインタンパク質

20・2・1　位置効果バリエゲーションのサプレッサーの分子機能

1980年代以降，組換えDNA技術の普及に伴って，位置効果バリエゲーションのサプレッサーやエンハンサー遺伝子が次々とクローニングされ，それらの分子的実体が明らかになってきた（表20・1）．サプレッサー遺伝子の中で，最初にその分子機能が判明したのは*Su(var)2-5*で，その遺伝子産物はヘテロクロマチンの主要構成タンパク質HP1である．HP1はメチル化ヒストンを認識して結合するクロモドメインをもち，このドメインを通してN末端から9番目のリシン(K9)がメチル化されたヒストンH3に結合する．また，HP1は別のドメインを介して種々のタンパク質と相互作用する．*Su(var)3-9*はヒストンH3K9メチルトランスフェラーゼの遺伝子であり，その産物Su(var3-9)はHP1と相互作用する．その他のサプレッサーについては，それぞれ*Su(var)3-3*がヒストンH3K4デメチラーゼ，*Su(var)3-6*がプロテインホスファターゼ，*Su(var)*3-7がHP1と複合体を形成するZnフィンガータンパク質の遺伝子であることが知られている．

20・2・2　位置効果バリエゲーションのエンハンサーの分子機能

位置効果バリエゲーションのエンハンサー遺伝子の中で，最も機能解析が進んでいるのは*Trithorax-like*(*Trl*)遺伝子で，その遺伝子産物はZnフィンガードメインを通してDNAのGAGAG配列に結合するGAGA因子である．GAGA因子はユークロマチン上の主として遺伝子間の領域に存在し，遺伝子発現制御に関わる．*spt16*の遺伝子産物はヌクレオソーム構造の変換に関わるヒストンシャペロンFACTのサブユニットであり，*brahma*(*brm*)の産物はクロマチンリモデリング因子BAPやPBAP複合体の触媒サブユニットである．その他のエンハンサー遺伝子については，機能未解析のものが多い（表20・1）．

20・3　ヘテロクロマチンの侵攻

ヘテロクロマチンは周囲の領域に侵攻する傾向があることが知られていたが，21世紀初頭になってそのメカニズムが解明された．*Su(var)3-9*遺伝子の機能欠損変異株では，HP1のヘテロクロマチンへの局在が失われること，Su(var)3-9タンパク質とHP1が直接結合することなどから，Su(var)3-9がヒストンH3K9をメチル化し，HP1がそのクロモドメインを通してK9メチル化ヒストンH3を含むヌクレオソームに結合し，さらにHP1が別のSu(var)3-9を呼び込み，隣接するヌクレオソームのヒストンH3K9をメチル化することを繰返して，ヘテロクロマチンが周辺に広がっていく（図20・2）．こうしてヘテロクロマチンの近傍に転座した*w*遺伝子領域にヘテロクロマチンが侵攻した細胞では，*w*の発現が抑制される．細胞分裂時にHP1やSu(var)3-9はいったんクロマチンから離れるが，分裂後はK9メチル化ヒストンH3

を目印にヘテロクロマチンがもとの位置に再形成されると考えられる．

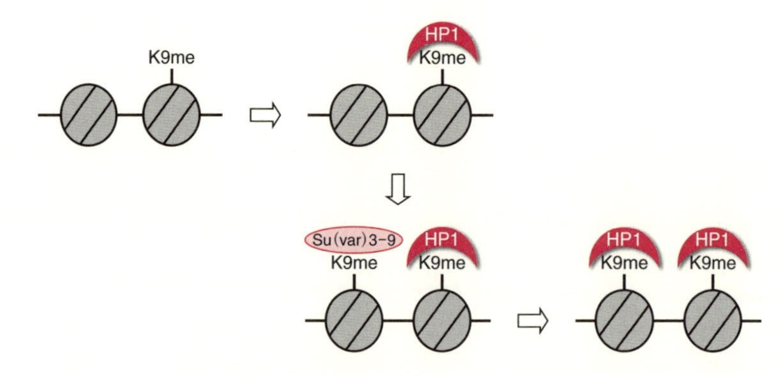

図 20・2 ヘテロクロマチン侵攻のメカニズム ヘテロクロマチンは Su(var)3-9 によるヒストン H3K9 のメチル化，HP1 の結合，新たな Su(var)3-9 の呼び込み，隣のヌクレオソームのヒストン H3K9 のメチル化を繰返して周辺に侵攻する．K9me はヒストン H3K9 のメチル化を示す［S. Hirose, *J. Biochem.*, **141**, 615 (2007) より改変］．

20・4 ヘテロクロマチン侵攻の阻止

ヘテロクロマチンは周囲の領域に侵攻する傾向があるが，位置効果バリエゲーションで眼全体が白くなることはなく，赤い領域も残ることは，ヘテロクロマチンの侵攻を阻止するメカニズムの存在を示唆している．ヘテロクロマチンの侵攻に位置効果バリエゲーションのサプレッサーが関わることは，それと拮抗する侵攻の阻止にはエンハンサーが関わると予想される．実際，*Trl* 遺伝子産物の GAGA 因子は FACT やクロマチンリモデリング因子 PBAP 複合体と結合し，それらを *w* 遺伝子下流の GA 反復配列に呼び寄せることにより，K9 メチル化ヒストン H3 をヒストンバリアント（変種ヒストン）H3.3 に置換し，*w* 遺伝子領域にヘテロクロマチンが侵攻するのを阻止することが明らかとなった（図 20・3）．なお，ヒストン H3.3 は H3 と異なり，K9 メチル化を受けにくく，K4 メチル化を受けやすいことが知られている．

20・5 その他のタンパク質の関与

ショウジョウバエの位置効果バリエゲーションの主要な分子機構は，HP1 と Su(var)3-9 によるヘテロクロマチンの侵攻と，GAGA 因子，FACT，PBAP 複合体などによるヒストン H3.3 置換を通したヘテロクロマチン侵攻の阻止を巡るせめぎ合いである．さらにこのせめぎ合いを補完するものとして，ヒストンデメチラーゼ，ヒストンアセチルトランスフェラーゼ（HAT），ヒストンデアセチラーゼ（HDAC），プ

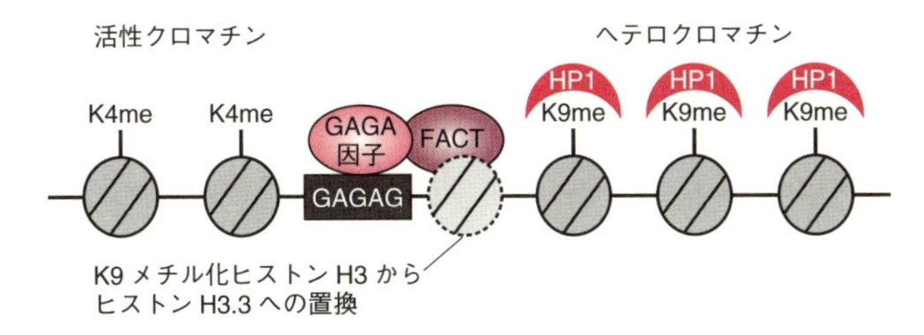

図 20・3 ヘテロクロマチンの侵攻を阻止するメカニズム K9 メチル化ヒストン H3 をヒストンバリアント H3.3 に置換することによってヘテロクロマチンの侵攻を阻止する．K4me は K4 メチル化ヒストン H3，K9me は K9 メチル化ヒストン H3 を表す．〔S. Hirose, *J. Biochem.*, **141**, 615 (2007) より改変〕.

ロテインホスファターゼ，HP1 と結合するタンパク質，クロマチンリモデリング因子などさまざまなタンパク質が位置効果バリエゲーションに関わるため，多数のサプレッサーやエンハンサーが同定されたと考えられる．位置効果バリエゲーションに関わる多くのサプレッサーやエンハンサーは多細胞生物の間で進化的に保存されているので，上記の分子機構も保存されていると推察される．

出芽酵母でも，ヘテロクロマチン近傍の遺伝子は発現したり，抑制されたりして，その発現状態が細胞分裂を経て娘細胞に伝達されるので，一つのコロニー内の発現細胞群中に非発現細胞群が扇状に分布する．この場合は，HAT と HDAC の間のせめぎ合いを通してヘテロクロマチンとユークロマチンの境界が決まることにより，コロニー内でバリエゲーションを生じる．これらの研究成果から，クロマチン構造を通した遺伝子発現制御機構も，生体内における他の多くの制御機構と同様に，動的平衡下にあることがうかがえる．

21

ゲノムインプリンティング

21・1　ゲノムインプリンティングとは

ゲノムインプリンティング（ゲノム刷込み）とは，ゲノムが由来した親の性別によって遺伝子発現が決定される機構のことで，この機構に制御されるゲノム部位にある遺伝子は**片親性発現**を示す．哺乳類および被子植物でみられ，個体発生，成長，行動などの過程で必須な役割を果たしている．父親性または母親性発現を示すインプリント遺伝子のいくつかは，発現欠失または過剰発現により個体発生や成長の異常や，ヒトでは**ゲノムインプリンティング型疾患**の原因となる．メンデルの遺伝法則は父親・母親由来のゲノムに由来する対立遺伝子が同等に発現することを前提条件とするが，インプリント遺伝子はこの法則の例外であり，これらのゲノムインプリンティング型疾患は非メンデル遺伝様式で伝わる．

21・2　ゲノムインプリンティング現象の発見

1984 年にマウスの雌性単為発生胚，雄核発生（雄性発生）胚の個体発生能力を調べた発生工学的実験の結果が報告された．雌性単為発生胚とは卵（雌）由来のゲノム

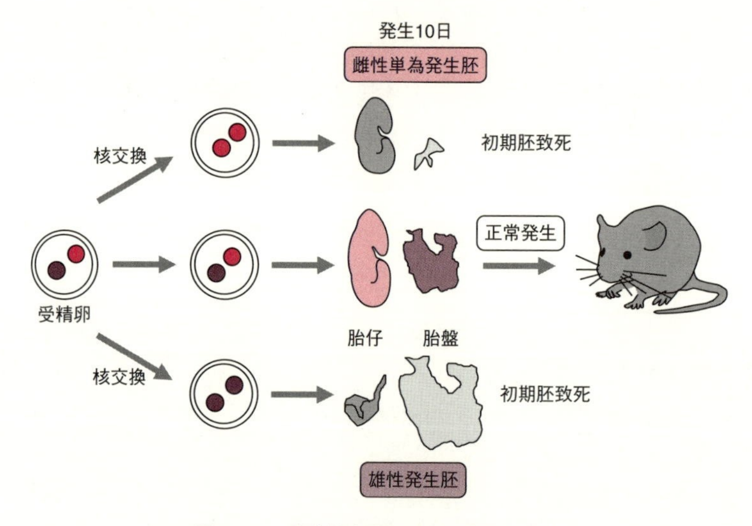

図 21・1　核移植実験によるマウスの発生

のみを2倍体でもつ発生胚であり，精子と卵子の受精直後の受精卵から，細いガラスピペットで雄性前核を除去し，その代わりに他の受精卵由来の雌性前核に入れ替えた胚である．同様の操作で精子（雄）由来のゲノムのみを2倍体でもつ雄核発生胚も作製できる．この前核移植実験により作製された再構成胚は，雄と雌由来のゲノムを一組ずつもつ場合には正常な個体発生をするが，雌性単為発生胚と雄性発生胚の場合はどちらも子宮への着床直後に致死となる（図21・1）．さらに雌性単為発生胚は胎盤の発生が悪く，雄性発生胚では胎仔の発生が悪く胎盤は異常に大きいなど，胎仔と胎盤の成長に著しい差も観察された．この実験結果は，哺乳類では正常な個体発生に雄（父親）由来のゲノム，雌（母親）由来のゲノム両者がそろうことが必須であることを意味する．

翌1985年には，遺伝学的実験からマウス染色体上に父親由来と母親由来で機能の異なる領域が存在することが報告された．特定の染色体領域が片親のみに由来する“部分片親性重複マウス”* を用いた一連の研究により，ゲノムインプリンティングに関わる領域が10箇所以上同定された（図21・2）．これらは**インプリント領域**とよばれ，たとえば6番染色体近位部のインプリント領域が母親性2倍体となったマウス，7番染色体遠位部のインプリント領域が父親性2倍体となったマウスはどちらも初期胚致死性を示す．

これら二つの実験は，哺乳類では父親・母親由来のゲノムが個体発生において異な

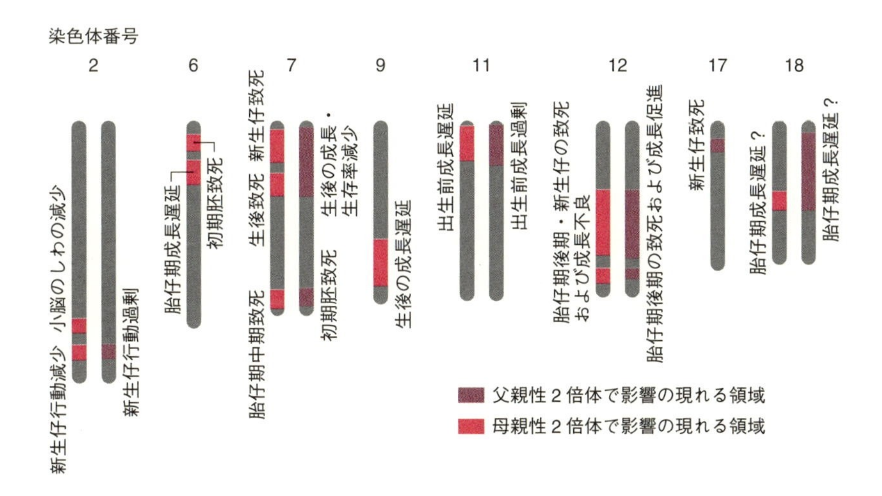

図21・2 マウス染色体上の片親性2倍体で発生・成長に影響が現れる領域

---

* 部分片親性重複マウス：染色体の均衡転座を起こしたマウス同士を交配させることで，特定の染色体部分を片親性重複させたマウス．

る機能を果たしていることを示したものであり，精子，卵子のゲノムには，父親・母親由来の記憶が存在するという意味で，**ゲノムインプリンティング**現象と命名された．

21・3　インプリント遺伝子とインプリンティング領域

核移植実験の結果もゲノム上のインプリンティング領域の存在も，**父親性発現遺伝子**（paternally expressed gene, *Peg*）と**母親性発現遺伝子**（maternally expressed gene, *Meg*）という2種類のインプリント遺伝子の存在で理解される（図21・3）．ヒトおよびマウスでインプリント遺伝子は*Peg*，*Meg*あわせて100以上見つかっている．インプリント遺伝子の発見以降，ゲノムインプリンティングはこれら遺伝子群の片親性発現制御機構の意味でも使われる（マウスの遺伝子の場合*Peg*，*Meg*，ヒトなどその他の動物を*PEG*，*MEG*と表記する）．

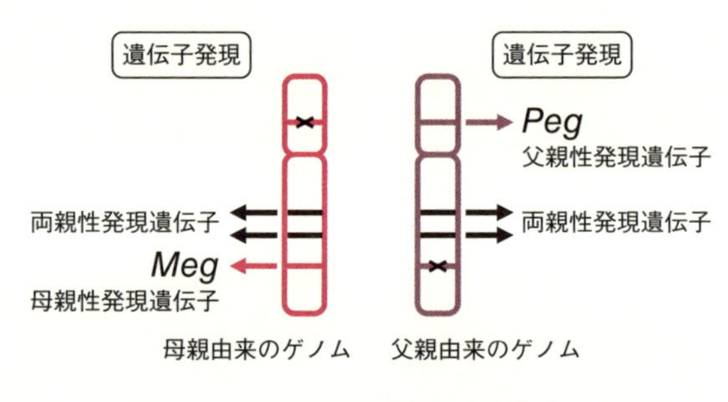

図21・3　ゲノムからの遺伝子の発現パターン

1990年まで片親性発現をするインプリント遺伝子は仮想の存在であったが，この年，胎仔の成長に関係する*Igf2*（insulin-like growth factor Ⅱ）ノックアウトマウスの示す胎仔期成長遅延の表現型がメンデル遺伝とは異なり，父親由来のときにのみ見られる遺伝様式を示すことから*Igf2*が父親性インプリント遺伝子であることが示唆された．翌1991年には*Igf2*の機能を抑制する遺伝子の*Igf2r*（insulin-like growth factor Ⅱ receptor）が母親性発現をすることが報告され，*Igf2*の父親性発現も実際に証明された．また，*Igf2*の隣に存在するノンコーディングRNA *H19*が母親性発現をすることも報告された．

その後もいくつかのインプリント遺伝子が同定されたが，さまざまな網羅的インプリント遺伝子スクリーニング系の開発により，新規インプリント遺伝子の同定は加速され，インプリント領域の正確な染色体上の位置も特定された．インプリント領域では複数のインプリント遺伝子がクラスター（かたまり）を形成している．一つの領域は*Peg*と*Meg*の両方が混ざったクラスターになっている．また，ヒトとマウス間ではほとんどのインプリント領域が同じように保存されている．図21・4に代表的なインプリント領域のインプリント遺伝子群をのせた．茶色の字は*Peg*（父親性発現）の遺伝子，赤字は*Meg*（母親性）の遺伝子を示している．

コラム21・1

ゲノムインプリンティングの起源

ゲノムインプリンティングは脊椎動物では哺乳類だけに見られる遺伝子発現調節機構である．より正確には，哺乳類のなかの胎生の生殖様式をとるヒトやマウスのような真獣類とカンガルーやオポッサムを含む有袋類の二つのグループにのみ保存されている．カモノハシやハリモグラからなる卵生の哺乳類である単孔類では確認されていない．

真獣類間ではインプリント領域の保存性は高く，たとえばヒトとマウスの間では主要なインプリント領域は共有されている．一方でマウス（げっ歯類）特異的またはヒト（霊長類）特異的なインプリント領域も複数存在することから，真獣類の多様化の過程でも新規のインプリント領域が生じたことがわかる．

真獣類のインプリント領域はすべてDMRにおけるDNAメチル化の有無で制御される（DMR制御型）．有袋類でこれまでに確認されたインプリント領域は4箇所ある．すべてが真獣類のインプリント領域と共通しているが，機構的に非DMR制御型とDMR制御型の2種類のインプリンティング機構が存在している．非DMR制御型とはDNAメチル化以外の（たとえばヒストンメチル化）機構によっての片親性遺伝子発現制御が予想される．

この2種類のゲノムインプリンティング機構がそれぞれ独立の起源をもつのか，非DMR制御型はDMR制御型の原型であるのか，という問題は未解決である．しかし有袋類の非DMR制御型を示す2領域も真獣類のインプリント領域と相同領域であるので，非DMR制御型からDMR制御型に移行した可能性は高いと考えられる．

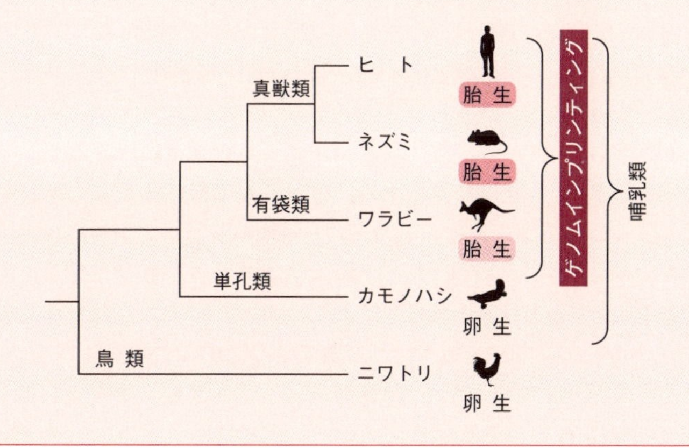

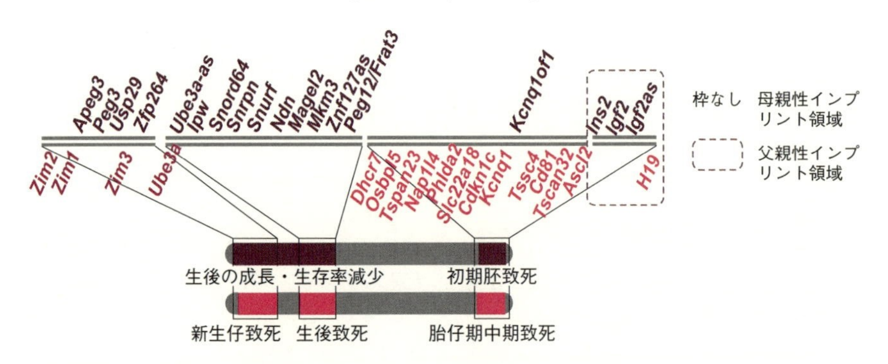

図 21・4 マウス 7 番染色体のインプリント領域とそれを構成するインプリント遺伝子

21・4 インプリント遺伝子の発現機構: DMR の存在（§6・3 参照）

インプリント領域は哺乳類ゲノムの十数箇所に存在し，そこには複数の *Peg* と *Meg* が混在してクラスターをなしていることは前項でも述べた．この *Peg* と *Meg* のセットを，同時に，かつ逆方向（誘導または抑制）に発現の切替えを行うのがゲノムインプリンティングということになる．つまり，インプリント領域では父親由来のゲノムから *Peg* の発現を誘導し，*Meg* の発現を抑制するように，母親のゲノムからは *Peg* の発現を抑制し，*Meg* の発現を誘導するような機構が必要となる．

それぞれのインプリント領域には，必ず 1 箇所の **DMR**（differentially methylated region）とよばれるインプリンティングの制御センター（DNA 領域）が存在している．DMR は父親・母親由来のゲノム間で DNA メチル化状態の異なる領域で，父親（精子）由来のゲノムがメチル化されている場合と，母親（卵子）由来のゲノムがメチル化されている場合（図 21・5・図 21・6）の 2 種類が存在する．前者を父親性インプリント領域，後者を母親性インプリント領域とよぶ．父親性インプリント領域は，マウスでは 3 箇所，ヒトでは 2 箇所見つかっている．母親性インプリント領域は 10 箇所以上存在している．

DMR 領域が DNA メチル化状態にあるか非メチル化状態にあるかで，インプリント領域内の *Peg* と *Meg* の発現は逆転する．遺伝子が DMR によって片親性発現を示すメカニズムについて 7 番染色体の *Igf2–H19* 領域の遺伝子発現制御を説明するインスレーターモデルで説明する．図 21・5 の例は母親性インプリント領域の遺伝子発現の模式図である．うすいピンクの線はゲノム上のインスレーター（コラム 10・1 参照），DMR，エンハンサーの各領域を表す．この図では DMR はプロモーター，インスレーターにまたがって存在しているため，母親ゲノムで DMR がメチル化されると，遺伝子 *C* の発現が抑制される．また，インスレーター配列にインスレーター結合タンパ

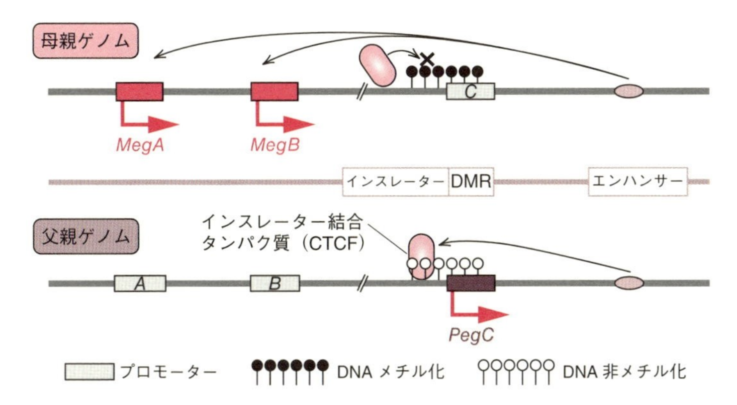

図 21・5　母親性インプリント領域のインプリント遺伝子発現

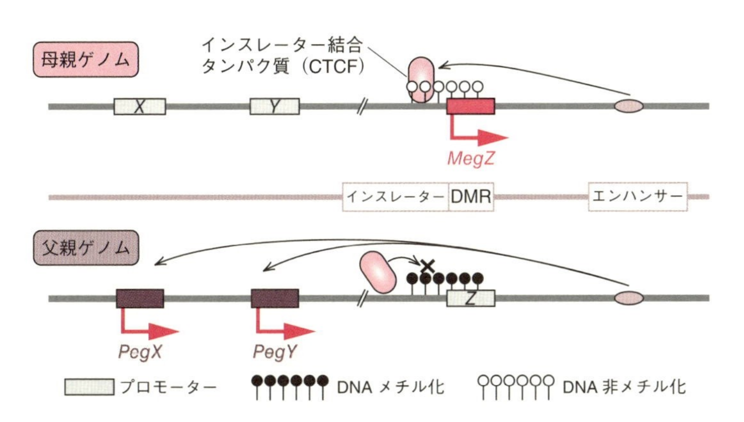

図 21・6　父親性インプリント領域のインプリント遺伝子発現

ク質が結合できなくなり，遺伝子 *A*・遺伝子 *B* のプロモーターは下流のエンハンサーの影響を受けて *Meg* として発現するようになる．一方，父親ゲノムでは DMR が非メチル化状態にあり，遺伝子 *C* が *Peg* として発現するが，インスレーターにインスレーター結合タンパク質が結合することでエンハンサーからの影響がなくなり，遺伝子 *A*・遺伝子 *B* の発現が抑制される．一般にプロモーターの DNA メチル化は遺伝子発現の抑制に働くことはよく知られているが，図 21・5 の例のようにインスレーターの DNA メチル化は遺伝子発現を“誘導”することもある．

図 21・6 は父親性インプリント領域の遺伝子発現の模式図である．父親ゲノムで DMR がメチル化され，遺伝子 *Z* が抑制され遺伝子 *X*・遺伝子 *Y* が *Peg* として発現するようになる．母親ゲノムでは DMR が非メチル化状態にあり，遺伝子 *Z* が *Meg* と

コラム 21・2

DMR はどんな DNA 配列なのか

インプリント領域に含まれる大部分のインプリント遺伝子は他の脊椎動物にも共通に存在し，それらの生物においては両親性発現をしている．哺乳類ではそれらの遺伝子の近傍に DMR となる DNA 部分が存在するため，片親性発現制御を受けている．それでは，この DMR 配列はどのようにして生じたのであろうか？その起源について最近の比較ゲノム解析が明らかにしたことは“すべての DMR は新たに獲得された DNA 配列である”ことである．すなわち DMR の配列はゲノム上に新たに挿入された配列からなっており，もともとゲノムに存在していた DNA 配列が雌雄の生殖細胞で異なるメチル化を受けるようになったものではない．

たとえば *PEG10* というインプリント遺伝子は有袋類と真獣類の共通祖先のゲノムに挿入した LTR 型レトロトランスポゾン* が内在遺伝子化したもので，この領域の DMR は *PEG10* プロモーターに存在するが，この配列も単孔類や鳥類のゲノムには存在していない．父親性発現のインプリント遺伝子 *IGF2* 遺伝子は脊椎動物に保存された遺伝子であり単孔類，鳥類，魚類では両親性発現をしている．この領域の DMR となる配列は有袋類と真獣類の共通祖先で挿入された H19 というノンコーディング RNA のプロモーター領域の DNA 配列である．このようにインプリント領域の成立の一因に，外来 DNA の挿入や染色体再構成というゲノム構造の大きな変化が関係していた可能性が高い．

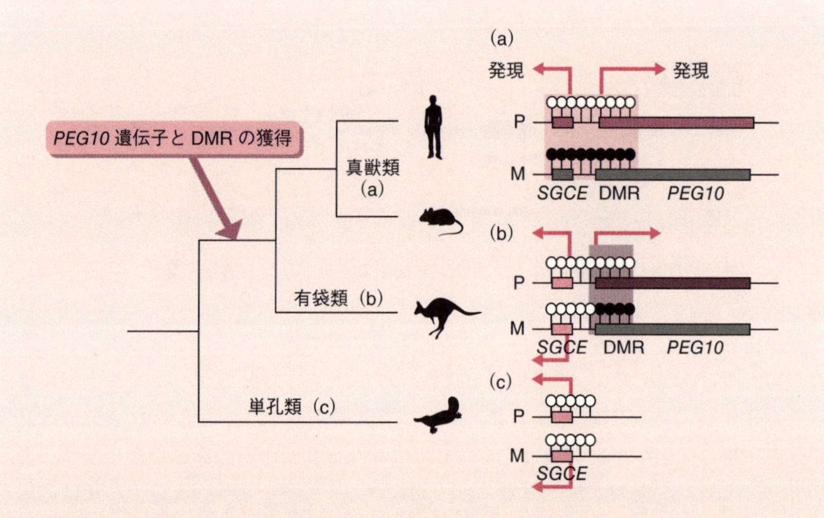

* LTR 型レトロトランスポゾン：哺乳類のゲノムの約半分を占めるレトロトランスポゾンの一種．short interspersed nuclear element（SINE），long interspersed nuclear element（LINE）とは異なり，配列の両側に long terminal repeat（LTR）をもつことを特徴とする．内在性レトロウイルス（endogenous retrovirus, ERV）とあわせてヒトゲノムの 8%を占めている．

して発現し，遺伝子 X・遺伝子 Y が抑制される．図 21・5，図 21・6 のいずれのインプリント領域でも父親・母親ゲノムからのインプリント遺伝子の片親性発現は相補的であり，二つがそろってはじめて，領域に存在するすべてのインプリント遺伝子を発現できるような仕組みになっている．

21・5 ゲノムインプリンティングのライフサイクル

ゲノムインプリンティング機構の要である DMR の DNA メチル化はいつ，どこで生じるのであろうか．卵子と精子が受精してできた受精卵では，卵子型と精子型のインプリンティングがそろって体細胞型となり，その後細胞分裂によってできる胎仔の細胞はすべてこの体細胞型のインプリンティングを保持していく．

マウスでは胎仔期 7.25 日目に，将来の生殖細胞（精子，卵子）になる始原生殖細胞（PGC：primordial germ cell）* が生じ，10.5 日目には将来の生殖巣（精巣，卵巣）である生殖隆起まで移動する．11.5 日目には生殖隆起内への移住を完了するが，10.5〜12.5 日目の間に DMR の DNA メチル化はいったん完全に消去される．つまり，始原生殖細胞の母親由来のゲノムも父親由来のゲノムも DMR とよばれている領域のメチル化がない状態になる．その後，精巣，卵巣において DMR は性別に応じた再メチル化を受ける．胎仔が雄の場合はその精巣で父親性インプリント領域の DMR の DNA メチル化（精子型）が完成し，胎仔が雌の場合はその卵巣で母親性インプリン

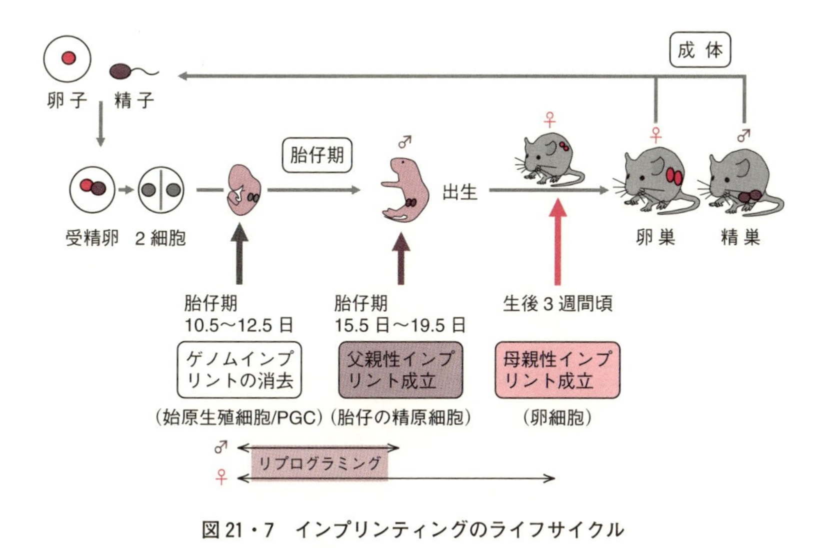

図 21・7 インプリンティングのライフサイクル

---

* 始原生殖細胞（PGC）：将来生殖細胞になる細胞で，胎仔期 7.25 日目に尿膜基部（将来，臍帯（臍の緒）になる部分のつけねあたり）に発生する．

ト領域の DMR の DNA メチル化（卵子型）が完成する（図 21・7）.

このようにインプリント（刷込み）という用語は“DMR を DNA メチル化すること”をさし，いったん消去してから性別に応じて再度メチル化するまでの過程をゲノムインプリンティングの**リプログラミング**という（図 21・7）．すなわち，リプログラミングの実体は，DMR における DNA 脱メチル化と再メチル化である．

図 21・8 で詳細に説明すると，体細胞で父親ゲノムがメチル化された父親性インプリント領域の DMR，母親ゲノムがメチル化された母親性インプリント領域の DMR ともに始原生殖細胞中で一度すべて非メチル化状態（インプリント消去）になる．その後，精巣では両親由来の 2 本の対立遺伝子ともに父親性インプリント領域の DMR にメチルが入る（父親性インプリントの成立）．卵巣では逆に 2 本の対立遺伝子とも母親性インプリント領域の DMR にメチル化が入る（母親性インプリントの成立）．減数分裂後の精子中には 1 セットの父親型の DMR をもつゲノムが，卵子中には 1 セットの母親型の DMR をもつゲノムが存在し，受精することで体細胞型のインプリンティングがそろう．

マウス精巣および卵巣における再メチル化は新規メチル化酵素（DNA メチルトラ

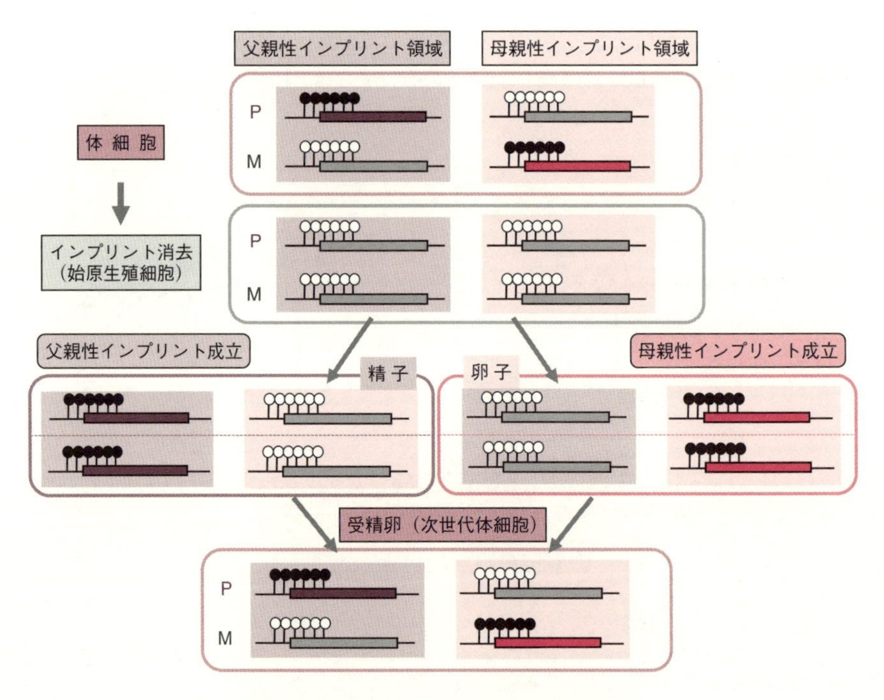

図 21・8 DMR のメチル化消去と再メチル化

ンスフェラーゼ，§6・2）である Dnmt3a と Dnmt3b およびこれらと複合体をつくる Dnmt3l が関与する．しかし，脱メチル化反応の詳細はまだ明らかでない．

21・6 ゲノムインプリンティングと疾患

ヒトでは以前からメンデルの遺伝法則に従わない一群の遺伝病が知られていたが，その多くがゲノムインプリンティングという概念を適用することにより発症の遺伝様式が理解できるようになった．インプリンティング疾患として有名なものに Albright 症候群，Beckwith–Wiedmann 症候群，Silver–Russell 症候群，Prader–Willi 症候群，Angelman 症候群，14 番染色体父親性 2 倍体（pUPD14, paternal uniparental disomy 14）症候群などがあげられる（表 21・1）．

たとえば，Beckwith–Wiedmann 症候群はヒト 11 番染色体（11p15）の父親性 2 倍体が原因となり，胎児期の過成長，巨舌，内臓肥大とそれに伴う臍ヘルニア，Wilms 腫瘍などの胎児がんの高発生の症状を呈する．11p15 部分が父親ゲノムのみから由来するため，そこに存在する *PEG* である成長因子 *IGF2* 遺伝子が過剰発現し，一方で細胞分裂の抑制機能をもつ *MEG* である *CDKN1C/P57KIP2* 遺伝子の発現がなくなることが直接の病因と考えられる．

インプリント疾患はインプリント領域が片親から由来した場合，そこに存在するインプリント遺伝子の発現が片親ゲノム由来となるため，結果として発現量が倍になったり，なくなったりするためにひき起こされるものである．Prader–Willi 症候群と Angelman 症候群の場合は，同じインプリント領域が母親性 2 倍体になるか，父親性 2 倍体になるかでまったく異なる症状を示す疾患となる．

コラム 21・3

インプリンティングと DNA メチル化酵素（DNMT）

インプリント制御におけるもう一つの重要な要因は，DNA メチル化機構に関わる変化である．DNA 維持メチル化酵素の DNMT1 と新規メチル化酵素の DNMT3 は脊椎動物に共通に保存されている．しかし，始原生殖細胞などの生殖細胞系列でゲノムインプリンティングの DMR のメチル化制御に関係する DNMT3L をコードする遺伝子は有袋類と真獣類にのみ存在している．この DNMT3L はゲノムに飛び込んだレトロトランスポゾンを新規メチル化酵素である DNMT3A と DNMT3B と共同してメチル化し，発現抑制することにも関係している．有袋類や真獣類は DNMT3L を手に入れたことにより，生殖細胞系列に挿入したレトロトランスポゾンなどの外来 DNA のメチル化制御が可能になり，ゲノムインプリンティング機構の成立を誘導した可能性が考えられる．

表21・1　ゲノムインプリンティングと疾患

マウス染色体の位置	原因インプリント遺伝子†1	片親性重複での異常表現型†2	ヒト染色体の位置	ヒトの遺伝病との関係
2番遠位部	*Nesp* *Gnasxl*	新生児行動過剰(P) 新生児行動減少(M)	20q13.2–q13.3	Albright症候群
6番近位部 6番準近位部	*Peg10* *Peg1/Mest*	初期胚致死（M） 胎児期成長遅延(M)	7q21 7q32	Silver–Russell症候群
7番中間部	*Ndn* *Ube3a*	生後致死（M） 生後の成長・生存率減少（P）	15q11–13	Prader–Willi症候群 Angelman症候群
7番遠位部	*Igf2*,（*H19*），*Cdkn1c/p57Kip2*	胎児期中期致死(M) 胎児期中期致死(M)	11q15.5	Beckwith–Wiedmann症候群
11番近位部	*Meg1/Grb10*	出生前成長不良(M)	7p12.1–p13	Silver–Russell症候群
12番遠位部	*Peg11/Rtl1*, *Peg9/Dlk1* *Peg11/Rtl1*	胎児期後期・新生児期致死および成長不良（M） 胎児期後期致死および成長促進（P）	14q32.2	14番染色体父親性2倍体症候群 14番染色体母親性2倍体症候群

†1　赤字：*Meg*遺伝子　　黒字：*Peg*遺伝子
†2　(P)：父親ゲノムの2倍体　　(M)：母親ゲノムの2倍体

21・7　インプリント遺伝子の発現様式

メンデルの法則が支配する世界では，ある遺伝子の変異は父親から伝わる場合でも母親から伝わる場合でも同じ表現型をもたらす．しかし，インプリント遺伝子が関与する場合には，変異が父親から伝わる場合と，母親から伝わる場合では変異の表現型が異なる．

父親性発現のインプリント遺伝子*PEG*の異常による疾患の遺伝様式を図21・9に，その際に起こっているインプリント遺伝子の発現様式変化の代表例を図21・10に示す．Pの男性が変異*PEG*遺伝子をもって発症した場合，遺伝子はメンデルの法則通り，確率的には子の半数に変異*PEG*遺伝子が伝わり，子の性別に関係なく発症する．F1で発症した男性（F1段の右から2番目）の子（F2）もその半数に変異*PEG*遺伝子が伝わる可能性があり発症する．一方，F1で発症した女性から変異*PEG*遺伝子が伝わった子（F2 段の左から 2 番目と 4 番目）の場合，母親由来のゲノムから *PEG* 遺伝子は発現しないので，変異 *PEG* 遺伝子をもった保因者となり発症はしない．しかし，そのうち男性保因者（F2 段の左から 4 番目）から生まれた F3 の半数には変異 *PEG* 遺伝子が伝わり発症する．

図 21・10 でインプリント遺伝子の発現様式の変化を説明する．始原生殖細胞は，はじめ体細胞型の DNA メチル化と同じ状態であるが，精子細胞ができるときには，

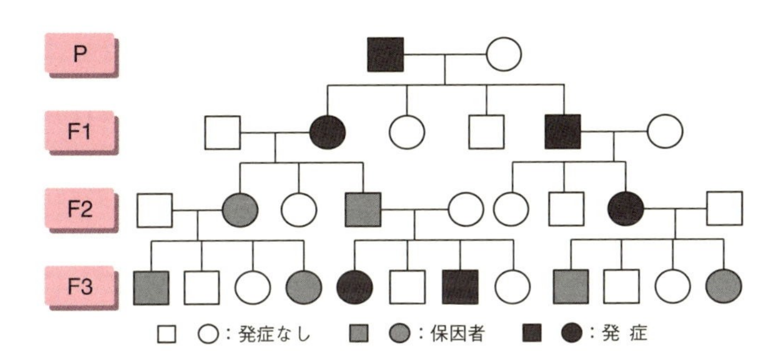

図 21・9 父親性発現インプリント遺伝疾患の遺伝様式 □は男性，○は女性を表す．

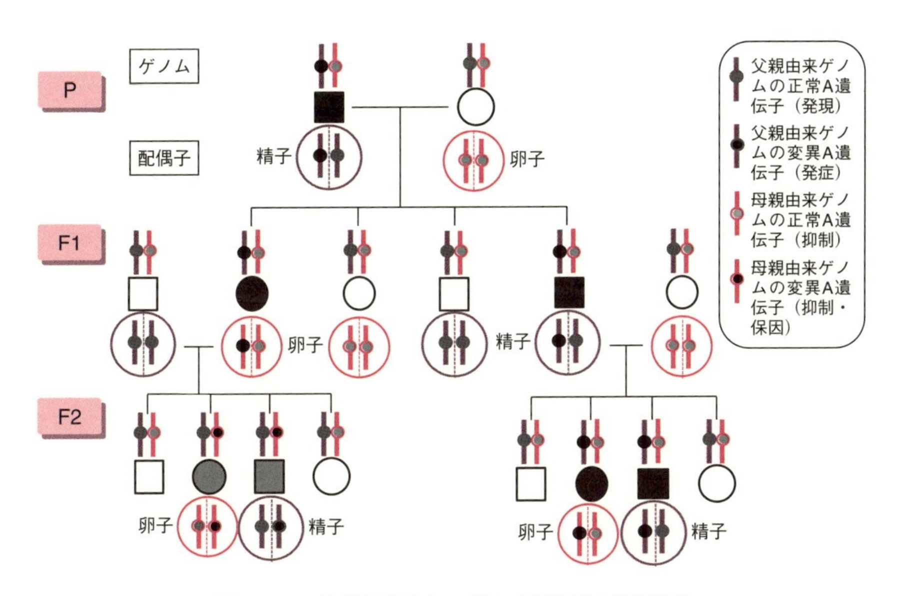

図 21・10 父親性発現インプリント遺伝子の発現様式

二つの染色体対立遺伝子とも父親型（茶色）にリプログラムされる．発現する*PEG*遺伝子の変異を受け継いだ子供は発症する（F1段の左から2番目と5番目）．一方，卵細胞では二つの対立遺伝子とも母親型（赤色）にリプログラムされ，*PEG*遺伝子は赤色対立遺伝子からは発現しないため，変異を受け継いでも発症しない（F2段の左から2番目と3番目）．しかし，変異遺伝子を保因者としてもつ男性の場合には，その次の世代で変異遺伝子をもつ子供が発症する．以上をまとめると，変異遺伝子が父親から伝わったときのみ子が発症し，発症者に男女の差はない．母親から伝わった時は発症しないが子は男女ともに保因者となる．保因者が男性の場合には次の代に発症者が生じるのである．

母親性発現のインプリント遺伝子*MEG*の変異で疾患となる場合は，これの逆で，母親から伝わったときのみ発症し，父親から伝わった場合は保因者となる．

21・8　インプリンティングの生物学的意義

哺乳類にとって（劣性）遺伝病の発症を防ぐうえで，遺伝子が両親性発現することのメリットは明らかである．それにもかかわらず，なぜ哺乳類は一部の遺伝子が生物学的に不利と思われる片親性発現という仕組みを採用しているのだろうか？

ゲノムインプリンティングに由来する表現型の異常が胎盤形成や胎仔期，新生仔期の致死性や成長に関係するため，“哺乳類では雌性単為発生の防止のためにこの機構が生じた”とする説や，“成長に関係する遺伝子群が選ばれて片親性発現になった”とするコンフリクト仮説（競合仮説）などが提唱されてきた．しかし，1）DNAメチル化がゲノムに飛び込んだレトロトランスポゾンをはじめ外来のDNA配列の抑制に機能している，2）DMRの起源が新たに挿入されたDNA配列による，などの新しい証拠はゲノムインプリンティングが偶然（無目的に）始まったとする説を支持する．つまり，“外来DNAの挿入に対して哺乳類ゲノムはDNAメチル化を利用した抑制機構という対抗策を生み出し，ゲノムインプリンティングはその副産物として生じた”可能性が高い．ゲノムインプリンティングは同一のゲノム領域に存在する遺伝子を*PEG*と*MEG*という形で使い分ける方法であるため，結果として父親由来と母親由来のゲノムには機能的な差異が生じることになる．片親性発現は，個体発生に必要ないくつかの遺伝子を*PEG*と*MEG*に分けて発現させることで，個体が生き延びるという最優先の目的をかなえる方法であり，そのため哺乳類で広く保存されていると考えられる．

22

X 染色体不活性化

22・1 哺乳類ではX染色体は1本しか働いてない

哺乳類の染色体構成は両親から1本ずつ受け継いだ形の同じ一対の常染色体セットと一対の性染色体からなる．性染色体の構成は雌雄で異なり，雌は2本のX染色体をもつ（XX）のに対し，雄はX染色体とY染色体を1本ずつもっている（XY）．X染色体には細胞の生存に不可欠なものを含め約1000個の遺伝子がコードされているが，Y染色体上の機能的な遺伝子としては雄の形質発現に関わるものが数十個程度あるだけである．

雌雄間でX染色体数に2倍の差がある場合，それぞれの性でX染色体がその遺伝子量に応じた発現を示せば，最終産物であるタンパク質量にも雌雄間で2倍の差が生じることになる．常染色体連鎖遺伝子の産物量には雌雄差はないので，雌のX染色体連鎖遺伝子産物量のみが雄の2倍存在するという状態になると，細胞機能に欠かせないさまざまな代謝や反応に影響を及ぼすと考えられる．そのような事態を避けるた

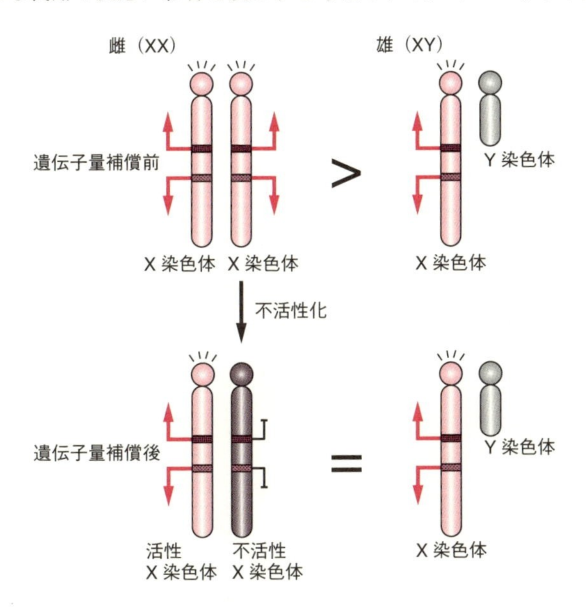

図 22・1　X 染色体不活性化による遺伝子量補償

め，哺乳類の雌は2本あるX染色体うちの一方を不活性化し，X染色体の本数の差に起因する雌雄間の遺伝子量の差を補償している（図22・1）．この現象を**X染色体不活性化**とよぶ．

コラム22・1

X染色体不活性化と三毛猫

X染色体不活性化が関わる身近な例としては，三毛猫の毛の模様があげられる．

猫の毛色に関する遺伝子は複数あるが，三毛については常染色体上にある白色のぶちをつくる遺伝子と，X染色体に連鎖する毛を茶色にする遺伝子Oおよびその対立遺伝子で毛を黒色にする遺伝子oが関与する．三毛猫の雌は白色のぶちをつくる遺伝子とともに，一方のX染色体にOを他方のX染色体にoをもっている．そのような雌では白色のぶちの部分以外はOもしくはo遺伝子座の効果が現れる．すなわち，黒い部分の細胞ではOをもつX染色体が不活性化され，もう一方のX染色体上のoだけが発現し黒い毛となり，茶色の部分の細胞ではoをもつX染色体が不活性化され，もう一方のX染色体上のOだけが発現し茶色の毛となっているのである．こうして形成される三毛猫の模様はランダムに起こるX染色体不活性化のパターンを反映したものであるため，個体ごとにすべて違ってくる．通常，三毛猫が雌にしか見られないのはこのような仕組みで毛色が決められるためである．しかし，まれに雄でも三毛となるものが見られる．このような雄はX染色体を一本余分にもったXXYで，Y染色体をもつため雄にはなるが，X染色体を2本もつため，雌同様そのうちの一方が不活性化され，三毛となるのである．

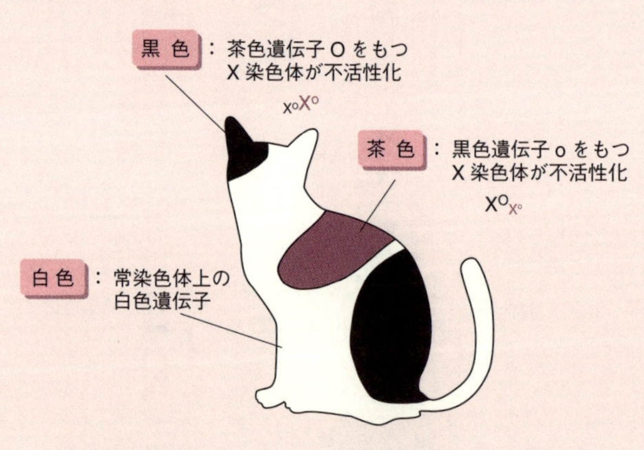

三毛猫の模様はランダム型X染色体不活性によって決まる

22・2 胚発生過程におけるX染色体不活性化

雌の胚発生の初期に起こるX染色体不活性化の仕組みは，おもにマウスを用いた研究によって明らかにされてきた．マウスの場合，X染色体不活性化は受精後発生を開始した胚が4〜8細胞期に達するころに始まる．このとき不活性化されるX染色体は父由来のもの（Xp）に限られ，**インプリント型X染色体不活性化**とよばれる（図22・2）．その後，胚盤胞まで発生した胚では将来胎盤などになる胚体外組織の起源となる細胞が分化するが，これらの細胞では不活性化されたXpの不活性状態は安定に維持される．一方，このとき胚盤胞の内側に形成される**内部細胞塊**（inner cell mass, ICM）に寄与した未分化な細胞ではそれまで不活性であったXpが再活性化される．将来の胎仔の体を構成する全組織（胚体組織）の起源であるこれらICMの細胞では，その後胚が着床し分化を開始するのにあわせて，再びX染色体不活性化が起こるが，このときは由来にかかわらず2本のうちの1本がランダムに不活性化される（ランダム型X染色体不活性化）（図22・2）．胚体組織において不活性化されたX染色体はその後の体細胞分裂を経てもきわめて安定に維持される．しかし，唯一生殖細胞に寄与した細胞群（始原生殖細胞）では，それらが減数分裂に入るのと前後し

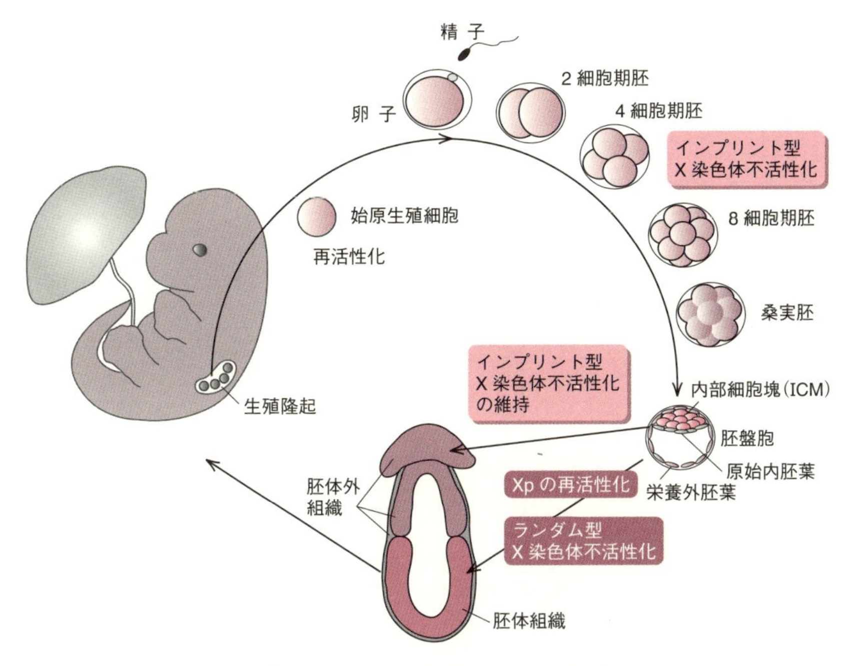

図22・2 マウスの発生過程におけるX染色体の活性制御 ［佐渡 敬，"卵子学"，森 崇英編，p148，京都大学学術出版会（2011）より改変］

てそれまで不活性化されていたX染色体が**再活性化**される（図22・2）．その後，減数分裂を経て卵へ伝えられたX染色体は受精後の卵割期を通じて活性を保ち続け，雌胚の場合は着床後胚体組織に寄与したおおよそ半分の細胞で不活性化される．このように不活性化と再活性化のサイクルを繰返すX染色体の活性制御機構は典型的なエピジェネティック制御といえる．

22・3　X染色体不活性化を免れる遺伝子

不活性X染色体は高度に凝縮したヘテロクロマチンを形成し，染色体全域にわたって転写が抑制されている．しかし，X染色体連鎖遺伝子の一部には，不活性化を免れる例外的な遺伝子が存在する．これらの遺伝子は**エスケーピー**（escapee）とよばれ，いずれのX染色体からも転写される．X染色体とY染色体には**偽常染色体領域**（pseudoautosomal region, PAR）とよばれる，短いながらも相同な領域が存在し，第一減数分裂前期にX染色体とY染色体はこの領域で対合する．エスケーピーには，しばしばこのPARにマップされる遺伝子が含まれるが，それらはX染色体とY染色体の両方に存在するため，X染色体不活性化による遺伝子量補償を必要としない（図22・3）．しかし，PAR以外にもエスケーピーは見いだされ，それらの中にはY染色体上に相同遺伝子をもつものもあれば，もたないものもある．ヒトの場合，エスケーピーの数は予想以上に多く，X染色体連鎖遺伝子のおおよそ15%にもなるという報告がある．マウスのエスケーピーについては，不活性化を免れるか否かが胚の発生段階や組織によっても異なることが知られている．しかし，その数はいずれにしろヒトよりも少なくX染色体連鎖遺伝子の3〜7%程度と見積もられている．

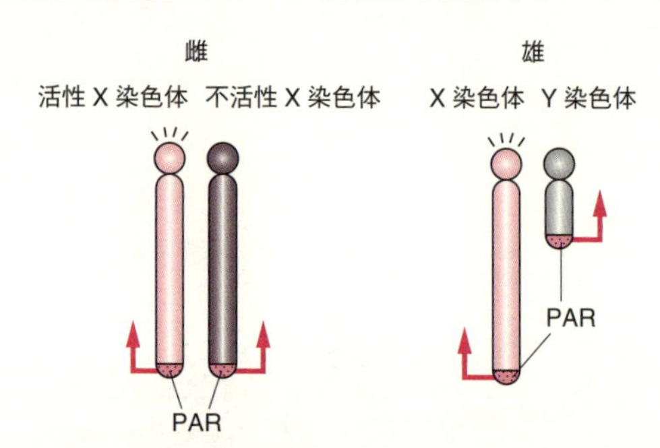

図22・3　偽常染色体領域（PAR）に見いだされるX染色体不活性化を免れる遺伝子

22・4　X染色体の再活性化とリプログラミング

いったん不活性化されたX染色体は，通常きわめて安定に維持されるが，前述のように胚盤胞期胚のICMと始原生殖細胞では不活性X染色体が再活性化される．興味深いことに，これら再活性化が起こるタイミングは，細胞が運命を大きく転換する時期と重なる（図22・4）．すなわち，このタイミングでICMの細胞は，Xpが不活性化された状態を維持し続ける胚体外組織から分かれ，胎仔のすべての組織へと分化できる多分化能をもった細胞へと運命を変え，始原生殖細胞は嚢胚期に体細胞から分かれ，次世代へ母由来のゲノムを伝える配偶子（卵）をつくり出す細胞へと運命を変える（図22・4）．このとき，ICMの細胞や始原生殖細胞では，それまでの遺伝子発

コラム22・2

エスケーピーの割合が表現型に及ぼす影響

エスケーピーの割合はヒトとマウスで大きく異なるが，これがヒトのTurner症候群とよばれるXOの染色体異常をもつ女性の表現型とマウスのXOの雌の表現型の違いの原因となっている可能性がある．ヒトではXOの99%が自然流産し，誕生に至る1%が低身長，不妊などの異常を示す．一方，マウスのXOは，妊娠可能期間がXXの正常な雌に比べ短くなるものの，それ以外目立った異常を示さない．不活性化を免れることによって両対立遺伝子から発現するエスケーピーの総産物量は，正常なXXに比べXOでは少なくなると考えられるので，ヒトはマウスに比べXXよりXOで総産物量が減少する遺伝子がかなり多くなるはずである．そのようなエスケーピーの中にTurner症候群に関連する遺伝子があると考えれば，それらの発現はXOの女性では不十分となり異常を示す一方，マウスではそれらがエスケーピーではないため，XOでもXXでも総産物量は等しく，表現型に影響しないと解釈できる．

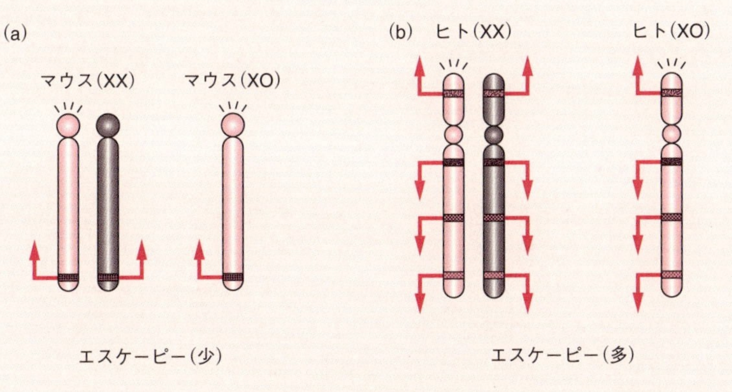

ヒトとマウスにおけるXXとXO表現型の違いとエスケーピーの数

現プログラムを消去し，多分化能をもった細胞や生殖細胞に必要な遺伝子発現プログラムへ書き換えるための**リプログラミング**が行われる．すなわち，不活性X染色体の再活性化はリプログラミングの一環ととらえることができる．

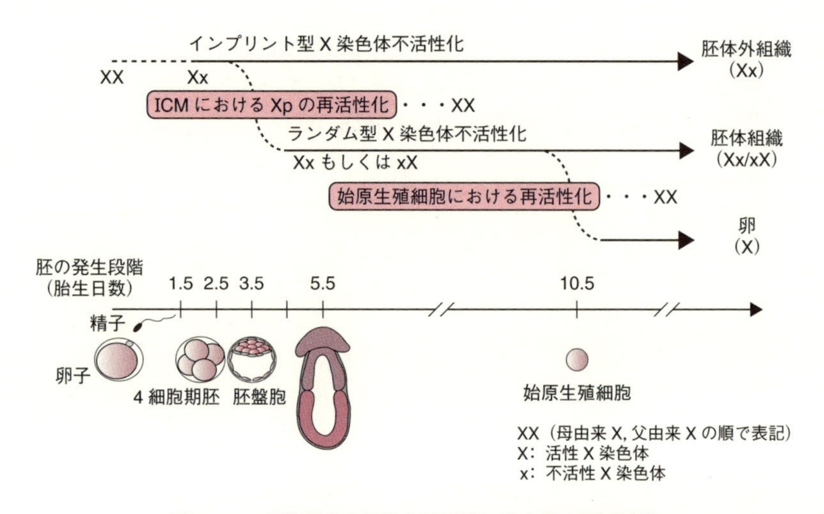

図22・4 細胞運命の転換と不活性X染色体の再活性化

人工多能性幹細胞（iPS細胞）は皮膚などの体細胞に山中ファクター（因子）とよばれる特定の転写因子を導入し，発現させることで，多能性幹細胞へと運命転換させたものである．この過程でも，体細胞の遺伝子発現プログラムから多能性幹細胞の遺伝子発現プログラムへのリプログラミングが行われたといえる．そして，マウスの雌の体細胞からiPS細胞を樹立すると，このときもICMの細胞や生殖細胞同様，不活性X染色体の再活性化が認められる．こうした観察は，X染色体の活性制御と細胞の分化制御が密接に関連していることを示唆するものである．

22・5 *Xist* RNA

X染色体不活性化にはX染色体上にある***Xist***（X-inactive specific transcript）とよばれる遺伝子の転写産物である約17〜18 kbのタンパク質をコードしないRNA（長鎖ノンコーディングRNA）が中心的な役割を果たす．*Xist* RNAはタンパク質をコードする通常のmRNA同様RNAポリメラーゼⅡによって転写され，スプライシングやポリアデニル化などの修飾を受ける．しかし，細胞質には輸送されることなく，自身を転写するX染色体を覆うようにクロマチンに結合し，その機能を発揮する（図22・5）．*Xist*を破壊しそのRNAの産生を阻害したX染色体は決して不活性化されな

コラム 22・3

Xist RNA 中の反復配列は染色体不活性化に必要

Xist RNA の配列中には種間で保存された A〜F と名付けられた反復配列が存在し，それらのいくつかは *Xist* RNA の機能に重要な役割を果たしている（図 a）．特に A 領域（A-repeat）は *Xist* RNA がひき起こす染色体のサイレンシングに不可欠である．内在性遺伝子座から A 領域のない *Xist* RNA を発現させると野生型の *Xist* RNA 同様その X 染色体全体を覆うのが観察されるが，遺伝子のサイレンシングは認められない．野生型の *Xist* RNA で覆われる不活性化された X 染色体上の遺伝子は *Xist* RNA が集積する領域の内部に位置する（図 b）一方で，A 領域のない *Xist* RNA で覆われる不活性化されていない X 染色体上の遺伝子は変異型 *Xist* RNA が集積する領域の外側に位置することが示されている（図 c）．興味深いことに，A 領域のない *Xist* RNA で覆われたこの不活性化されていない X 染色体にも H3K27me3 の修飾の集積は認められる．すなわち，H3K27me3 は転写抑制に関わる重要なヒストン修飾ではあるが，この集積だけでは X 染色体の遺伝子を不活性化するのに十分ではないことがわかる．

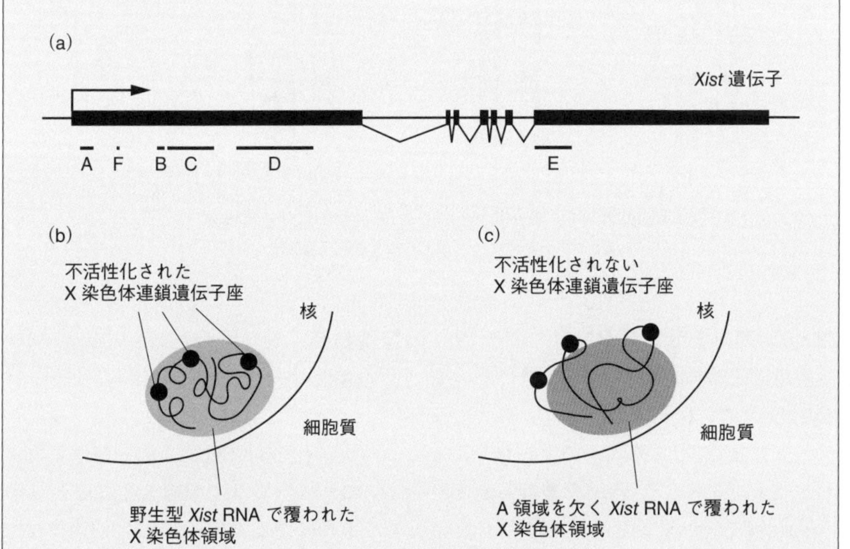

(a) *Xist* 遺伝子の構造と種間で保存された反復配列 A〜F の位置
(b) 野生型 *Xist* RNA で覆われた X 染色体
(c) A 領域を欠く *Xist* RNA で覆われた X 染色体上の不活性化されていない遺伝子は *Xist* RNA の集積する領域の外側，もしくは辺縁部に位置する．

くなることから，*Xist* RNAはX染色体不活性化に必須であることが明らかにされている．

未分化な雌の細胞における*Xist*の発現は非常に低いが，細胞分化に伴い一方のX染色体で*Xist*の発現が大幅に亢進する．その結果産生される長大なノンコーディングRNAはプロセシングを受けたのち，そのX染色体全域にわたって集積する．その後，この*Xist* RNAを足場としてX染色体には遺伝子発現抑制やヘテロクロマチンの維持に関わるエピジェネティック制御因子が呼び寄せられ，染色体ワイドの不活性化がひき起こされる（図22・5）．そのような因子の一つが遺伝子発現の抑制された状態を安定に維持するのに重要な役割を果たすポリコーム群（PcG）タンパク質複合体で，これは不活性X染色体に特徴的なヒストン修飾であるH3K27me3やH2AK119ubを触媒する（§22・7・2）．

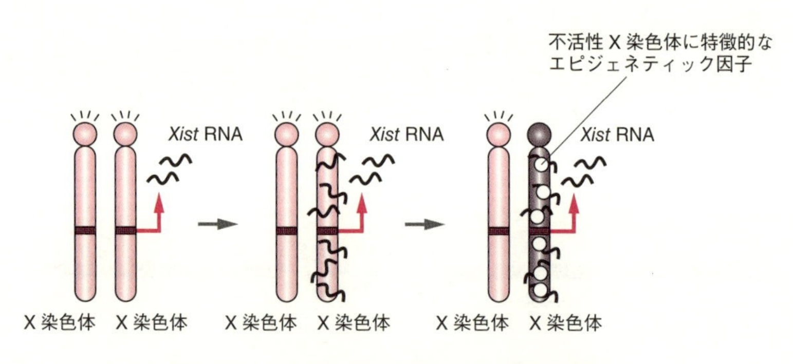

図22・5　*Xist* RNAの二者択一的な発現と集積がエピジェネティック制御因子を呼び込む

22・6　アンチセンスRNAによる*Xist*の発現制御

*Xist*遺伝子座にはその転写単位を完全に含む***Tsix***と名付けられたアンチセンスRNAが存在する．*Tsix* RNAも*Xist* RNA同様タンパク質に翻訳されない長鎖ノンコーディングRNAであり，その転写単位は40〜60 kbにも及ぶ（図22・6）．遺伝子ターゲッティングにより*Tsix*を破壊したES細胞やマウス胚では，細胞分化に際し*Tsix*の機能を失ったX染色体が常に*Xist*を発現するようになるため，このX染色体は常に不活性化されることになる（図22・6）．このことから，X染色体不活性化の開始における*Xist*の発現亢進の成否は*Tsix*の発現の有無によって制御されていることがわかる．この制御に*Tsix* RNA自体が関与しているのか，*Xist*遺伝子座を逆向きの転写が進行することが重要なのかははっきりしていないが，*Tsix*の転写は*Xist*プロモーター領域まで及ぶことが必要であることがわかっている．

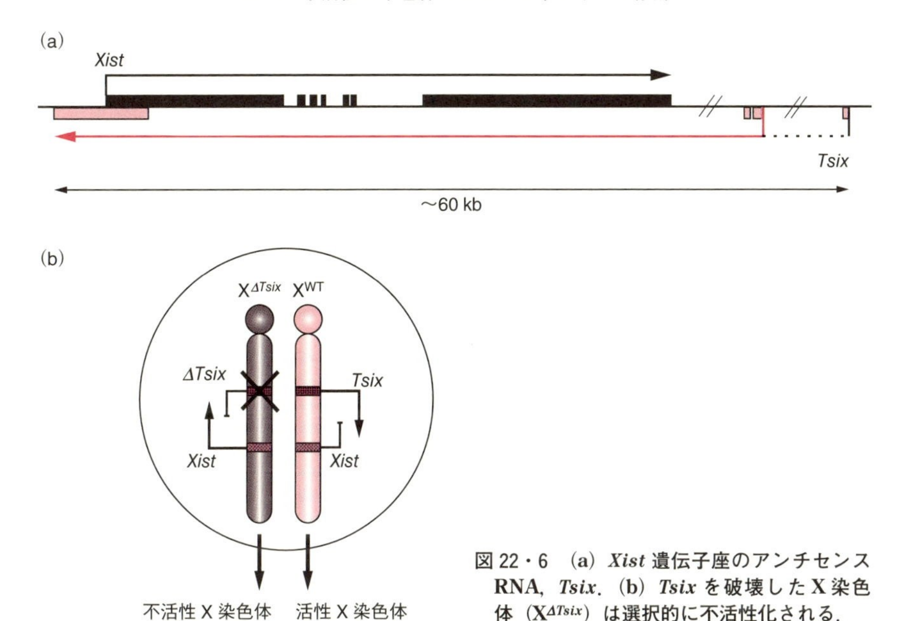

図22・6　(a) *Xist* 遺伝子座のアンチセンスRNA，*Tsix*．(b) *Tsix* を破壊したX染色体 ($X^{\Delta Tsix}$) は選択的に不活性化される．

22・7　不活性X染色体のエピジェネティック修飾

22・7・1　DNAメチル化

不活性化されたX染色体の安定な維持にはエピジェネティック修飾が重要な役割を果たしている．その一つが転写の抑制に関与するDNAメチル化である (6章参照)．不活性X染色体上のCpGアイランドは活性X染色体上のものに比べ，高度にメチル化されている (表22・1)．不活性X染色体のCpGメチル化には，2種類ある新規メ

表22・1　不活性X染色体のおもなエピジェネティック修飾

1. CpGアイランドの高メチル化
2. ヒストン脱アセチル化
3. H3K27me3[†1]
4. H3K9me2
5. H3K9me3
6. H2AK119ub[†2]
7. H4K20me1

†1　H3K27me3は，ヒストンH3の27番目のリシン (K) のトリメチル化 (me3) を示す．
†2　H2AK119ubは，ヒストンH2Aの119番目のリシンのユビキチン化 (ub) を示す．

チル化酵素のうち，Dnmt3bが主要な役割を果たし，もう一つのDnmt3aとメチル化活性はないものの補助因子としてしばしば新規メチル化に関与するDnmt3lは必要ないことが示されている．不活性X染色体をもつ雌の培養細胞をDNAメチル化阻害剤で処理すると，不活性X染色体全体の再活性化には至らないものの，しばしばそれまで発現の抑制されていたX染色体連鎖遺伝子の発現が認められるようになる．このことから，DNAメチル化が不活性化X染色体の維持に重要な役割を果たしていることがわかる．一方，新規メチル化が起こらない新規メチル化酵素の欠損マウス胚でも，X染色体不活性化はひき起こされることから，CpGアイランドの高メチル化は必ずしも不活性化の開始に必要ではないことも示されている．

22・7・2 ヒストン修飾

活性化されたプロモーターやエンハンサー領域を構成するヌクレオソームには高度にアセチル化されたヒストンH3，H4が含まれるが，不活性X染色体にはそれらはほとんど分布しない（表22・1）．これも不活性状態の維持に重要な役割を果たしていると考えられるが，不活性化に伴うアセチル化ヒストンの脱アセチル化がどのような仕組みによって制御されているかは十分わかっていない．しかし，多数存在するヒストンデアセチラーゼ（histone deacetylase，HDAC）のうちHdac3は*Xist* RNAと相互作用することが報告されている．

不活性X染色体に特徴的なエピジェネティック修飾としては，H3K9me2，H3K9me3，およびH3K27me3が知られる（表22・1）．これらはクロマチンの凝縮に関わるヒストン修飾で，不活性X染色体のヘテロクロマチン化に寄与し，やはり不活性状態の維持に重要な役割を果たしている．H3K27me3を触媒するPcGタンパク質複合体の構成因子のうちEedとよばれる因子の機能欠損マウス胚は胎生致死となるが，興味深いことに胚が致死となる時期が雌雄で異なる．先述の通り，マウス胚体外組織ではXpが選択的にインプリント型不活性化を受けるが，Eed欠損胚の胚体外組織では不活性化されたXpの不活性化状態が安定に維持されず再活性化されてしまう．Eed欠損胚ではH3K27me3のレベルが著しく低下していることを考えると，これが不活性X染色体の再活性化に深く関わっていると考えられる．その一方で，雌のEed欠損胚が致死となるまでの間にX染色体がいったんは不活性化されていたということは，Eed，さらいえばH3K27me3がX染色体不活性化の開始に必ずしも必要でないことを示唆している．不活性X染色体に認められるエピジェネティック修飾としては，これら以外にもH2AK119ubやH4K20me1が知られるが，これらの役割は十分解析されていない．

23

クロマチンから核構造へ

23・1　細胞核の構造と転写制御

真核生物のゲノムDNAは細胞質から隔離されて細胞核に収められ，さらに核内で組織化された環境のもと制御を受けている．個々の染色体は，**染色体テリトリー**とよばれる特定の領域を占有し，その中で転写が抑制され凝集している**ヘテロクロマチン**と，転写活性で弛緩している**ユークロマチン**を形成している（第1章）．染色体テリトリー以外の領域は**染色体間領域**とよばれ，核内因子が自由に移動したり，タンパク質とRNAの超分子複合体である**核内構造体**（核小体，核スペックル，PMLボディなど）が形成されている（図23・1a）．

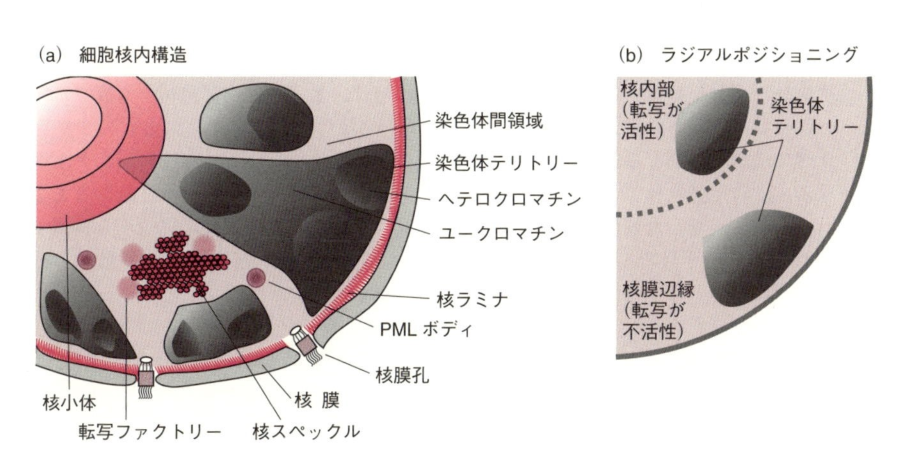

図23・1　細胞核空間における転写制御　(a) 細胞核内構造　(b) ラジアルポジショニング．

染色体テリトリーの表層部は染色体間領域に露出しており，核内因子や，転写活性に関わる核内構造体が接しやすいため，転写が活性化状態になる傾向がある．逆に染色体テリトリー内部や核膜近傍ではヘテロクロマチンが形成され，転写は不活性状態になる傾向がある．遺伝子密度が高く全体的に転写活性の高い染色体は核の中心側，遺伝子に乏しく転写活性の低い染色体は核膜近傍に位置する傾向が観察され，この現象は**ラジアルポジショニング**とよばれている（図23・1b）．染色体が核内空間のどこでどのような三次元構造を構築して，また，核内構造体とどのような相対的な位置関係をもつかは，転写制御の重要な仕組みの一つで，高次階層でのエピジェネティック制御に寄与する．

23・2　細胞核内の染色体

核内でゲノム DNA は一直線の鎖状として存在しておらず，ヒストン八量体と会合してヌクレオソームを，また他の核内タンパク質と結合してクロマチンを形成し，さらに複雑に折りたたまれ，高次階層構造をとっている．

23・2・1　染色体ドメイン

クロマチンが折りたたまれる仕組みとして，さまざまなレベルの“ドメイン”を形成することがあげられる（234 ページ図 23・2）．たとえば，ゲノム上で遠位にコード

コラム 23・1

核内構造体のダイナミクス

核構造は細胞が分裂するごとに崩壊と再構築の過程を経る．間期で形成されていた核膜，核小体，核スペックルなどはすべて細胞分裂期で崩壊し細胞質に離散する（図 1）．染色体テリトリーも解消され，高度に凝縮した姉妹染色体となり娘細胞へと分配される．核構造は G_1 期に入り再構築されるがこの過程にはタンパク質のリン酸化・脱リン酸化が関わる．

核内構造体のダイナミクスは，フォトブリーチ法を用いた生細胞イメージング研究で明らかになった．FRAP（fluorescence recovery after photobleaching）法では，まず，核内構造体を構成する因子を GFP 融合タンパク質として生細胞内で発現させる．次に GFP シグナルにレーザーを当て一過的に蛍光を消失させ，その後，その蛍光の回復度を計測する（図 2a，b）．核内でよく移動する因子ほど，シグナル喪失した分子と周囲の蛍光を保った分子との入れ替わりが早く，蛍光が迅速に回復する．

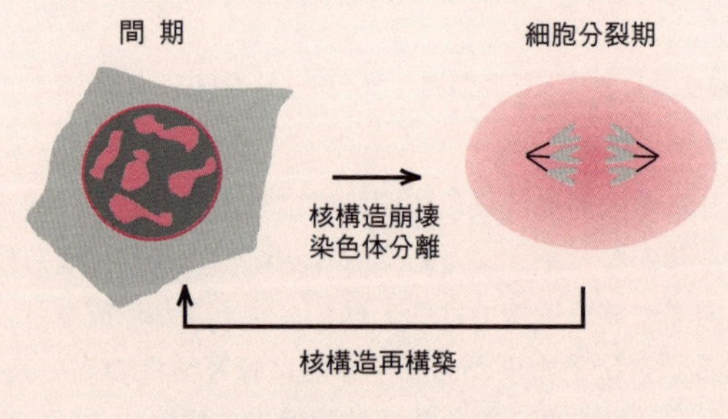

図 1　核構造のダイナミクス

されている部位同士が会合してループ構造（**クロマチンループ**）を形成し，およそ10〜100 kb 程度のドメインを形成する．染色体に沿って固有の区間内でこれらのドメイン同士が相互作用しあって，クロマチンドメイン（topologically associating domain, **TAD**）とよばれる 10 kb から数 Mb のドメインが形成されている．TAD は細胞の種類を問わずに保存されており，同じ TAD 内の遺伝子は協調的に制御される傾向がある．さらに活性化状態の TAD 同士が集まって **A コンパートメント**，抑制 TAD 同士が **B コンパートメント**とよばれる高次のドメインを形成し，これらが集合して最終的に**染色体テリトリー**を形成する．

23・2・2 クロマチンループと染色体間相互作用

ゲノム DNA が三次元構造を形成している様子は，3C（chromosome conformation capture）や Hi–C（high-resolution chromosome conformation capture）とよ

FRAP 法などを用いた研究により，核膜孔タンパク質やコアヒストンなどの一部例外を除くほとんどが，恒常的に構造体と核質の間を数秒の単位で自由に移動・入れ替わりしていることがわかった．この核内構造体の動的な性質は，細胞状態の変化や細胞ストレスに伴って構造体が出現・消失・再構築など迅速かつ多様に応答することに貢献していると考えられる．

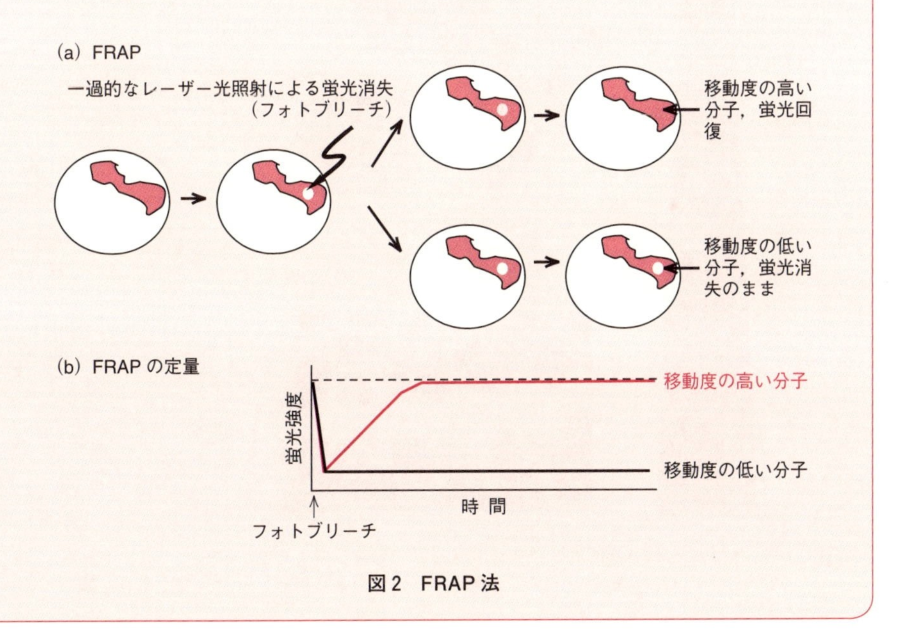

図 2 FRAP 法

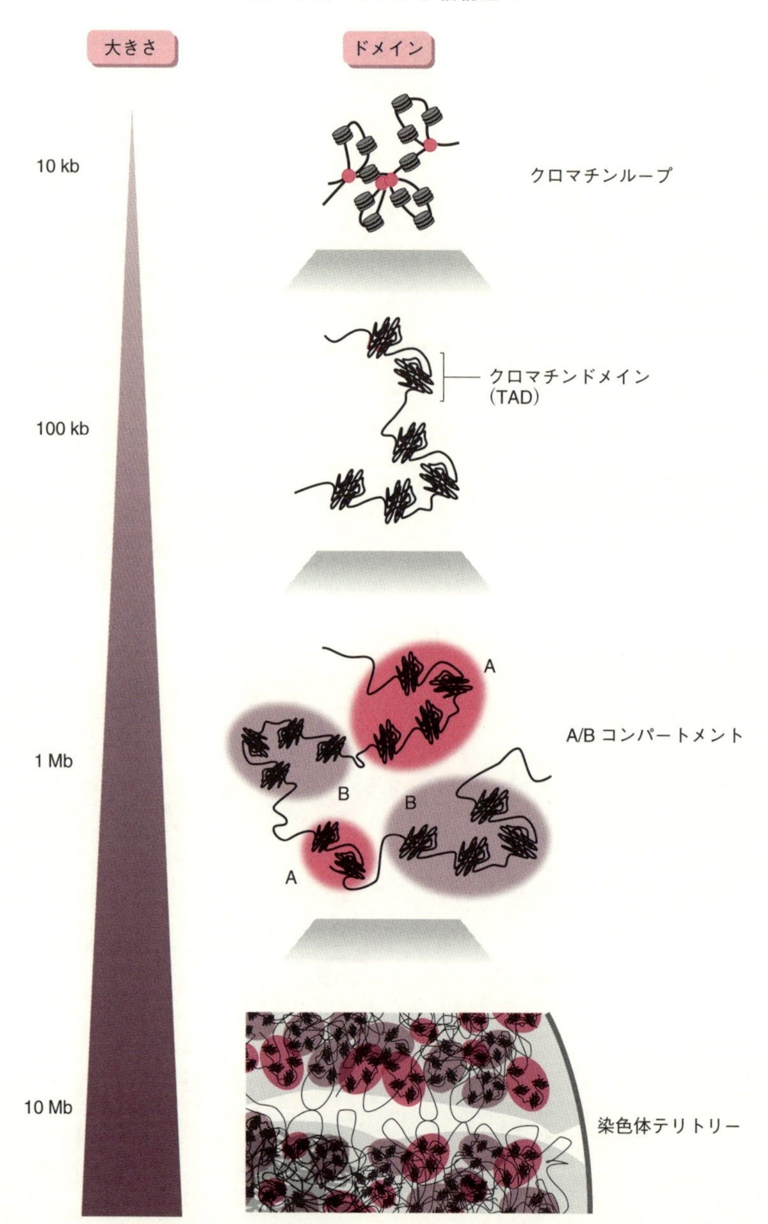

図 23・2 核内における階層的な染色体ドメインの形成　およそ 2 m にわたる長いゲノム DNA は局所的にループやドメイン構造を形成しながら何層にも折りたたまれ，細胞核に収められている．

ばれる一連の"C-テクノロジー"によって検証されてきた．たとえば，プロモーターと遠位エンハンサーが会合する比較的小さなクロマチンループ，協調発現する遺伝子群を含むより大きなクロマチンループ，さらには異なる染色体間の相互作用の様子などが明らかとなった（図23・3）．これらクロマチンループの起点やクロマチンドメインの境界には，クロマチン調節因子である**CTCF**（CCCTC-binding factor）**タンパク質**が頻繁に局在し，重要な機能を果たすことが多い．

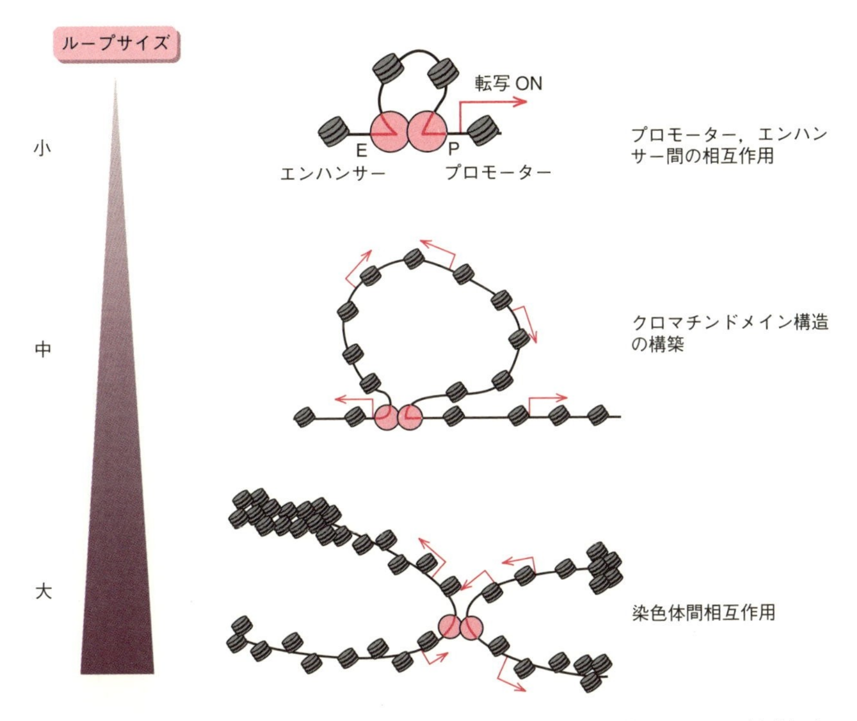

図23・3　クロマチンループと染色体間相互作用　CTCFタンパク質や転写因子（赤丸）などが介在する染色体間相互作用の例．

23・3　核内構造体

染色体間領域には，タンパク質やRNAで構成されるさまざまな超分子複合体が形成されており（図23・1a），これらは，細胞質のオルガネラと違って脂質膜に囲まれていない．協調して機能する分子の密度が局所的に高まることで，分子集合体の形成や核内での生体反応が促進される．時空間・状況に応じて転写を活性化する核内環境をつくり上げることは，広義のエピジェネティック制御機序といえる．

23・3・1 核 小 体

核小体は，直径0.5〜5 µmの球状構造体で通常1〜5個存在する．核内にあるものの，細胞質でタンパク質の翻訳に機能するリボソームを生合成する場である．ここではリボソームRNA（rRNA）の転写やプロセシング，リボソームのアセンブリーが行われる．核小体は，rRNA遺伝子座を含む核小体オーガナイザー（nucleolar organizer region，**NOR**）とよばれる染色体部位周辺に，RNAポリメラーゼⅠの活性依存的に形成される．電子顕微鏡観察により，核小体は三つのサブコンパートメントからなることがわかっている．中央から順に，rRNAの転写が行われるfibrillar center（**FC**）領域，プロセシングが行われるdense fibrillar component（**DFC**）領域，リボソームアセンブリーが行われるgranular component（**GC**）領域である（図23・4）．

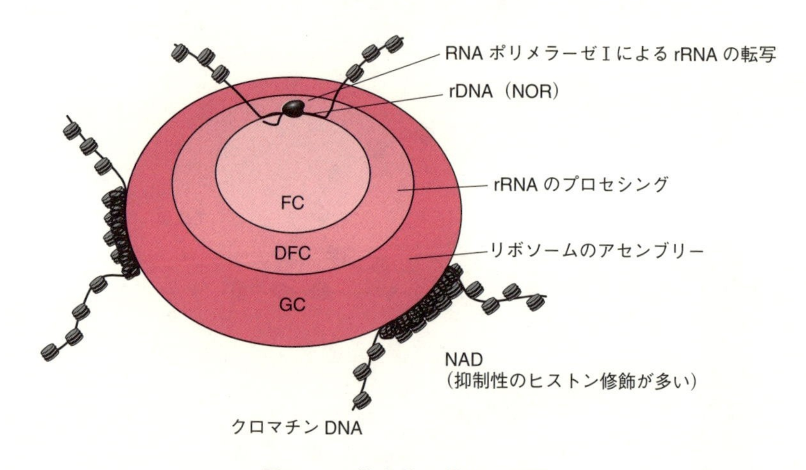

図23・4 核小体の構造と機能

核小体はrDNA以外のゲノム領域とも相互作用しており，これらは**核小体結合ドメイン**（nucleolus-associated domain，NAD）とよばれる（図23・4）．NADには，ヘテロクロマチンやセントロメア，反復配列など抑制性のゲノム領域，H4K20meやH3K9me，H3K27me3など抑制性のヒストン修飾が蓄積しており，これらのマークを認識してヘテロクロマチン形成に関わるタンパク質であるHP1やポリコームタンパク質が結合し，さらに染色体の凝縮や転写抑制に関わる因子がよび込まれる．核小体を足場として，ヘテロクロマチン形成やクロマチンの三次元構築がされることが示唆されている．

核小体はリボソーム合成を担い細胞内で最もエネルギーを消費し，細胞増殖とも連携することで，細胞周期や細胞のエネルギー恒常性の維持にも関わる．単なるリボソーム合成の場にとどまらず，細胞ストレスを感知するセンサーとしても機能する．

23・3・2 核スペックルとパラスペックル

核スペックルは染色体間領域に不均一な斑状物として存在する．100以上のタンパク質が存在し，その多くはpre-mRNAスプライシング因子をはじめとするRNA関連因子で，RNA結合モチーフと，特定のアミノ酸が偏って頻出する“低複雑ドメイン”をもつ．代表的なものには，セリンとアルギニンの反復配列の**RSドメイン**や，アルギニンとグリシンに富む**RGGドメイン**などがある．他に転写因子やRNAポリメラーゼII（Pol II）のサブユニットが構成因子として含まれるが，これらは核スペックルと転写が活性な場を行き来している（図23・5a）．遺伝子の大部分にイントロンが存在し，核膜によって核と細胞質が空間的に隔てられている真核生物では，mRNA前駆体のスプライシングや，スプライス後の成熟mRNAを核から細胞質へ輸送することは遺伝子発現の必須プロセスであり，適切に制御されることが重要である．核スペックルは因子群の貯蔵や複合体形成の場で，これら遺伝子発現に関わるステップを共役して効率化することに寄与している（図23・5a）．

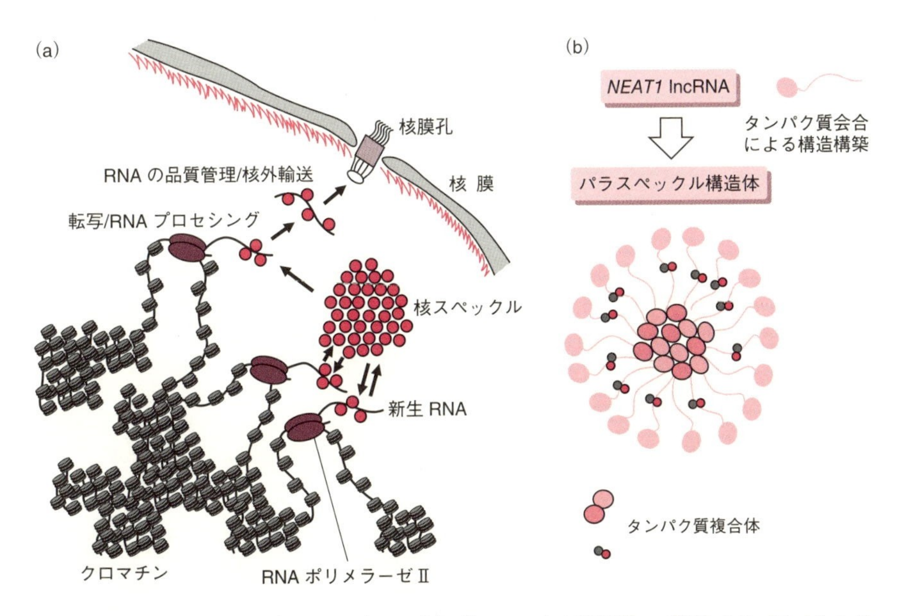

図23・5 核スペックルとパラスペックル (a) 核スペックルは転写，mRNAのスプライシングと細胞質への輸送を共役して効率化する．(b) *NEAT1* ノンコーディングRNAはパラスペックル構造の骨格となる．

パラスペックルは核スペックルの近傍に点状に分布する構造体で，PSP1（paraspeckle protein 1）タンパク質が局在する．A-to-I編集〔アデノシン（A）がイノシン（I）へ変換〕を受けたRNAを貯蔵して遺伝子の発現制御に関わる．

興味深いことに，これら二つの構造体には長鎖ノンコーディングRNA（lncRNA）

コラム 23･2

核内構造体の形成機序

核内構造体がどのように形成されるかは未解明だが，核内のノンコーディングRNA分子が核内構造体の“タネ”として機能する，という“RNAシーディングモデル”は有力である．核小体やパラスペックルがそれぞれrRNAと*NEAT1*遺伝子座の近傍に存在し，転写依存的に構造が形成されることとも一致する．核内の局所で転写が集中的に起こることで，RNA産物やRNAに結合するタンパク質の密度が非常に高くなり，その場所の物理的性質が変化することが予想される（下図）．核内構造体の形成は，気体が液体に相転移したり水と油が相分離するような事象と共通すると指摘されている．多くのRNA結合因子や核構造構成タンパク質には，低複雑ドメインが存在し，タンパク質として相転移や相分離しやすい特性がある．この特殊な物性が核内構造体形成に貢献していると考えられる．

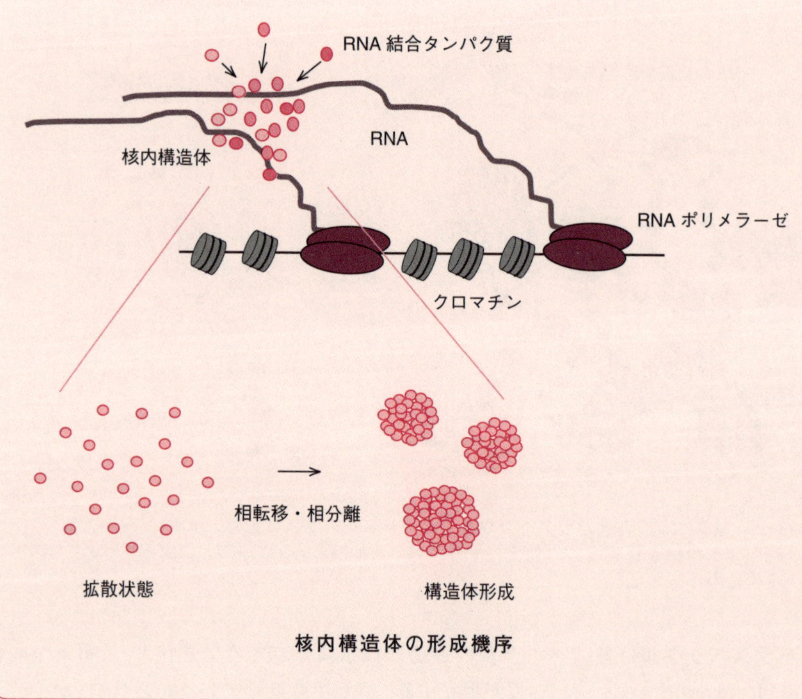

核内構造体の形成機序

が局在する．ノンコーディングRNA（非コードRNA, ncRNA）とは，タンパク質をコードしないゲノムDNA領域から転写されるRNAで，一般に遺伝子発現やクロマチンの制御，そして核内構造体の形成などに関わる．

核スペックルには，もともと転移がんで転写が上昇しているとして同定された*MALAT1*（metastasis associated lung adenocarcinoma transcript 1）長鎖ノンコーディングRNAが蓄積している．*MALAT1*は構造形成には必須でないが，スプライシング因子と相互作用してRNA配列の認識能を変化させるなどして，RNAの選択的スプライシング制御に関わる．一方パラスペックルには，*NEAT1*（nuclear enriched abundant transcript 1）とよばれるlncRNAが豊富に存在し，これはパラスペックルの構造形成に必須で，タンパク質と相互作用することにより構造の骨格となる（図23・5b）．

23・3・3　核膜と核膜孔

核を細胞質から隔てている核膜には，多数の核膜孔が存在する．核膜は性質の異なる2層の脂質二重膜から形成されており，核外膜は脂質成分が多く小胞体とつながっている．一方，核内膜は脂質よりもタンパク質に富む構造で，**核ラミナ**とよばれるメッシュ状の構造に裏打ちされてクロマチンと物理的につながりクロマチン構造を支

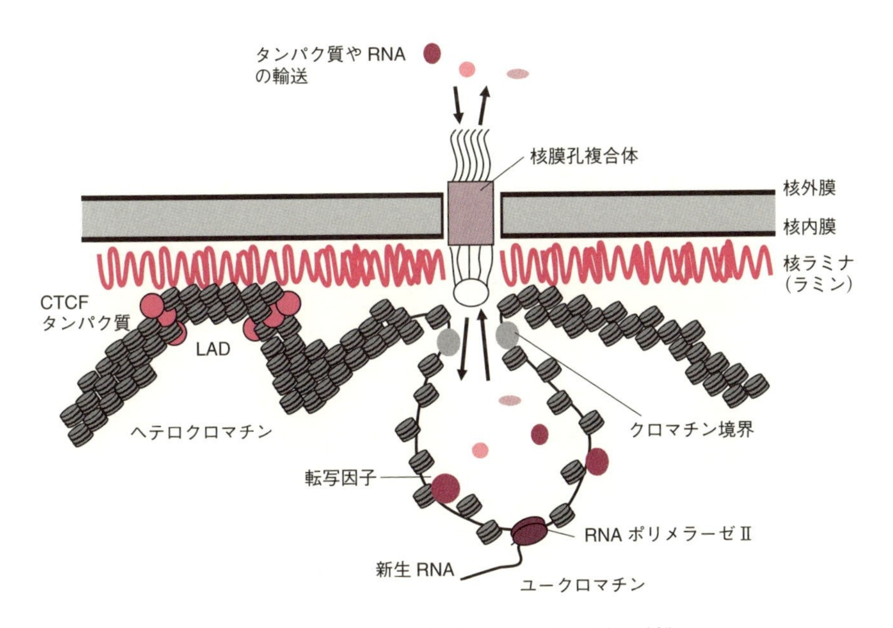

図23・6　核膜と核膜孔近辺のクロマチンと転写制御

えている．核膜孔では，輸送担体であるインポーチン，エクスポーチン複合体がそれぞれ，タンパク質やRNAの核−細胞質間の輸送（核輸送）を行っている（図23・6）．転写因子の中には，細胞がシグナルを受けて初めて核内に輸送され，標的遺伝子を転写活性化し，細胞分化やストレス応答に機能するものがあり，核輸送は転写制御の重要な仕組みの一つである．

核膜は転写や複製などの遺伝子機能の制御に重要な役割を果たしている．核膜近傍

コラム23・3

核構造と疾患

核ラミナを形成するラミンA（LMNA）とラミン結合タンパク質をコードする遺伝子の変異は，ラミノパチー（核膜病）と総称されるさまざまな遺伝病をひき起こす．Hutchinson−Gilford型早老症候群（HGPS）はその代表で，発達遅滞，骨形成異常，脱毛，強皮症などを示す早老症である．

通常ラミンAは，プレラミンAとしてその全長が翻訳合成された後，C末端に脂質を付加するファルネシル化を受け，多段階のプロセシングを受け，最終的にC末端15アミノ酸がFACE1というメタロプロテアーゼにより切断され，成熟ラミンとなる（下図a）．HGPS患者では，LMNA遺伝子変異により異常なmRNAスプライシングが生じ，FACE1による切断部位を含むC末端近傍の50アミノ酸を欠損する．その結果，ファルネシル修飾されたままのプロジェリンとよばれるタンパク質がつくられ，それがラミナに取込まれ，核形態の著しい異常へとつながる（図b）．HGPS患者由来の細胞ではほかに，ヘテロクロマチンの消失，ゲノム不安定性やDNA修復能の低下などが観察され，これらが病気の原因と考えられる．ファルネシルトランスフェラーゼ阻害剤を細胞へ添加することにより，ファルネシル化がブロックされ，核形態やヘテロクロマチンの異常を回復することができるため，HGPSの治療法として期待されている．このように，核構造は病態に関わり疾患治療の標的となることがある．

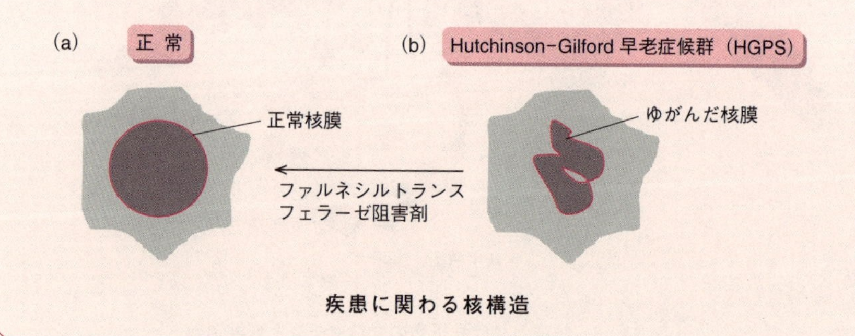

疾患に関わる核構造

は一般的に遺伝子抑制の環境を構築しており，ヘテロクロマチンが豊富に存在し，核ラミナおよび核内膜タンパク質の結合タンパク質群が機能している．ラミンと相互作用する抑制性の遺伝子領域として**ラミン結合ドメイン**（lamina-associated domain, LAD）が同定されており，これらは遺伝子密度が低く，転写不活性化された遺伝子が多く，不活性のヒストン修飾マーク（たとえばヒストン H3K9me）が蓄積してヘテロクロマチンが多く存在する（図 23・6）．LAD と非 LAD のクロマチン境界には，クロマチン制御因子である CTCF タンパク質が蓄積する傾向がある．

一方で，酵母やショウジョウバエの研究から核膜孔付近は転写活性化に関わることが示されている．これは，核膜孔付近は細胞質で合成されたタンパク質が核内に輸入される場で，転写に関わる因子が豊富に存在することと合致する．核膜の遺伝子抑制環境は，クロマチン境界により，近傍の核膜孔における遺伝子活性環境と区画化されていると考えられる（図 23・6）．

23・3・4 転写ファクトリー

一般に mRNA の転写が起こる際には，Pol Ⅱ がゲノム DNA 上に沿って遺伝子の 5′ から 3′ 端へと移動してゆくと考えられている．しかし一方で，Pol Ⅱ は核内の足場構造に固定されており，その上をクロマチン DNA がスライドし巻取られながら転写さ

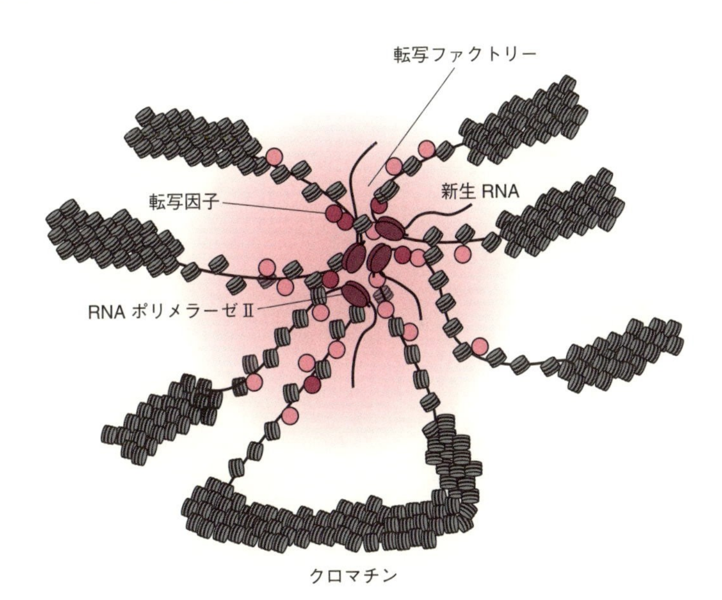

図 23・7 転写ファクトリー 複数の遺伝子が同じファクトリーを共有し，協調的に転写活性化される．

れている，という考え方がある．転写に従事しているPol II が新生RNAや転写因子などとともに蓄積されている場を**転写ファクトリー**とよび（図23・7），遠位にコードされているものの協調的に発現される遺伝子群が同じ転写ファクトリーに共局在している例も示されている．転写ファクトリーは，協調的に働く転写因子群が核内で局所に蓄積して，効率的に機能していることを反映していると考えられる．

索　引

A〜H

I~S

か～し

は～ろ

田 村 隆 明

1952 年 秋田県に生まれる
1974 年 北里大学衛生学部 卒
1976 年 香川大学大学院農学研究科修士課程 修了
現 千葉大学大学院理学研究科 教授
専攻 分子生物学
医学博士（慶應義塾大学）

浦 聖 恵

1964 年 兵庫県に生まれる
1987 年 静岡大学理学部 卒
1989 年 名古屋大学大学院農学研究科博士課程前期 修了
現 千葉大学大学院理学研究科 教授
専攻 分子発生生物学
博士(理学)（総合研究大学院大学）

第 1 版 第 1 刷 2017 年 3 月 30 日 発 行

遺伝子発現制御機構

クロマチン，転写制御，エピジェネティクス

編 著 田 村 隆 明
浦 聖 恵

発行者 小 澤 美 奈 子

発 行 株式会社 東京化学同人

東京都文京区千石 3 丁目 36-7（〒112-0011）
電話 03-3946-5311・FAX 03-3946-5317
URL: http://www.tkd-pbl.com/

印刷・製本 美研プリンティング株式会社

ISBN 978-4-8079-0917-9
Printed in Japan